百年辉煌

天津自然博物馆
（北疆博物院）
1914—2024

天津自然博物馆 编
张彩欣 主编

科学出版社
北京

内 容 简 介

天津自然博物馆创建于1914年,是一座历史底蕴深厚的百年大馆,其前身是闻名世界的北疆博物院。本书以天津自然博物馆百年发展沿革脉络为主线,从北疆博物院的诞生写起,到天津市人民科学馆的筹建,再到今天蓬勃发展的天津自然博物馆,虽历经几个发展阶段,又几度易址,但博物馆人拼搏向上,薪火相传的精神不变,辉煌依然。本书从野外考察、科学研究、馆藏集萃、科普教育、陈列展览、对外交流等多角度,全方位向读者呈现天津自然博物馆百年发展历程和辉煌成就。

本书适合对博物馆史和博物馆工作感兴趣的专家学者和社会人士阅读、参考。

图书在版编目（CIP）数据

百年辉煌：天津自然博物馆（北疆博物院）：1914—2024 / 天津自然博物馆编；张彩欣主编 . —北京：科学出版社，2024.7
ISBN 978-7-03-076809-4

Ⅰ .①百… Ⅱ .①天… ②张… Ⅲ .①自然历史博物馆 – 概况 – 天津 –1914—2024 Ⅳ .① N282.21

中国国家版本馆 CIP 数据核字（2023）第 205721 号

责任编辑：郑佐一 / 责任校对：王晓茜
责任印制：赵 博 / 书籍设计：北京美光设计制版有限公司

科学出版社 出版
北京东黄城根北街 16 号
邮政编码：100717
http://www.sciencep.com
北京建宏印刷有限公司印刷
科学出版社发行　各地新华书店经销
*
2024年7月第 一 版　开本：787×1092　1/16
2025年8月第二次印刷　印张：26 1/4
字数：590 000
定价：398.00元
（如有印装质量问题，我社负责调换）

《百年辉煌》编写组

主　　　任　张彩欣
副　主　任　王凤琴　匡学文　赵　晨　冀建勇
委　　　员　（按姓氏笔画排名）
　　　　　　　王炜珍　王景璋　龙　辉　吕　丽　刘云雀　李　勇
　　　　　　　张　睿　张洪涛　郑　敏　郝淑莲　高维军　覃雪波

编著人员

主　　　编　张彩欣
副　主　编　王凤琴　郝淑莲
执 行 主 编　郝淑莲
参 编 人 员　（按姓氏笔画排名）
　　　　　　　马一平　王　平　王　欢　王　红　王　昕　王凤琴
　　　　　　　王炜珍　王景璋　古　远　龙　辉　匡学文　吕　丽
　　　　　　　吕锦梅　刘亚洲　刘晓晨　许渤松　芦　萱　李　明
　　　　　　　李　勇　李　峰　李三青　李宇红　李浩林　杨　帆
　　　　　　　杨　坤　杨　柳　杨春旺　张　睿　张云霞　张洪涛
　　　　　　　张晓晓　张彩欣　陈　冰　陈锡欣　周　歆　郑　敏
　　　　　　　赵　晨　赵慧生　郝淑莲　胡希优　茹　欣　姚媛媛
　　　　　　　徐汇洋　高　凯　高维军　高渭清　郭　旗　崔冠瑜
　　　　　　　梁军辉　梁荣伟　葛　琳　覃雪波　冀建勇　魏　巍

前言

天津自然博物馆前身北疆博物院（Musée Hoangho-Paiho），由法国博物学家桑志华（Emile Licent）于1914年创建，是中国成立最早的自然科学类博物馆之一，有着"20世纪30年代世界第一流博物馆"的美誉，也是中国跨越百年时光依然伫立至今的博物馆之一。

在近代天津的历史文脉中，北疆博物院是一段传奇。它记录了百年来自然科学工作者潜心研究、严谨治学、孜孜求索、追求真理的科学精神，并见证了科学精神在这片大地上不断星火闪耀、传承发扬。

1951年，北疆博物院正式被天津市委市政府接收；1952年，组建天津市人民科学馆筹备委员会；1957年，更名为天津市自然博物馆；1959年，接收马场道272号（现马场道206号）；1974年，正式更名为天津自然博物馆；1978年，在马场道206号进行改扩建后对外开放；1998年，马场道206号重建后对外开放……天津自然博物馆不断书写着新的篇章。

2014年，天津自然博物馆迁址天津市文化中心，迎来了新的飞跃。时值中法建交50周年、天津自然博物馆（北疆博物院）创建100周年、桑志华来华科学考察100周年，这些节点连缀在一起，成为《百年辉煌》启动的一个契机。我馆研究决定编写一本书，以展示天津自然博物馆百年来的成就，并成立了编写小组，搜集资料、撰写文稿、组稿校稿。由于北疆博物院的大部分史料需要重新核实，各部分稿件质量也参差不齐，同时面临着北疆博物院重新开放的重要时刻，书稿始终未能真正成型。

2016年，沉寂70余年的北疆博物院旧址北楼和陈列室正式对外开放。2017年，基于2014年稿件，经过了多轮的史料核实和内容修改，编辑出版了《化石》北疆博物院专辑。

2018年，北疆博物院南楼正式对外开放。2019年，《百年辉煌》书稿编著工作再次列入工作日程。2020年，编著工作全面重启，成立了《百年辉煌》编著委员会。编著小组的成员开始了资料查询，框架调整及内容的核实、补充、完善等工作，重点补充了2014年至今的内容。历经参编人员两年的不懈努力，在2024年天津自然博物馆建馆110周年之际，《百年辉煌》一书终于全面完稿。

《百年辉煌》一书从北疆博物院诞生写至今日，叙述了天津自然博物馆110年的发展历史和辉煌成就。全书分为上下两篇。上篇北疆博物院，分为创建、科学考察、藏品集珍、陈列展览、科学研究及合作交流六个部分；下篇天津自然博物馆，分为十二部分。最后一个章节"百年传承再续辉煌"对天津自然博物馆未来发展进行了展望。

百年发展，风雨兼程；百年岁月，辉煌史诗。天津自然博物馆从无到有，几经变迁……新的世纪，新的时代，在全面推动公共文化服务、生态文明建设、推进天津全域科普纵深发展、促进文旅深度融合的浪潮中，天津自然博物馆认真践行着新时期文物工作方针，坚持在保护中发展，在发展中保护，切实"让文物活起来"、用心用情讲好"藏品"的故事、讲好科学的故事、讲好天津的故事，提出了"在建设服务型博物馆的基础上，着力建设研究型博物馆、智慧型博物馆、开放型博物馆和创新型博物馆"的新目标，全面彰显科学和文化的力量，努力打造一座服务经济社会发展的更有力量的博物馆，推进博物馆高质量发展，以文塑旅，以旅彰文，促进文旅深度融合。

奋进新征程，开创新局面，深入贯彻新发展理念，全面塑造推进高质量发展新优势。在新时代，天津自然博物馆这艘百年航船将充分利用和发挥其在公共文化服务、生态文明建设、全域科普行动和文旅融合发展等方面的优势，"扬帆起航迈征程，一馆两区谱新篇"，不忘初心、牢记使命，一如既往地向公众传播和普及生态知识和理念，践行服务公众的社会职责，意气风发迈入第二个百年，向世界展示天津开放大气、充满活力、独具魅力的大都市形象。

本书的编著受到了历届局领导和我馆几代工作人员的支持和帮助，书中照片由馆工作人员及多位摄影工作者提供，在此表示衷心的感谢。由于水平有限，本书编著过程中难免有不足之处，敬请批评指正。

《百年辉煌》编写组
2023年12月

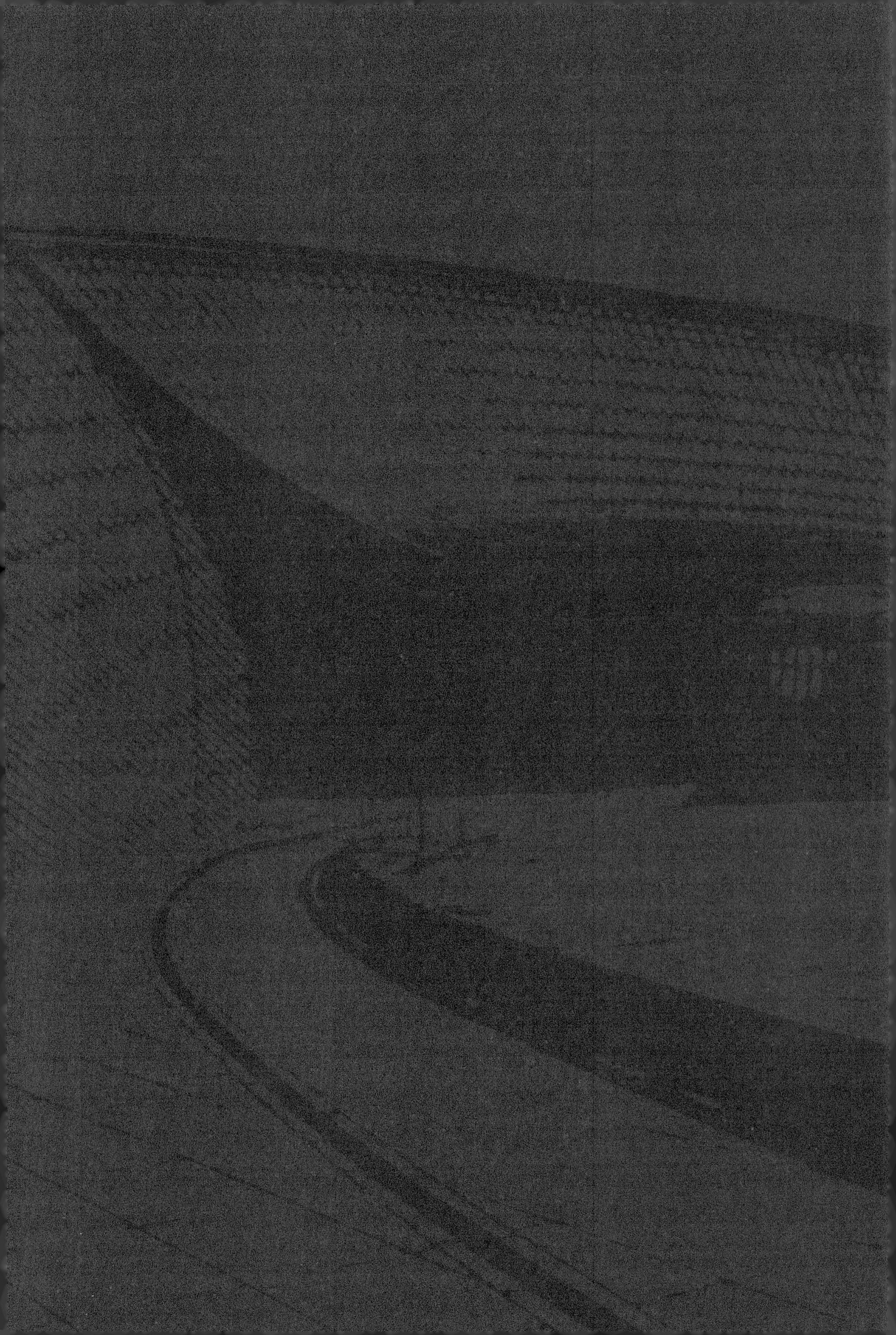

目录

前言

上篇　北疆博物院

桑志华与北疆博物院的创建 ········· 2

行程五万公里的科学考察 ········· 10
　　一、筚路蓝缕浅尝初探 ········· 12
　　二、甘肃庆阳初步开垦 ········· 12
　　三、北疆巴黎两度合作 ········· 14
　　四、山西榆社再创佳绩 ········· 20

种类多样的藏品集珍 ········· 24
　　一、自然收藏 ········· 25
　　二、人文收藏 ········· 45

中国北方最早的陈列展览 ········· 56
　　一、陈列室的建立和设计 ········· 56
　　二、体系完整的展陈内容 ········· 58
　　三、对外展示之窗口 ········· 66

全面深入的科学研究 ········· 68
　　一、藏品及藏品体系 ········· 68
　　二、科研配套及支撑 ········· 71
　　三、科研人员及科研成果 ········· 74
　　四、研究成果的发表出版 ········· 92

丰富多彩的合作交流 ········· 96
　　一、合作考察研究 ········· 96
　　二、藏品交流互鉴 ········· 102
　　三、各类学术活动 ········· 103
　　四、社会资助建馆 ········· 106
　　五、学者名流来访 ········· 108

下篇 天津自然博物馆

从北疆博物院到天津自然博物馆 ········ 114
- 一、北疆博物院的接收 ········ 114
- 二、天津市人民科学馆时期 ········ 115
- 三、天津市自然博物馆时期 ········ 116

踏遍青山　初心依然 ········ 122
- 一、重启科考 ········ 122
- 二、有序推进 ········ 123
- 三、接续前行 ········ 128
- 四、新时代　新作为 ········ 131

广纳奇珍　砥砺前行 ········ 137
- 一、动植物标本采征集 ········ 137
- 二、古生物化石采征集 ········ 143

丰富馆藏　精品荟萃 ········ 149
- 一、古生物篇 ········ 149
- 二、古人类篇 ········ 157
- 三、岩石矿物篇 ········ 158
- 四、动物篇 ········ 159
- 五、植物篇 ········ 167

管理保护　日趋完善 ········ 170
- 一、规范藏品管理 ········ 170
- 二、动物标本制作 ········ 175
- 三、化石加固修复 ········ 182
- 四、藏品预防保护 ········ 188

陈列展览　日新月异 ········ 195
- 一、基本陈列推陈出新 ········ 195
- 二、专题展览焕发异彩 ········ 214

巡回展览　蒸蒸日上 ········ 231
- 一、分类选题，探索巡展之路 ········ 231
- 二、展览超市，洞悉市场之需 ········ 234
- 三、走出国门，搭建友谊之桥 ········ 239
- 四、生态巡展，共谱时代之歌 ········ 242

宣传教育　形式多样 ……253
一、开拓群教工作 ……253
二、谱写科普新篇 ……256
三、高质量品牌活动 ……260

科学研究　续谱新篇 ……277
一、专业研究承前启后 ……277
二、博物馆学齐头并进 ……296

硕果累累　流传世人 ……305
一、出版刊物 ……305
二、著书立作 ……306
三、论文发表 ……317

合作交流　空前活跃 ……334
一、国内交流 ……334
二、国际交流 ……351

文化服务　数措并举 ……371
一、强化基础建设 ……371
二、发挥资源优势 ……379
三、提升团队能力 ……388

百年传承　再续辉煌 ……393

上篇
北疆博物院

桑志华与北疆博物院的创建

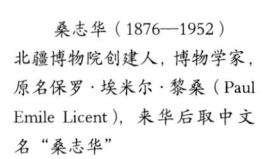

桑志华（1876—1952）北疆博物院创建人，博物学家，原名保罗·埃米尔·黎桑（Paul Emile Licent），来华后取中文名"桑志华"

北疆博物院是中国早期为数不多的集动物、植物、地质、古生物、古人类等多学科于一体的综合性博物馆，是我国建立最早、藏品最丰富的自然历史博物馆之一，也是中西科学文化碰撞的结晶。

天主教耶稣会的神甫们在我国的科学考察活动最初并未设立任何专门机构，只是通过各个教区的神职人员默默进行着。上海徐家汇天主教堂集中保存了传教士从各处收集的标本，由于藏品数量不断增多，促成了1868年徐家汇自然历史博物馆的建立。该博物馆地处我国南方，其考察范围主要集中在长江中下游，而我国北方却是一片未知区域。

桑志华1912年获得动物学博士学位之后，便提出了考察中国北方腹地和建立北疆博物院的计划。该计划和构想受到教会领导层的一致认同，并很快得到了直隶东南教区（献县教区）耶稣会会长、法国北方耶稣会省会长和耶稣会总会长的采纳，不久还获得了法国外交部的资助。

桑志华的计划是：从科学和经济角度全面、系统地考察中国北方腹地（黄河流域、内蒙古）及西藏附近*，包括其地质古生物和动植物区系。

En conséquence, étudier les ressources naturelles du Nord de la Chine, minières, agricoles et autres; — contribuer à la solution de questions scientifiques entrevues déjà ou simplement ignorées; — d'autre part, installer avec documents et collections, non pas une chaire d'université, mais un centre de recherches, — telle est l'idée qui me détermina à visiter, à partir de 1914, tout le Nord Chinois (Chantong, Tcheuly, Chansi, Honan, Chensi, Kansou, Mandchourie Méridionale, Mongolie Intérieure et Tibet Oriental), et à établir, à Tien tsin, le Musée — Laboratoire d'Histoire Naturelle "Hoang ho Pai ho."

因此，为研究中国北方疆域的自然资源，包括矿业、农业及其他；为解决已经隐约地出现在科学上的问题作出贡献，需要设立一个考证资料和藏品研究中心，而不是一所大学。这就是从1914年开始，使我下定决心前往中国北方各地（山东、直隶、山西、河南、陕西、甘肃、满洲、蒙古内陆，以及西藏东部地区）去进行考察旅行并在天津创立一个博物馆——北疆博物院的动机。

《北疆博物院院刊》第39期

* 除历史文献记录及直译北疆博物院学者民国时期论文名称之外，本书中地名均为当代地名。——编者注

同时，设立一个考证资料和藏品的研究中心，并设立陈列室，即建立一所博物馆。

1914 年，在来华的各项筹备工作完成之后，桑志华乘火车沿西伯利亚铁路线到达中国，于 3 月 21 日在满洲里入境，3 月 25 日抵达天津。将崇德堂（耶稣会献县教区前财务管理处，即今营口道总工会旁）作为落脚地，经过一段时间的休整，初步制订计划后，7 月正式开启了科学考察和采集挖掘。他的考察方式主要是徒步，偶尔与沙漠商队同行。教堂是旅途的中转站，在这里桑志华不仅可以得到休整和物资补充，存放资料和标本，还能够从当地教民那里了解信息，得到线索。

1914—1922 年间，桑志华搜集的标本一直存放于崇德堂，包括地下室的三分之二房间都被藏品占满，急需找到新的地点来存放这些标本和收藏品。当时正值献县教区耶稣会拟在天津马场道建立一座高等学府——工商大学，其中划拨一块地方用于建设北疆博物院。但北疆博物院作为一个独立单位与学院分开，两家毗邻，协作方便。

1922 年，北疆博物院第一座楼开始兴建，即北楼，它比工商学院的第一座大楼早一年。

北疆博物院由比利时义品地产公司（原名义品放款银行）工程部建筑师比奈（Binet）设计监造。该建筑物为一幢三层楼房，是一幢砖与混凝土混合结构的建筑物。外沿装有防盗门及双槽窗户；内部包括了三个实验室、一个办

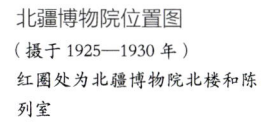

北疆博物院位置图
（摄于 1925—1930 年）
红圈处为北疆博物院北楼和陈列室

北疆博物院俯视全景
今天津河西区马场道 117 号
天津外国语大学院内

公室、一小间照相暗室、两大间藏品库和一大间作业室。

在对欧洲许多博物馆建馆方案调查的基础上，桑志华在设计和绘制图纸时，决定把窗户位置提高，并将通风孔和电灯尽可能安装在最高之处，为靠墙的藏品柜留出空间。建筑物的造价连同水、电及采暖设备总共耗资 30000 块大洋（当时折合 30 万法郎）。

随着来访者和藏品数量的增多，及教育界还希望这些藏品能够向公众开放，加上一些引人注目的大型标本的整理和安放都需要场地，1925 年在博物院北楼的西端，动工增建了一个陈列厅。

陈列厅由法商永合营造公司（Etablissement Brossard-Mopin, S. A.）工程师柯基尔斯基（J. Koziersky）设计。该建筑是中国第一次采用具有美学外形的中心牛腿柱内框架结构，即由四个具有突头支撑面的圆形牛腿柱支撑三块钢筋混凝土楼板，次梁由楼顶辐射至围墙，这样可以使墙壁不承受压力。考虑到北方的气候状况，桑志华对窗户进行了设计，用水泥砂浆把花玻璃直接切在钢筋混凝土的窗框上，然后用水泥弥缝。这样就最大限度地避免夏季暴风雨袭击时雨水的渗入和春季沙暴天气的尘土侵袭。同时这些窗户尽可能开在天花板底下，既给摆放陈列柜留出空间，又保证室内光线充足明亮。除上述优点外，该建筑在材料上也具有防火性能，如砖墙、钢筋混凝土、楼板、铁门、混凝土窗框等。

1922年　北楼建设施工现场

1925年　陈列室建设施工现场

陈列厅总造价为26000块大洋。

陈列厅总共分为三层，每层开间11米×15米。一、二层用于博物院陈列，三层为临时储藏间，存放一些玻璃器皿、旅行装备、图书资料等。

陈列柜是由法国斯特拉斯堡冶金厂（Forges de Strasbourg）提供。柜面用螺丝固定，可以拆卸。玻璃由开滦矿物局所属秦皇岛耀华玻璃厂制造，厚度6毫米，这种设计将火灾的隐患降到最低。陈列柜的制作和安装，基本部分就花了12000块大洋。陈列品有两种类型：永久的和临时的——后一种常会降低成本。由于当时的财政支持和实际需要不成比例，桑志华是逐步制定陈列计划的。实际上，公开展出的藏品大部分是永久性的，按照事先确定的顺序，逐步形成一个完整的体系。

一层四周由一个个多层格子的小展柜组成，室中央则布置了两排大柜。周围展柜依据类群分别展出了矿物、岩石、古生物、史前史等地学系列；中间的大柜则用来陈列披毛犀、象和长颈鹿等大型展品。二层的整体格局同一层保持一致，展览动物、植物和部分人文藏品等。近400件鸟类占用了全部靠墙玻璃柜的上层架格，大型展品则陈放在室中央的两个大玻璃柜中，还有一些大的藏品悬挂在墙上和天花板上。

陈列厅的设计不仅符合它的建筑风格及教育和科研分流的功能要求，也必将为宣传博物院的科研成果起到服务作用。

1928年5月5日下午，陈列厅正式对公众开放。《大公报》《天津工商学院院刊》等先后进行了相关报道。北疆博物院除了展出各类自然藏品外，还展出了各类山川河流、土壤植被和动植物分布等地图和照片，以及人类学方面

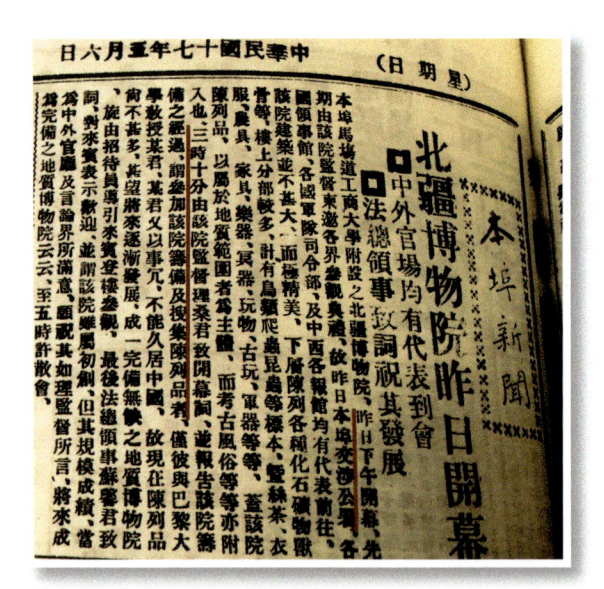

《大公报》（1928年5月6日）

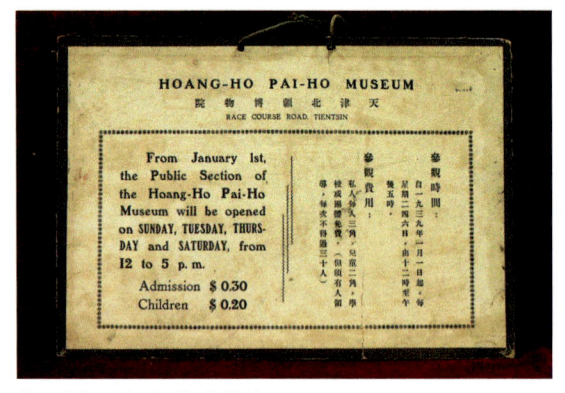

北疆博物院参观时间与价格

的收集品、工商业和农业的调查报告等，同时还将不定期举办讲座。北疆博物院的开放为下一步向公众普及自然科学知识和进一步开展科学研究及合作提供了很好的条件。

随着藏品数量和工作人员的不断增加，原先的建筑已不能满足工作需要。在南面与北楼平行的位置上，1929年和1930年又分两期兴建了南楼。南楼仍委托法商永和营造公司，由经理亚伯利（P. Abry）和工程师慕勒（Müller）设计、施工、监造，其高度、建筑材料、采光设施等与北楼保持一致。南北楼在二层通过一个封闭式通道连接，使北疆博物院建筑外形呈"工"字形格局。南楼共两层，包括三个实验室、一大间图书室、一个办公室和两大间藏品库房。

自此，分散在各处的书籍及资料集中安放于南楼图书室；除不能再使用的书籍外，一律排放在一种可以调整搁板的铁制书架上，这种书架由桑志华设计，在天津制造。两大间藏品库用于存放从北楼撤出来的地质学藏品：一层藏品库收藏了岩石、矿物、旧石器时代和新石器时代的遗物，及最早发现的蓬蒂系化石和中更新世化石（即庆

1929年 扩建南楼施工现场

6 百年辉煌

阳和鄂尔多斯出土的化石）等；二层藏品库存放 1934—1935 年间发掘的一系列三门系和新生代古生物化石（即泥河湾及榆社出土的化石），另外还暂存了一些海洋生物学方面的藏品。

而北楼腾出来的地方，一半辟为野生哺乳动物陈列室，另一半为浸制标本库房，存放鱼类、两栖类、蜘蛛类等浸制标本。

这样，北疆博物院的藏品形成了南楼岩矿、古生物、史前文化遗物等，北楼现生动植物标本，以及陈列室陈列品的收藏展示格局。

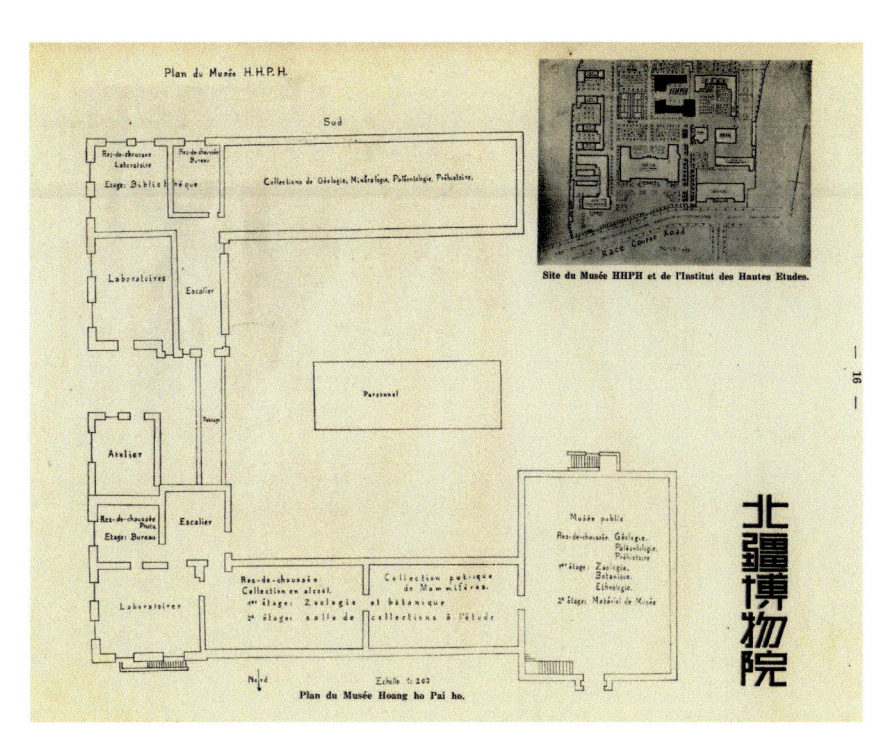

北疆博物院规划图

北楼和南楼以通道相连接，建筑外形呈"工"字形格局

上篇／北疆博物院

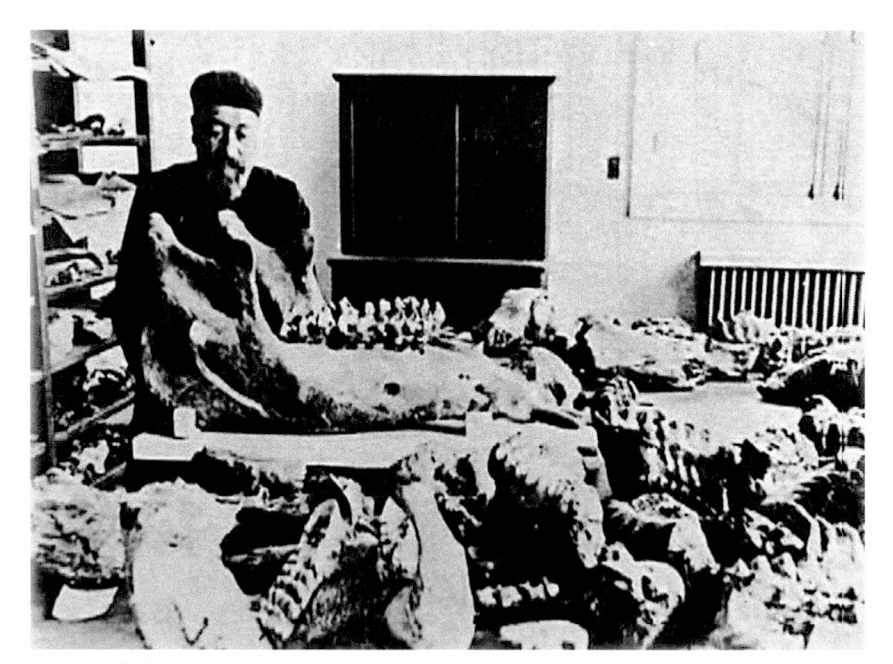

南楼化石库房

北楼二层工作室

为表彰桑志华的特殊贡献，1927年，由法国教育部、外交部、法国科学院提名，授予桑志华法兰西共和国"荣誉骑士勋章"。授勋仪式于4月19日在天津工商大学教堂中举行，法国领事桑索西尼（E. Saussine）当众宣读贺词，并亲自将勋章戴在桑志华胸前

  桑志华怀揣着探索中国北方腹地的梦想，从遥远的法国巴黎来到中国。1914—1937年期间，对中国北方大部分地区，尤其黄河、白河流域进行了连续25年、行程5万公里的科学考察和探索，内容涉及地质学、古生物学、古人类学、史前考古学、动植物学、人种学、经济学等诸方面内容，获得了大量具有很高学术价值的标本和数据；陆续聘请法国、俄罗斯、爱尔兰、比利时、瑞典、奥地利等国的专家来院，对北疆博物院收集的各类标本进行整理研究，并不断发表出版相关科研成果；在天津创办了"集收藏、研究、展览于一体"的博物馆——北疆博物院（Musée Hoangho-Paiho），实现了从无到有的飞跃。

行程五万公里的科学考察

早在 1912 年，桑志华就有了"探求中国腹地——黄河流域、蒙古地区以及西藏附近地区"的设想。按他自己的话说："它的地质、它的植物区系和动物区系，尚有许多宝藏留待人们去发掘。"桑志华的设想和规划是较为系统地考察所有注入渤海湾的各水系如黄河、白河、滦河、辽河等及其流域地区。为完成这一设想和规划，桑志华特别制定了考察计划和工作目标，指明首先要在中国北方建立一个博物馆。建立博物馆的想法很快得到了法国北方耶稣会省会长步烈（L. Pollier）神甫、耶稣会总会长魏伦滋（X. Wernz）神甫和当时法国在中国直隶省（现河北省）东南教区（设在献县）耶稣会会长告金道宣（R. Gaudissart）神甫的赞同与支持。

桑志华 1914 年 3 月从法国出发经过欧亚大陆，21 日到达中国的满洲里。经哈尔滨、长春、山海关，于 25 日到达天津，正式开始推进他的设想。桑志华来华后孤身一人，要执行这样一个庞大的计划，必须有相当数量的人员和经费，这些问题是如何解决的呢？当时法国在中国的天主教耶稣会是他的后盾；

1922 年 7 月 15 日，桑志华骑马途经陕西府谷县境内泥泞的黄河边

PROGRAMME

1°. Visite méthodique du bassin du Fleuve Jaune (Hoang ho), des rivières de Tien tsin (Pai ho), de Jehol (Luan ho) et de Moukden (Leao ho), c'est à dire tout le bassin du Golfe du Pei tcheu ly, — et des bassins fermés qui bordent ce bassin au Nord (Mongolie Intérieure, Gobi et Ordos) et à l'Ouest (Bas Tibet et Kou kou noor).

2°. Réunion de tous matériaux d'études géologiques, pétrologiques, minéralogiques, paléontologiques, préhistoriques, botaniques, zoologiques, ethnologiques, économiques, etc., recueillis dans ce domaine en des collections aussi complètes que possible.

3°. Installation de ces collections dans un Musée.

4°. Etudes faites sur les collections. Publications.

5°. Envoi de matériaux d'études aux établissements scientifiques.

6°. Service de renseignements, collaboration avec les établissements d'enseignement, section publique du Musée.

---

1. 有次序地考察黄河、白河（海河）、滦河、辽河诸流域，换言之，即注入渤海所有河流的流域和位于这些流域的边缘地区。由北（蒙古、戈壁及鄂尔多斯）向西（青海及青海湖）考察那些与外界隔绝的盆地。

2. 搜集全部地质学、岩石学、矿物学、古生物学、史前史学、植物学、动物学、人种学、经济学等相关研究资料，采集这些范围内的藏品，并尽可能地保存其完整。

3. 安置这些藏品于博物馆中。

4. 从事藏品的研究活动，出版刊物。

5. 给科学研究机构提供考察资料。

6. 成立情报服务处，与高等院校进行合作，设立陈列室。

桑志华科学考察计划
（原文引自《北疆博物院院刊》第 39 期）

坐落在法租界内的崇德堂为桑志华的活动基地，即北疆博物院筹备处；中国北方天主教耶稣会完整的组织系统和网络使他所到之处的食宿、交通、向导及雇佣民工等方面的问题得到解决；献县教区、法国尚帕涅省和法国外交部则提供给他经费支持。这些人力物力财力上的支持使他对中国北方进行考察的设想得以逐步实现。

1914 年 4 月，以献县为开端，桑志华正式开始了连续 25 年的探险、考察、采集和发掘工作。他的考察主要是以徒步方式进行，常常独自一人，身背采集包（内装罗盘、海拔仪、昆虫毒瓶等），手拿地质锤，随身还要携带猎枪以及各种网具，穿梭在深山老林，辗转于荒漠草甸。南下陕西，北上呼和浩特，东进哈尔滨，西闯青海湖，总计行程约五万公里。每年将大部分时间（包括春、夏、秋三季）用于发掘与采集，冬季则做室内研究与整理工作。其间，他收集了地质学、史前考古学、古生物学、植物学、动物学、民族学、经济学等各方面的大量资料与标本。

一、筚路蓝缕浅尝初探

1914—1917年，是桑志华初来中国的时期，中国的山山水水使他目不暇接，他的主要任务就是了解中国北部的地形、地貌。他每到一个地区，对该地区动、植物进行一般性采集，积累各种资料，所以他来去匆匆，席不暇暖。这从他的采集路线中不难看出：1914年7—8月在河北北部和山西大同一带考察，9月跑到北戴河采集，而10月又返回山西；1915年3月在天津北塘对鱼类和海洋动物进行考察，6—7月又去河北西部太行山区和山西省南部考察，8—10月又返回河北山海关一带采集；一直到1917年他都在往返于河北、山西之间。这期间采集与发掘大都是东鳞西爪。

山西蒲州考察

二、甘肃庆阳初步开垦

经过4年的初步勘查，桑志华对中国的地形地貌有了初步了解，为他深入中国腹地进行考察奠定了基础。

1918年春，他开始了中国腹地的考察，横穿山西中部，经过陕西北部榆林到甘肃靖远—兰州，再向西深入至青海西宁，并环游了青海湖。他在中国腹地的荒山野岭，山峦起伏的崎岖山路间长途跋涉，可以说是披荆斩棘，甚至在荒无人烟的地方露宿。在这些步履维艰的旅程中，各地天主教堂便是他最好的补养站。他在那里不仅可以得到休整，而且也将那里变成了他的采集品转运站。由于当时缺乏交通工具，对新采的标本只能人担马驮，或借助沙漠商队运输。这一年里收获很大，因地区闭塞，路途不便，加之标本量大，使他不能及时返回天津，这一年冬季他在甘肃乌鞘岭餐风饮露。这也使得他在1919年初就继续在甘肃兰州至青海西宁一线进行发掘与采集。1919年6月，

天津杨村采集大鲵标本

甘肃庆阳幸家沟发掘现场

桑志华北上到达甘肃庆阳，经内蒙古的包头于 8 月 26 日返津。这一年桑志华满载而归，为了将其发掘和采集的大量化石和标本运回天津，他雇用了七辆五套牲口的大车和 18 匹骡子驮运。采集的植物标本盈箱累箧，积叠起来可达 10 米高；还有一系列哺乳动物皮张；数量庞大而又神态各异的昆虫标本；以及矿物标本 2000 件以上。

除此之外，更为重要的是 1919 年 6 月桑志华在甘肃庆阳以北约 55 公里的幸家沟发现了上新世蓬蒂期动物化石。这是他发现的第一块未被开垦的处女地，也使得他的发掘有了明确的线索。桑志华返津后，9—11 月又马不停蹄地到山海关和辽宁凌源、朝阳一带采集海洋动物和陆生动物标本以及植物标本。

1920年6月4日，中国境内第一件有明确地层记录的旧石器（左）在甘肃庆阳幸家沟（右）发掘出土

1919年在甘肃庆阳发现的特殊化石采集点促使他在1920年大举向西北进军，用长达半年的时间在鄂尔多斯附近到甘肃庆阳一带进行大规模发掘，并发掘出标准的蓬蒂期动物化石，还首次在这里发现旧石器时代的打制石器。桑志华将发掘的化石标本通过沙漠商队，用83头骆驼装载转运。由于要对室内标本进行初步整理和安顿，桑志华将1921年的采集时间向后推延到7月，仅在山东省滨海地区（烟台—威海）采集海洋动物和植物。

经过几年的旅行与勘查，桑志华对中国北方的地质地貌有了较为全面的了解。而1919—1920年连续两年的巨大收获，使桑志华的采集方向更为明确。为了寻找第四纪化石，他的勘查工作延伸到内蒙古萨拉乌苏河附近，并在这里发掘到大量的脊椎动物化石，有40余种。另外，他还发掘了新石器时代的遗址。这次发掘出的化石，数量之多使他无法运回，只得暂放在内蒙古磴口县的三盛公天主教堂内。

三、北疆巴黎两度合作

在1914—1921年期间，桑志华经过八年的东征西考，采集了大量标本，崇德堂2/3的房间和地下室均被占用。之后的一年多，桑志华的主要工作之一是北疆博物院北楼的建造。1922年6—10月桑志华仍在河北小五台山、陕西的榆林、宁夏的银川和内蒙古的乌拉山进行野外工作。

1922年，桑志华在内蒙古乌审旗萨拉乌苏河发现了大量更新世晚期的哺乳动物化石，有30余种，且有完整的披毛犀和野驴的骨架、王氏水牛、狍（麅）

的头骨等。同时在同一地域还发现了一颗人类的门齿（"河套人"牙齿）和大量石器。这件门齿是中国第一次发现的人类化石，目前存放在天津自然博物馆（北疆博物院）的只是模型，真正化石的去向已成为中国古人类学史上的一个谜团。

因在甘肃庆阳发掘到丰富的蓬蒂期脊椎动物化石，而后在内蒙古萨拉乌苏河附近又发掘出大量更新世脊椎动物化石（部分标本寄回巴黎进行研究），桑志华及北疆博物院引起了学术界的高度重视。1923年，法国国家自然历史博物馆派出了地质古生物学家德日进（P. Teilhard de Chardin）来华与桑志华联合组成"法国古生物考察团"并进行了首次考察活动，发掘鄂尔多斯北部的化石。同年，他们还考察了宁夏灵武的水洞沟，并首次发现了中国的旧石器时代地层，并发掘了大量的旧石器。该年，考察团在鄂尔多斯附近包括陕西的榆林、宁夏的水洞沟，总共发现约4000块石器。1924年"法国古生物考察团"开始了第二次考察。4月8日出发，先到辽宁锦州，再经朝阳，4月底到达内蒙古赤峰，后又到林西，并在这两处发现新石器时代遗址，在这个地区共工作了两个多月，获得了丰富的新石器时代的石器和大量的植物、动物标本，经过河北省的张家口于8月初返津。之后，德日进返回法国，"法国古生物考察团"工作告一段落。

内蒙古萨拉乌苏挖掘现场

北疆博物院披毛犀化石骨架

"河套人"牙齿 　　"河套人"牙齿（模型）

行程录中关于 J 点的记述

"J 点的矿层位于一些卵石层里，看起来相当复杂。
在这里发现了很多大象的、羚羊的和啮齿目动物的骨头。还找到了一些残余的捆绳的陶器和釉质陶器，一个人类牙齿化石，一些家马牙齿化石，一些珍珠，打磨过的火石；还在现场发现了一枚康熙时期的铜钱。有一个移动过的矿层，混合了许多不同时期，包括一些现代的物品。然而所有这些大象的骨头又占据了地点，这是个动物死亡地。我给这个矿层拍了一张照片。我拿这个和我在 8 月 14 日画的那个剖面图作比较。立在开采地前方的棍有 1 米长。"

桑志华早在 1921 年就已得知泥河湾盛产"龙骨"，由于工作太繁杂，直到 1924 年 9 月才从天津出发经河北宣化在桑干河一带进行考察。这是他第一次接触河北泥河湾地层。之后便一发不可收，从 1925 年 4 月下旬至 10 月中旬的 6 个月中，他先后 3 次前往泥河湾进行考察和发掘。发掘工作一直从河北阳原向西延伸，沿着桑干河直到它的源头——山西大同附近。在这里发现中国早

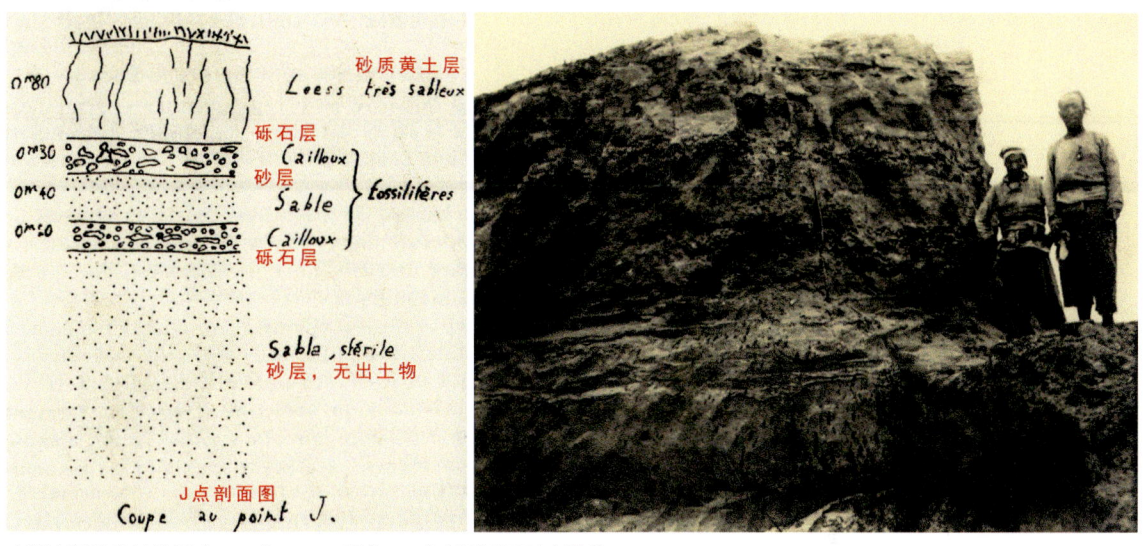

内蒙古萨拉乌苏挖掘（1922 年 8—10 月）：J 点剖面图及对应照片

宁夏水洞沟发掘现场

德日进在水洞沟野外发掘

上篇 / 北疆博物院

更新世地层动物化石。在大同西部云冈地区的石窟，发现了新石器时代的雕像。

1925 年 10 月，桑志华经香港回法国，再次邀请德日进来津合作。1926 年桑志华与德日进结伴返回中国，正式开启了第二次合作。他们 6 月到达北京，设想从北京去甘肃考察。由于当时国内战争使他们的考察未能成行，被阻在西安，然后决定改道经潼关到山西省太原洪洞一带考察，于同年 8 月到石家庄经北京返回天津。1926 年 9—10 月，桑志华第 5 次前往泥河湾。前 5 次采集到的化石标本由德日进和皮孚陀（Jean Piveteau）研究，并于 1930 年在《法国古生物年志》第 19 卷中发表。书中共记述哺乳动物 42 种，其中鉴定到种的 18 个。

1927 年 4 月他们又从天津出发到辽宁锦西至内蒙古东部赤峰一带进行考察，然后向西进发到河北省围场一带考察，经承德、兴隆于 8 月初返回天津，9 月初至 10 月探察周口店遗址，12 月探察开滦煤层的盆地。1928 年 5—10 月考察东北地区的第四纪化石地点，从长春经吉林到哈尔滨，再返回沈阳、大连，并于 12 月访问井陉煤矿。

1929 年 6 月 18 日—10 月 14 日的近 4 个月内，桑志华第 6 次在泥河湾发

河北阳原泥河湾下沙沟地层

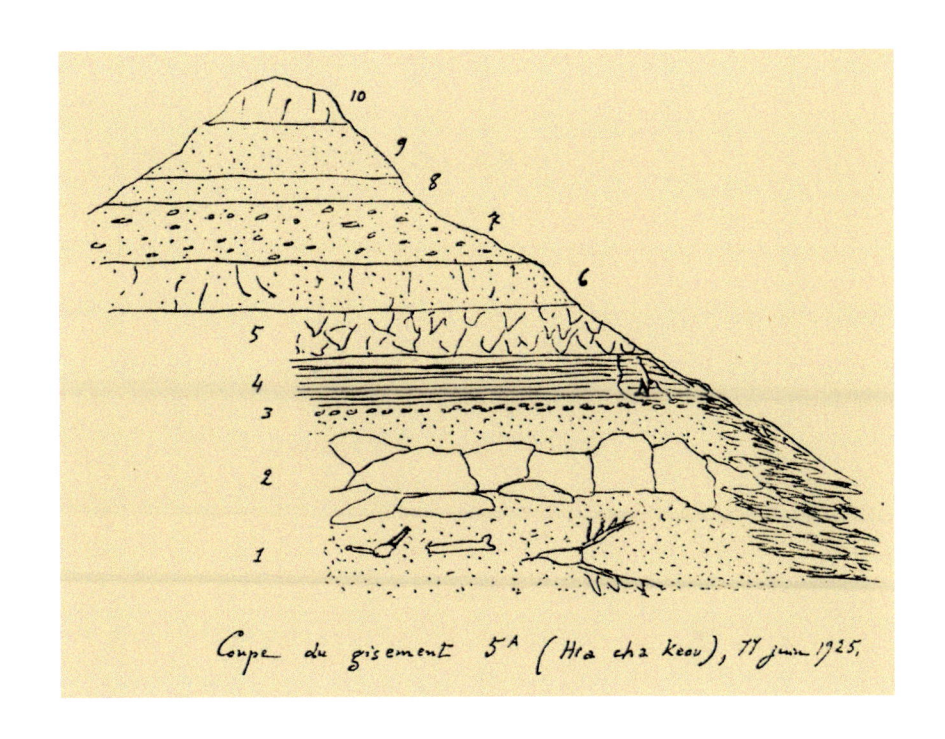

河北阳原泥河湾下沙沟地层剖面图

掘,这次共发掘出土 2193 件标本,包含了大量的三门马、长鼻三趾马、板齿犀以及食肉类,这些材料弥补了德日进和皮孚陀研究的不足。同时,在从泥河湾考察的返程中经过小五台山至北京附近高原地带时,发掘了露头的化石。8 月中旬至 9 月初,还在北京附近的杨家坪高原第三次考察并采集了植物标本。

1931 年 5 月初至 6 月中旬,桑志华到河北张家口西北及内蒙古地区进行发掘,获得大量的新石器时代文化遗物。7 月底又经张家口到内蒙古商都至集宁一带发掘化石和石器,并考察了第四纪火山。1932 年桑志华主要在陕西榆林西南部到靖边发掘化石和新石器。

在对古生物及古人类进行考察的同时,桑志华及其北疆博物院的同事们还不忘见缝插针对现生动植物标本进行调查采集。1929—1930 年对北京西北部至河北宣化以东山区的高等植物进行调查采集,获得高等植物 800 余种,同时还采集了大量的昆虫、爬行动物、鸟类、哺乳动物标本。1930 年 9 月桑志华同罗学宾(Pierre Leroy)赴烟台、威海等地进行海洋动物的采集,转年 6 月底桑志华再次陪同罗学宾赴山东沿海采集海滨动物。1933 年 6—9 月与工商学院生物学教授汤道平(Maurice Trassaert)在山西北部沿恒山和芦芽山采集高山植物,同时采集到很多陆生动物和昆虫。

四、山西榆社再创佳绩

1934年为了发掘从蓬蒂期至第四纪中期的动物化石,桑志华到山西东南部盆地,包括武乡、沁县至长治一带进行发掘,并对其地层进行考察。这里是晚新生代河湖相沉积,哺乳动物化石非常丰富,尤其是三趾马类、象类化石更为突出。这次发掘工作仍是与汤道平同行。两年的野外实地考察,使汤道平对古生物发生了兴趣。

1936年5月罗学宾赴山东泰安、新泰、蒙阴一带采集动物、植物标本。同年7月20日,罗学宾再次启程赴青岛,并在此采集海洋动物一月余,9月初又到威海采集,9月8日返津。

1937年1月底出发,于2月11日到达山西太原并在周围地区发掘。5月末转移到内蒙古呼和浩特、包头、河套西北部杭锦后旗、陕坝河套等地进行发掘,于11月底返津。此时,抗日战争已经全面爆发,迫于形势,北疆博物院的科学考察工作自此停滞。1938年桑志华返回法国。

1934年　桑志华在山西简陋的住所

1934 年　桑志华在山西榆社

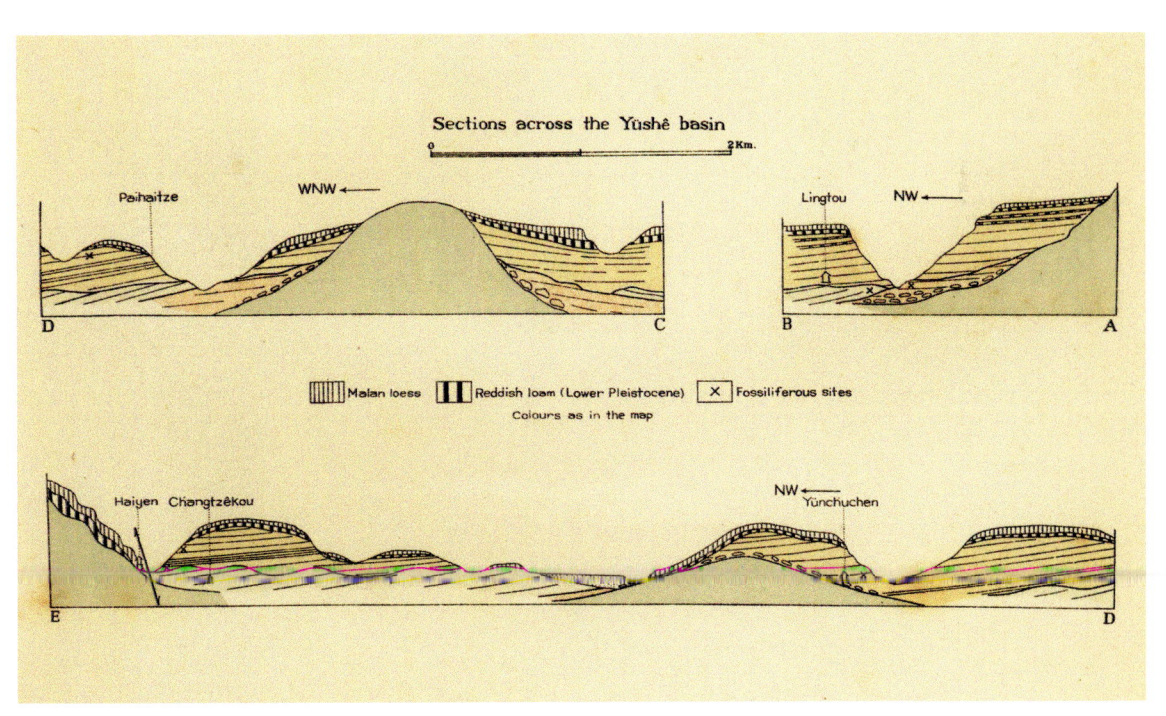

1934 年　山西榆社地层剖面图

上篇 / 北疆博物院

附记　桑志华在华考察时间、路线一览

1914—河北平原、山西北部（大同）、渤海湾海岸、北戴河、山西中部（太原）。

1915—山西南部、渤海沿岸（山海关）。

1916—山西南部、陕西中部、渭河河谷、秦岭、华山、太白山。

1917—河北与山西的交界、北京的西山、杨家坪高原、小五台山、内蒙古和张家口西北的戈壁、承德地区。

1918—1919—在甘肃和青海湖的旅程：横穿山西中部、陕西北部（榆林）、鄂尔多斯南部、甘肃北部、兰州、凉州（即武威）、祁连山、青海湖、噶蚌寺、拉扑楞、甘肃南部、甘肃西部直至甘州、甘肃东南部、甘肃东北部、鄂尔多斯、大青山、呼和浩特。

　　注：在甘肃东北部首次发现蓬蒂系即上新世化石。

1919 秋—内蒙古东部。

　　注：在内蒙古东部首次发现新石器时代遗物和鱼类化石。

1920—山西中部、陕西北部（新路线）、鄂尔多斯、甘肃东北部。

　　注：在甘肃东北部勘查到蓬蒂系化石；首次发现旧石器时代石器。

1921—探察山东内地和北部滨海。

1922—河北平原、山西北部、五台山高原、宁武县森林、陕西北部、鄂尔多斯、萨拉乌苏河。

　　注：在萨拉乌苏河附近发现动物化石和新石器及西夏文化遗物；中国首次发现旧石器时代人类化石"河套人"牙齿。

1923—由巴黎博物院与北疆博物院组成"桑志华—德日进法国古生物考察团"进行首次考察活动，周游鄂尔多斯北部、西部。

　　注：在鄂尔多斯北部卓子山发现动物化石；在水洞沟首次发现大型旧石器时代地层。

1924—"法国古生物考察团"第二次活动，在内蒙古东部、赤峰、林西、戈壁、多伦、张家口。

　　注：在达莱诺尔湖发现一处有 43 座奥弗涅式流岩的火山群，并收获新石器时代的遗物、化石、大量的腊叶标本等。

1925—三次到桑干河考察，考察桑干河到其源头即山西北部、大同西部、云冈石窟、宣化东北部。

注：在桑干河发掘早更新世动物化石。

1926—和德日进结伴去甘肃考察，受阻于战乱而改道山西南部、再次考察桑干河含化石地层。

1927—和德日进结伴到中国东北地区南部、内蒙古东部直到围场、开平、周口店化石发掘现场。

1928—长春、吉林、哈尔滨、沈阳、大连、南冶、井陉煤矿。

注：在南冶发现三门系上层化石层（周口店中国猿人时期）。

1929—和德日进再次去中国东北地区。第六次考察桑干河、杨家坪。

注：在南冶发掘化石，在陶村发现一处化石地层。

1930—第三次去杨家坪。

- 和植物学家塞尔（Henri Serre）神甫结伴在宣化以东山区采集动植物标本。
- 和生物学家罗学宾一起考察山东海滨。
- 柯兹洛夫（M. I. Kozlov）先生和巴甫洛夫（P. Pavlov）先生前往哈尔滨及附近采集动植物标本和化石。

1931—考察开滦煤矿、内蒙古西北、张家口、大同以北戈壁考察高原大湖黄旗海，和罗学宾神甫一起再次考察山东沿海海滨。

1932—经过晋中和陕北去鄂尔多斯东部和南部，采集榆林西南方的化石和新石器。

1933—晋中和晋北考察；在赫赫营、帽儿顶、苛岚山等高原山区采集高山植物；雁门关、大同考察，观察大同东面的火山。

1934—和汤道平神甫一起去山西南部，发掘榆社盆地化石。

1935—和汤道平神甫一起在山西南部继续前一年的挖掘工作。

1936—赴山东泰安、新泰、蒙阴一带采集动植物标本；和罗学宾一起到青岛、威海采集海洋动物标本。

1937—到太原、呼和浩特、包头、河套西北部杭锦后旗、陕坝河套外进行发掘。

种类多样的藏品集珍

作为外国人在华创办的早期博物馆之一，北疆博物院以其丰富而独具特色的馆藏资源和影响力，在20世纪30年代就享誉世界。正如桑志华在《北疆博物院院刊》第39期中所叙述的："对中国北方来说，北疆博物院的藏品是独特的，无与伦比的。这些藏品中有很多是不能用金钱的价值来衡量：旧石器时代和新石器时代文化遗存，一系列蓬蒂系化石、三门系化石、中更新世化石，人种学、真菌、蕨类、苔藓植物、禾本科……"

> Pour le Nord de la Chine, le Musée H. H. P. H. est unique par l'ensemble de ses collections. Plusieurs de ces collections n'ont nulle part leur équivalent: Paléolithique, Néolithique, Séries du Pontien, du Sanmennien, du Quaternaire moyen, Ethnologie, Champignons, Fougères, Muscinées, Graminées...

《北疆博物院院刊》第39期

纵观这些藏品，大致呈现如下特色：

◆ **藏品数量大、门类全**

北疆博物院共有20余万件标本，涵盖岩矿、古生物、动物、植物、古人类及历史民俗等门类，以及2万余件（套）图书资料、研究手稿、玻璃底片、印版照片等。

◆ **藏品来源地域广泛**

北疆博物院的标本采集地以中国北方地区为主，包括了天津、北京、河北、山东、山西、陕西、甘肃、青海、宁夏、黑龙江、吉林、辽宁、西藏等十几个省份，300多个县境。这些标本和相关地区的人文藏品是我国北方广大地区地质、生态、环境、社会等历史变迁的见证物。

◆ **藏品科研价值高，特色、典型性藏品多**

甘肃庆阳、内蒙古萨拉乌苏、河北泥河湾和山西榆社四大地区发掘的古哺乳动物化石种类多、数量大、科研价值高，甘肃庆阳幸家沟出土了中国境内第一件旧石器。内蒙古萨拉乌苏出土了中国第一件古人类化石——"河套人"牙齿；依据原标本直接复制而成的"北京人"头盖骨模型被北疆博物院珍藏。昆虫标本涉及23目，达11万件，标本分布地域广、采集时间久远。植物标本包括部分法国地区采集的种子植物标本及国外采集的苔藓植物标本，共计6万余件。馆藏图书资料内容丰富庞杂、交流研究价值极高。

一、自然收藏

北疆博物院收藏了20余万件标本，包括了古生物、古人类和石器、动植物、岩石矿物等。这些标本均是桑志华及其团队在1914—1938年期间在中国北方广大地域内长达25年的科学考察过程中所发掘和采集的。这些标本既是我国北方地区地质、生态、环境等历史变迁的见证物，也为北疆博物院成为"中国北方自然科学研究中心之一"奠定了重要基础。

古生物藏品中最具特色的就是古哺乳动物化石标本，以甘肃庆阳、内蒙古萨拉乌苏、河北阳原泥河湾、山西榆社的动物群化石最为著名，开创了中国古哺乳动物学研究的先河，为古生物学研究提供了珍贵的实物佐证。此外，还有采自中国西北、华北、东北等地区的3000余件古人类化石和石器标本，以甘肃庆阳出土的中国第一批有确切地层记录的旧石器和宁夏水洞沟遗址出土的旧石器标本为代表，开启了中国旧石器时代考古学研究的序幕；而内蒙古萨拉乌苏"河套人"牙齿化石的发现，则标志着中国古人类学研究的开端。

北疆博物院共收藏各类岩石矿物标本2000余件。其中，最重要的收藏是老西开自流井岩屑标本，这是20世纪30年代中国唯一一套完整的地下实物标本，这套标本及其相关信息对研究天津的水文地热具有重要意义。

25年的科学考察中共收集动物标本约15万件，包括软体动物、昆虫、两栖爬行动物、鱼及鸟兽等诸多类群，标本采集地北到内蒙古、南至河南、东达胶东半岛、西抵青藏高原。其中，昆虫标本高达11万件，包含了半翅目、鳞翅目、鞘翅目等23个目；除昆虫外的无脊椎动物标本2万余件，主要以软体动物为主；脊椎动物标本8000余件，其中鸟类标本3300余件，其次分别为两栖、爬行、鱼类和兽类。标本的制作方式类型很多，无脊椎动物以干制标本为主，辅以浸制；鱼类和两栖爬行以浸制为主，还有些剥制标本及玻片标本等；鸟兽类以假剥制为主，还有些生态标本、骨骼标本等。

北疆博物院收藏植物标本以种子植物为主，还包含了菌物、藻类、苔藓、蕨类植物等类群，大部分为腊叶标本，此外还有种子、果实、木材、浸制标本等类型，共6万余件。其中大部分标本采自我国黄河流域及以北地区，还有7300余件是19—20世纪初采自法国北部地区的。这些植物标本以其保存良好、制作精细、记载完备的特点，为世界植物专家学者所瞩目。

古生物篇

古生物化石在北疆博物院的藏品中占有重要的地位，是中国古哺乳动物学研究不可或缺的部分，主要体现在以下几个地区收集的化石及其研究。

甘肃庆阳地区

1919年6月，桑志华在甘肃庆阳以北的幸家沟发现了以长颈鹿、三趾马和鬣狗三大类为主的"三趾马动物群"，这是一个距今约725万—535万年（地质年代为晚中新世晚期）完整的新近纪动物群。这是桑志华在古生物学领域的首次重大发现，从此开始了中国古哺乳动物学研究的新纪元。

重现祖鬣狗
Palinhyaena reperta
描述　头骨
时代　上新世中期
产地　甘肃庆阳

叠齿祖鬣狗
Palinhyaena imbricata
描述　头骨及下颌骨
时代　上新世中期
产地　甘肃庆阳

内蒙古萨拉乌苏地区

1923年5月，德日进与桑志华联合组成"法国古生物考察团"，在鄂尔多斯地区开展科学考察，发掘到大量的脊椎动物化石，其中最有价值的是十分罕见的完整披毛犀骨骼化石和大量石器。萨拉乌苏动物群的发现对研究我国北方晚更新世哺乳动物具有重要意义，也是我国北方晚更新世哺乳动物群最重要的代表，这一地层已成为我国北方特别是华北地区晚更新世河湖相的标准地层。

加拿大马鹿
Cervus (Elaphus) canadensis
描述　部分头骨及两角
时代　更新世晚期
产地　内蒙古萨拉乌苏

披毛犀
Coleodonta antiquitatis
描述　完整骨架
时代　更新世晚期
产地　内蒙古萨拉乌苏

似锯齿似剑齿虎
Homotherium cf. *crenatidens*
描述　头骨
时代　更新世早期
产地　河北阳原泥河湾

翁氏转角羚牛
Spirocerus wongi
描述　部分头骨及两角
时代　更新世早期
产地　河北阳原泥河湾

河北阳原泥河湾地区

1924—1926 年期间，桑志华、德日进在河北阳原泥河湾地区采集了大量哺乳动物化石，定为泥河湾动物群，时代为早更新世。"泥河湾动物群"是研究我国北方早更新世地层的主要依据。1948 年第十八届国际地质学会决定中国的"泥河湾层"与欧洲的维拉弗朗层相当，代表中国更新世的下界，从此"泥河湾层"作为我国北方早更新世的标准地层而驰名中外。

山西榆社地区

1934—1935 年，桑志华在山西榆社地区挖掘到相当丰富的脊椎动物化石，这些化石分布广泛、层位清晰、种类繁多、地质年代延续时间较长，跨越了距今 670 万—220 万年间的地质长河。山西榆社是我国上新世哺乳动物化石经典地区之一，犹如一部完整的"地层编年史"载入科学史册，该地区标本成为研究新近纪哺乳动物群的重要实证材料。

扇角黇鹿
Dama sericus
描述　部分额骨及两角
时代　更新世早期
产地　山西榆社北村

包氏玛姆象
Mammut borsoni
描述　下颌骨
时代　上新世早期
产地　山西榆社泥河村

榆社原大羚
Protorys yushensis
描述　部分头骨及两角心
时代　上新世早期
产地　山西榆社张村沟

山西轴鹿
Axis shansiuas
描述　完整右角
时代　更新世早期
产地　山西榆社赵庄村

原始（长鼻）三趾马
Hipparion (Proboscidipparion) pater
描述　头骨及下颌骨
时代　上新世晚期
产地　山西榆社白海

贺风（近）三趾马
Hipparion (Plesiohipparion) houfenense
描述　头骨及下颌骨
时代　保德期末至泥河湾早期
产地　山西榆社银交

古人类篇

北疆博物院馆藏古人类及史前石器标本 3000 余件，主要包括出土于我国的西北、华北和东北等地区的石制品，以及产自欧洲和西亚的石器标本等。藏品中不乏具有重要历史意义和科学价值的稀世珍品，创造了中国史前考古学史上的多个第一。既为我国古人类学和史前考古学的早期发展奠定了基础，又为后世研究提供了重要的对比材料和野外考察线索。这些自中国史前考古萌芽时期留存至今的珍贵文物，不仅揭开了中国史前考古研究的序幕，见证了百年前科学先驱在纷纷乱世中的艰辛执着与传奇成就，也使北疆博物院在 20 世纪 30 年代享誉世界。

"北京人"头盖骨（模型）

位于北京房山周口店的"北京人"遗址是中国最早发现的直立人遗址，其内涵之丰富，研究历史之长，在国内现存古人类遗址中当属首位。1929 年 12 月 2 日，裴文中在周口店第一地点首次发现完整的猿人头盖骨化石，轰动世界。"北京人"头盖骨的发现为研究从猿到人所丢失的缺环提供了珍贵而生动的实证，意义重大。不幸的是，"北京人"头盖骨化石在 1941 年向美国秘密转移的过程中下落不明，神秘失踪。北疆博物院馆藏的"北京人"头盖骨化石模型，是当年依据原标本直接复制而成的。经著名古生物学家胡承志鉴定，很可能是目前在我国保存的制作最早的模型，尤为珍贵！

"河套人"牙齿（模型）

1923 年，法国古生物学家德日进在北疆博物院研究室整理标本期间，从桑志华于 1922 年在内蒙古萨拉乌苏河河岸砂层中采集到的一堆羚羊牙齿化石和鸵鸟蛋片中发现了一颗小小的门齿化石。经北京协和医院加拿大解剖学家步达生鉴定，确认其为人类的左上外侧门齿，地质时代为更新世晚期，定名为 Ordos Tooth，其后被裴文中译作"河套人"。这是中国首次发现的有准确出土地点和地层记录的古人类化石，就此拉开了中国乃至亚洲古人类学研究的序幕。

"北京人"头盖骨（模型）
Homo erectus pekinensis
时代　更新世中期
产地　北京房山周口店第一地点

旧石器

1920 年 8 月 10 日，桑志华在甘肃庆阳赵家岔的黄土底砾层发掘出两件可能为旧石器时代中期的石片（现存天津自然博物馆）。这两件石片与同年 6 月 4 日桑志华在甘肃庆阳幸家沟黄土层中发掘出土的一件石核（现存中国科学院古脊椎动物与古人类研究所），同属于中国发现的第一批有确切地点和层位的旧石器，具有重要的历史价值和科学意义。其发现打破了 1882 年德国地质学家李希霍芬提出的中国北方不可能有旧石器的错误论断，揭开了中国旧石器时代考古学研究的序幕。

1923 年，桑志华和德日进组成"法国古生物考察团"，首次发现宁夏水洞沟旧石器时代遗址，并进行了第一次系统发掘。北疆博物院馆藏的宁夏水洞沟出土旧石器标本，均为此次发掘所得，其器型精致多样，可与欧洲、西亚等地出土的史前文化遗物相媲美，是研究旧石器时代晚期手工业的重要对比材料。水洞沟遗址的发现为中国旧石器时代考古学研究翻开了崭新的篇章。

北疆博物院馆藏有桑志华当年与法国国家自然历史博物馆交换得来的出土于欧洲、西亚等地的史前石器标本若干件，年代从旧石器时代到新石器时代均有涵盖，器型丰富多样且颇为典型，与馆藏宁夏水洞沟出土的旧石器标本进行比较研究，对于探讨东西方早期人类之间的文化异同以及迁徙、交流模式等均具有重要的参考价值。

"河套人"牙齿（模型）
Ordos Tooth
时代　更新世晚期
产地　内蒙古萨拉乌苏

石片
时代　旧石器时代
产地　甘肃庆阳赵家岔

锯齿刃器
时代　旧石器时代
产地　宁夏灵武水洞沟

手斧
时代　旧石器时代（阿舍利期）
产地　法国

新石器

　　1919年10月，桑志华在辽宁北票巴图营子采集到几件新石器时代的石斧。虽然不是我国最早见到的新石器，但也属于较早出土的。尤其值得一提的是这批新石器标本有明确的出土地点，时间上比1921年发现的仰韶遗址出土的石器还早两年。

　　1931年6—9月，桑志华在河北崇礼高家营子遗址发掘出土了大量的石制品。这批标本分别出土于十多个具体地点，石制品类型复杂多样，既有细小石器，又有磨制石器；既有农业生产工具，又有生活用具和狩猎工具。此外，还存在石制兵器，如石矛、石镞和石钺等。

石斧
时代　新石器时代
产地　辽宁北票巴图营子

石镞
时代　新石器时代
产地　河北崇礼高家营小沟梁

岩石矿物篇

北疆博物院收藏的岩石矿物标本是北疆藏品的重要组成部分，除了在中国北方采集的标本外，还藏有少量国外交换标本，大多数标本采自东北、华北、西北等地区，采集时间从1914年一直持续到1939年，现存共计2000余件（套），其中老西开自流井岩屑标本、世界岩矿标本具有很高的研究价值。

老西开自流井岩屑标本

天津第一眼地热井是老西开自流井，打井过程中的岩屑标本保存于北疆博物院。老西开地热井坐落在旧法租界老西开教堂附近，当时由法工部局所开凿，该自流井开凿于1935年9月开始，到1936年5月结束，整个凿井工程历经八个多月，井深861米，出水温度29℃—30℃，时为"中国最深之淡水井"。开凿之后整日出水淙流不息、热气腾腾，在当时天津也是一个景观。这些资料对研究区域地质、地下水、地热等有着极其重要的参考意义和科研价值。

茶晶
采集时间　1917年7月20日
采集人　桑志华
采集地点　河北杨家坪

天津老西开自流井及钻取的岩屑标本

上篇 / 北疆博物院

动物篇

作为了解中国华北自然的窗口，北疆博物院的动物标本采集点北到内蒙古，南至河南，东达胶东半岛，西抵青藏高原；动物标本类群也随着不同学科的专家的加入，由最开始的陆生昆虫，扩大到海洋动物。1914—1937 年间，共采集动物标本约 15 万件，从软体动物到哺乳动物，几乎所有的类群都涉及，充分反映了北疆博物院的研究范围之广泛。

无脊椎动物

北疆博物院收藏的无脊椎动物标本共 2 万余件，其中以软体动物的标本最多，为研究黄、渤海的动物资源留下宝贵的信息，也为现在的研究提供了参考资料。

桑志华在 1914—1936 年间多次前往天津、青岛、烟台、北戴河等沿海地区采集海洋无脊椎动物。此外，桑志华还多次前往河北、山西、吉林等地实地考察，采集了大量陆生贝类。1935—1937 年间，我国贝类学家闫敦建对这些陆生标本进行了研究。

东北田螺
Viviparus chui (Hsü, 1935)
采集时间　1929 年 5 月
采集地点　吉林

盘大鲍
Haliotis discus hannai Ino, 1953
采集时间　1928 年 10 月
采集地点　辽宁大连

长牡蛎
Crassostrea gigas (Thumberg, 1793)
采集时间　1930 年 10 月
采集地点　山东烟台

昆虫

在北疆博物院收藏的动物标本中，昆虫标本约 11 万件，超过动物标本总数的 70%。在昆虫分类 33 个目中，北疆博物院收藏就有 23 个目，其中半翅目、鳞翅目、鞘翅目各具特色。绝大部分为针插标本，还制作了部分生态标本，都保存完好。标本采自东北、华北、内蒙古、西北地区，采集时间从 1914 年一直持续到 1939 年，另外还藏有极少量的国外交换标本。在已故老馆长、著名昆虫学家萧采瑜教授的指导下，经南开大学及我馆合作对半翅目标本进行整理研究，其中模式、馆藏一二级等珍贵标本就有 200 余件。

文信草天牛
Eodorcadion (Ornatodorcadion) wenhsini Yang & Danilevsky
采集时间　1937 年 7 月 19 日
采集地点　内蒙古陕坝西北河套外
副模

黄脊壮异蝽
Urochela tunglingensis Yang
采集时间　1928 年 9 月 23 日
采集地点　东北 Kaochantiun
副模

榆凤蛾
Epicopeia mencia Moore
采集时间　1931 年 8 月 12 日
采集地点　帽儿山
馆藏二级

褐蝽茧蜂
Aridelus fuscus Wang
采集时间　1933 年 8 月 13 日
采集地点　山西五寨
正模

犀角蝉
Jingkara hyalipunctata Chou
采集时间　1937 年 7 月 21 日
采集地点　陕西太白山蛟龙寺
副模

鱼类

北疆博物院有 1600 余件鱼类标本，主要包括浸制和干制标本两大类，采集时间在 1914—1936 年期间，主要是华北地区的淡水鱼类，以天津本地为主。淡水鱼类的个体都比较小，数量庞大，特别是一些常见种。海鱼多为渤海湾种类，最南不超过青岛。

白鲟
Psephurus gladius
国家一级保护动物，中国特有种，已灭绝
采集时间　1921 年 11 月 12 日
采集地点　渤海地区

花尾胡椒鲷
Plectorhynchus cinctus
采集时间　1930 年 10 月 5 日
采集地点　山东烟台

䲟
Echeneis naucrates
采集时间　1931 年 7 月
采集地点　山东烟台

两栖爬行类

北疆博物院的研究者桑志华、巴甫洛夫等共采集两栖爬行动物标本近 2000 件，大部分为浸制标本，也有少量剥制和干制标本。采集地点分布在华北、东北和西北的多个地区。两栖类标本以无尾目的蛙、蟾蜍为主，爬行动物标本包括蛇类、蜥蜴类和龟鳖类。

天津是其中的一个重要采集地：采集到两栖动物标本黑斑侧褶蛙、中华蟾蜍、北方狭口蛙等，涵盖了大部分天津有分布记录的种类；爬行动物标本有乌龟、中华鳖、白条锦蛇、红纹滞卵蛇、黄脊东方蛇等，基本为北方地区常见种。

除了对不同种类的收集，还有蛙的幼体发育过程、蛇捕食蛙、蛇和鳖的卵、蛇蜕等体现生活史的标本，均记录了采集时间、地点和采集人等信息。在调查、捕捉动物时，对一些物种的形态特征、生活环境和行为进行了详细观察和记录。

右图记录了虎斑颈槽蛇捕食黑斑侧褶蛙的状态

1. 虎斑颈槽蛇
Rhabdophis tigrinus
2. 黑斑侧褶蛙
Pelophylax nigromaculatus
采集时间　1929 年 10 月 16 日
采集地点　天津

中华鳖
Pelodiscus sinensis
采集时间　1916 年 6 月 6 日
采集地点　山西西南部

鸟类

北疆博物院鸟类标本共计 3300 余件。大部分为假剥制标本（半剥制标本），另外还有一些生态标本、浸制标本、骨骼标本，以及鸟巢和鸟卵标本，主要是桑志华 1914—1938 年期间采集。采集范围以我国华北区域为主，西达西北三省、宁夏，东至东北三省。主要类群雀形目和雁形目，多为天津和河北采集。属国家一级、二级保护鸟类者有 400 余件。

朱鹮
Nipponia nippon
国家一级保护动物
采集时间　1916 年 5 月 3 日
采集地点　甘肃东南部

灰鹤
Grus grus
国家二级保护动物
采集时间　1918 年 11 月
采集地点　甘肃东南部

金雕
Aquila chrysaetos
国家一级保护动物
采集时间　1930 年 8 月 10 日
采集地点　黑龙江哈尔滨

苍鹰
Accipiter gentilis
国家一级保护动物
采集时间　1930 年 8 月 10 日
采集地点　黑龙江哈尔滨

兽类

北疆博物院收藏有现生哺乳动物标本近 1000 件。标本类型多样，既有生态标本，又有假剥制标本，还有动物角和骨骼标本等。标本采集时间在 1914—1937 年之间。大多数的标本采集于黄河和海河流域，但也有一些标本并非在这两区域中，如马熊皮标本采于藏东南。

豹
Panthera pardus
国家一级保护动物
采集时间　1937 年 12 月 31 日
采集地点　河北省杨家坪

青鼬
Martes flavigula
国家二级保护动物
采集时间　1933 年
采集地点　河北

貉
Nyctereutes procyonoides
国家二级保护动物
采集时间　1931 年
采集地点　天津

马熊
Ursus arctos pruinosus
国家二级保护动物
采集时间　1930 年
采集地点　西藏

植物篇

北疆博物院收藏的植物标本共 6 万余件，主要以种子植物腊叶标本为主，还包含了菌类、苔藓、蕨类、木材、种子果实等，其中包括馆藏一、二级标本 149 件。除在中国北方采集的标本外，还包括了部分法国地区采集的种子植物标本及国外采集的苔藓植物标本。

菌类

现藏于天津自然博物馆的真菌标本为 3260 号。这些标本全部为桑志华等人，包括多名当时国外各个分类研究领域的知名专家及中国雇工，从 1914 年 3 月至 1935 年间在中国的黄河流域、内蒙古地区，以及西藏附近地区，进行采集所得到的。

这些标本大多属于担子菌亚门层菌纲伞菌目和多孔菌目。多孔菌目共 18 科 43 属。已鉴定的馆藏伞目标本属于 11 科 30 属。另外，还有一些担子菌亚门腹菌纲和子囊菌亚门标本。

灵芝属
采集时间　1921 年
采集地点　河北唐山

地衣

现藏于天津自然博物馆的地衣标本为493号。这些地衣标本集中采集地点主要有1914年河北—山西、1916年陕西中部、1930年河北延庆（今北京延庆）、1935年山西摇山。其他采集地点包括内蒙古、吉林、黑龙江、山东、甘肃、宁夏、青海等地。这些标本采集时间和地点总体上基本与桑志华1914—1938年共25年间在华标本采集路线吻合，也与桑志华在《北疆博物院院刊》第39期及其他文献中关于采集时间和地点的描述一致。由于地衣类标本研究者较少，现有493号馆藏标本仅有部分鉴定到属。

地衣标本
采集时间　1916年9月16日

苔藓植物

北疆博物院收藏有数千件的苔藓标本。其中有很多珍贵的国外标本，具有很高的研究价值。这些标本装订整齐，部分标本曾经被爱尔兰植物学家狄克逊（H. Dixon）及法国神甫拉古蒂尔（Charles Lacouture）研究和整理过，具有很高的研究价值。

苔藓标本
采集地点　国外

蕨类植物

北疆博物院馆藏蕨类标本 900 余件，采集者是桑志华、科兹洛夫等人，采集地点主要是中国北部地区，包括黑龙江、吉林、北京、天津、河北、山西、山东、陕西、甘肃等地，是研究以上地区蕨类植物区系的珍贵依据。

阜平侧金盏花（亚种）
Adonis ramose Franch. *fupingsis* W. T. Wang

毛茛科，侧金盏花属。该标本是法国学者沙耐特（Lonis Chanet）1929 年 5 月 26 日在河北省阜平县境内海拔 1500—1600 米处采集到的。1993 年 5 月中国科学院植物研究所王文采院士来我馆研究毛茛科植物时，发现了这个亚种。1994 年，王文采先生在《植物分类学报》发表研究论文，指定此件标本为主模式标本

掌叶铁线蕨
Adiantum pedatum G. Forst
采集时间　1918 年 7 月 10 日
采集地点　甘肃西部

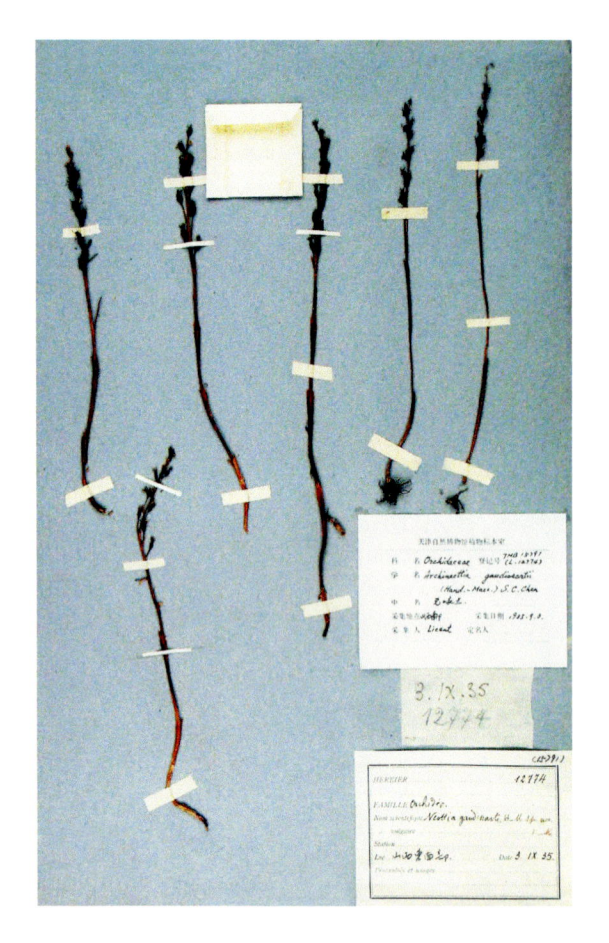

种子植物

北疆博物院馆藏种子植物标本约有 5 万号，采集时间集中在 1914—1938 年，主要由桑志华采自中国北方大部分地区、法国神甫塞尔采自山西及河北地区、瑞典植物学家史密斯采自山西南部大五台山及河北西北部、俄国植物学家科兹洛夫采自东北地区。这是馆藏植物标本中数量最大、种类最为丰富的类群。

无喙兰
Holopogon gaudissartii (Hand.-Mazz.) S. C. Chen
兰科，无喙兰属。北疆博物院收藏的这份标本为六个完整植株，是该种的模式标本。标本由 R.Gaudissart 于 1935 年 9 月 3 日采于山西南部沁源县至安泽县以南的太岳山海拔 1500 米处。据《中国植物红皮书》记载，无喙兰为我国特有种，现已濒临灭绝，因而特别珍贵

木材

木材标本是国内自然博物馆较少收藏的种类。北疆博物院的木材标本为 466 号。

这些标本全部为桑志华等人，包括多位当时国外各个分类研究领域的知名专家及中国雇工采集。集中采集时间为 1916—1919 年，主要采集地点为山西南部隰县、虞乡县，陕西中部华县、喂子坪、太白山平安寺（眉县新寨）、庙家庄、宝鸡二岭岗，甘肃东南部徽县、天水。

柳属
Salix sp.
采集地点　山西隰县北

法国植物标本

北疆博物院藏有法国植物标本 7300 余件，均采自法国北部地区，采集时间为 19—20 世纪初期，由桑志华从法国带来北疆博物院。这些标本保存情况都比较完好，部分标本的花的颜色都保持了下来。这 7300 余件标本中，有 7100 余件鉴定信息比较完整，其中大部分为种子植物，约 6900 件，其余还有藻类、菌类、苔藓、蕨类。法国植物标本是我馆馆藏植物标本中采集时间最早的标本。而且这么大数量的外国标本馆藏在我国自然博物馆收藏中是少有的，这些标本对法国植物区系、对比研究有非常重要的价值。

毒豆
Cytisus laburnum Linn.
采集地点　法国北部

二、人文收藏

为更好地实现桑志华最初的设想和规划，桑志华及其团队在考察的过程中，还广泛收集了除自然类藏品之外的民俗类、地图类以及字画类等藏品。同时，在多年的考察、研究过程中，还积累了 2 万余册的图书资料、研究手稿、各类信函、玻璃底片、印版照片等。其中，纸质文物内容涉及地质学、古生物学、古人类学、考古学、动物学、植物学、真菌学、经济学、民俗学、哲学、神学、地理学、历史学、生理学、百科全书等 20 多个门类，具有很高的历史价值及科学价值。这些收藏为北疆博物院丰富的历史积淀添上了浓墨重彩的一笔。

文物民俗篇

北疆博物院收藏有 3500 余件文物和民俗物品，包括首饰、服装、手工艺品、家用器具、狩猎用具、战争武器、民间艺术品、宗教用品等五花八门。1956 年决定更名为天津市自然博物馆后，这些文物类藏品移交给天津博物馆收藏保存。

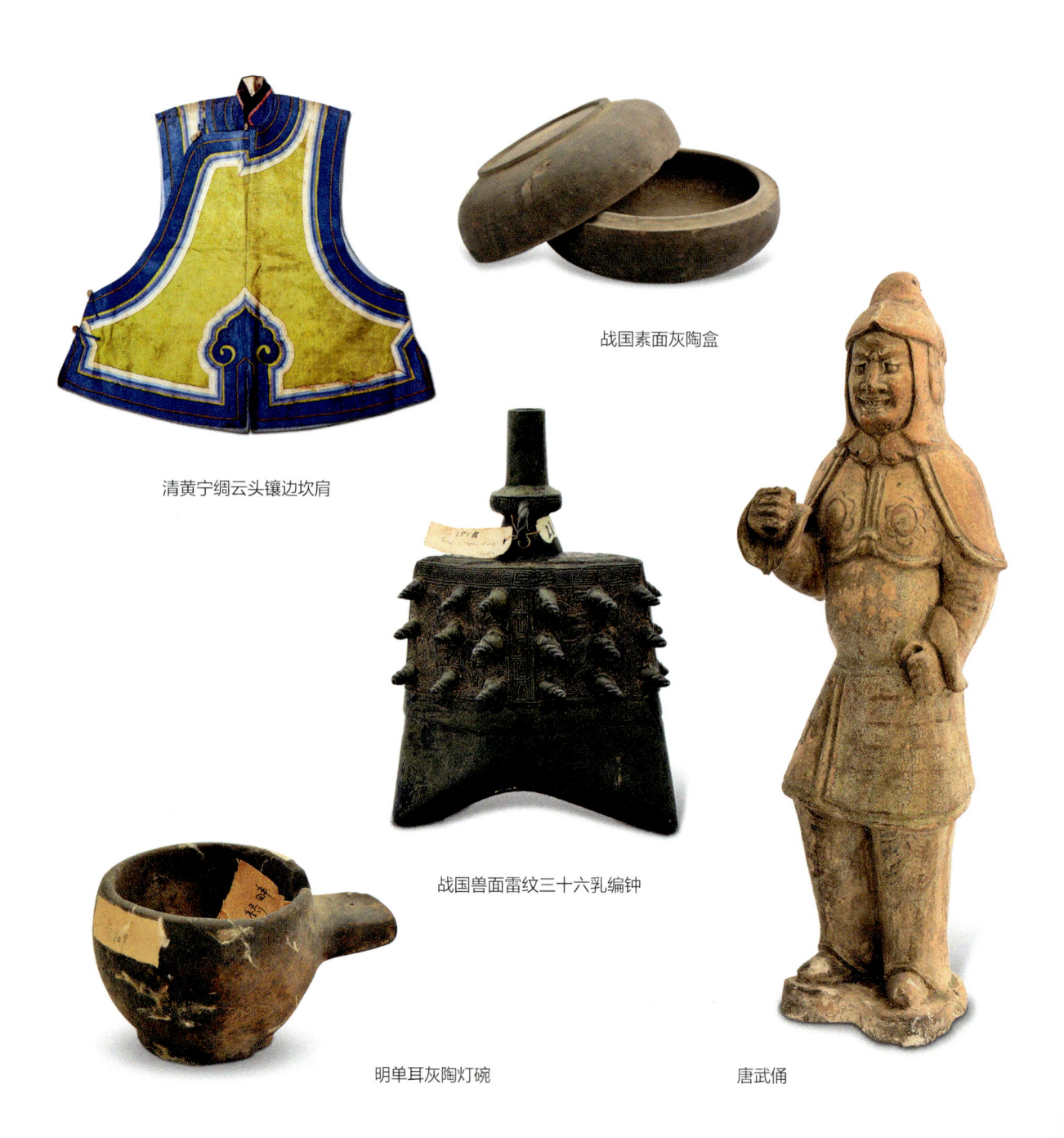

清黄宁绸云头镶边坎肩

战国素面灰陶盒

战国兽面雷纹三十六乳编钟

明单耳灰陶灯碗

唐武俑

艺术品篇

桑志华及其团队在二十余年的行程和工作中，还收集了一些铜版画、年画、油画等艺术品，同时还对其沿途遇到的石碑及碑文进行了记录或拓印。这些艺术类藏品为北疆博物院增添了新的内容和特色。

宫廷版画

《平定西域战图》，全称《乾隆御笔平定西域战图十六咏并图》，该套铜版画是郎世宁、王致诚、艾启蒙和安德义四位宫廷西洋画师在1762年奉御旨起草，1765—1767年分四批完成正式画稿并运往法国，经法国皇家画院院长马里尼推荐，由法国铜版雕刻家柯升负责，精选法国一流雕刻家雕工并精印两百套后，于1774年连同原稿和铜版原版全部运回中国。

全套共16幅，每幅纵55.4厘米、横90.8厘米，真实再现了当年清军平定内乱，统一疆土的宏伟场面。《平定西域战图》为纯西洋画风，镌刻细腻精美、印刷考究，代表了当时欧洲铜版画镌刻印刷的最高水平，是中法文化交流的重要见证之一。北疆博物院收藏12幅。

48 百年辉煌

民间年画

年画是中国民间艺术之一,也是老百姓喜闻乐见的一种艺术形式,主要用于新年时张贴。北疆博物院收藏的天津、河北等地民国时期年画总计9幅,其中戏曲类7幅,娃娃类2幅。

《万年富贵》

《刮骨疗毒》

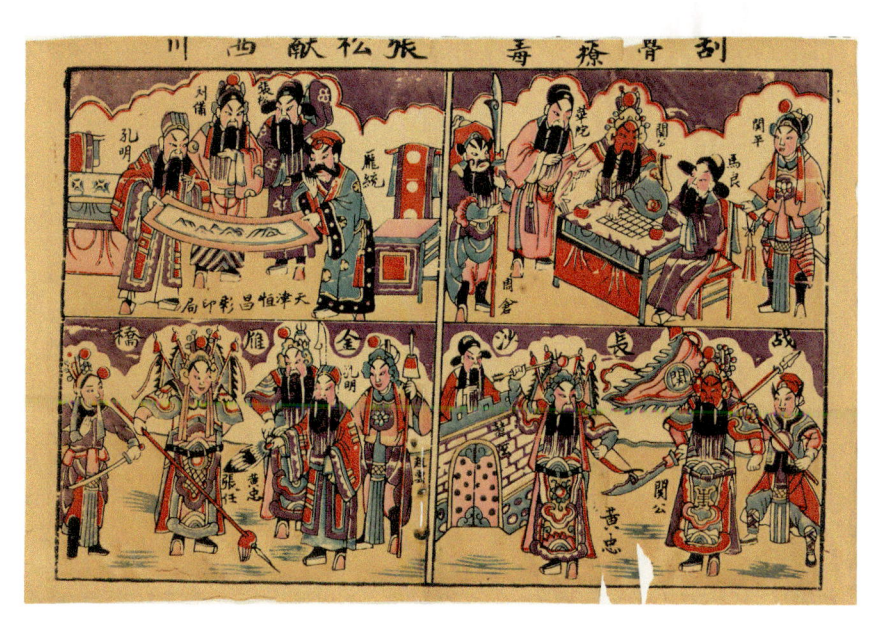

中国碑帖

碑拓承载着文化发展的重要使命,是历史发展的一个重要佐证。桑志华对各类石碑及碑文具有浓厚的兴趣,曾在西安考察途中赴"碑林"进行了参观,同时还在考察途中进行了相关记录,并对部分石碑进行拓印。

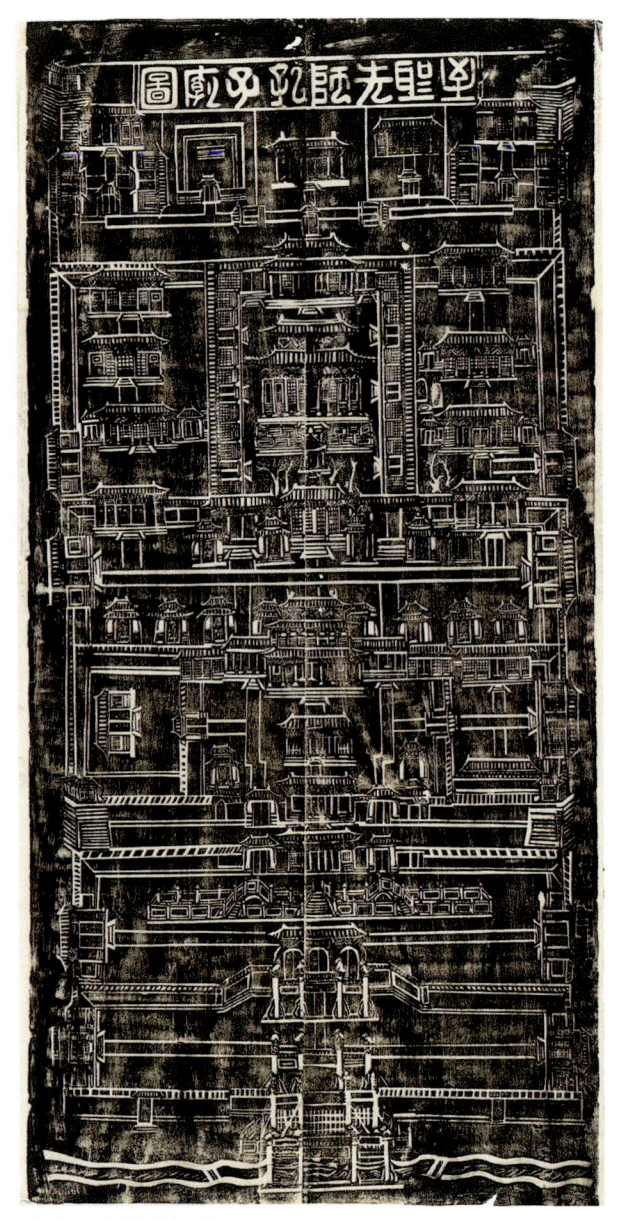

《至圣先师孔子庙图》

《太白全图》

印版篇

在北疆的出版物中许多都配有与文字内容相对应的手绘地图（包括行政区划、地形地貌、地层图等）、插图和照片，其中印制手绘图所用的为雕刻凸版，印制照片的为腐蚀制版。博物院现有各类印版200余块，图案内容涉及地质、动植物、古生物和古人类等学科。

北疆博物院展厅正门印版及图片
印版尺寸：82mm×91mm×25mm
图片为北疆出版物No.45《北疆博物院简介》封面，1937年

岩羊印版及图片
印版尺寸：89mm×66mm×23mm
图片为北疆出版物No.35《北疆博物院哺乳动物藏品·有蹄类偶蹄目：牛科、鹿科和猪科》，1935年

图书资料篇

北疆博物院收藏的图书和期刊达 14000 余册，包含法、英、德、俄、日、拉丁、蒙等多语种，涉及古生物学、地质学、人类学、动物学、植物学等多门学科。这批珍贵的历史文物资料对于研究北疆历史具有重要的参考价值，同时也极大地丰富了天津近代史研究的背景资料，是不可多得、不可再生的史学研究材料。北疆博物院的 51 期院刊尤其珍贵，对北疆博物院收藏的 20 余万件标本的整理与研究具有重要科学参考价值，同时也是开展北疆博物院其他各类研究工作的基础性资料。

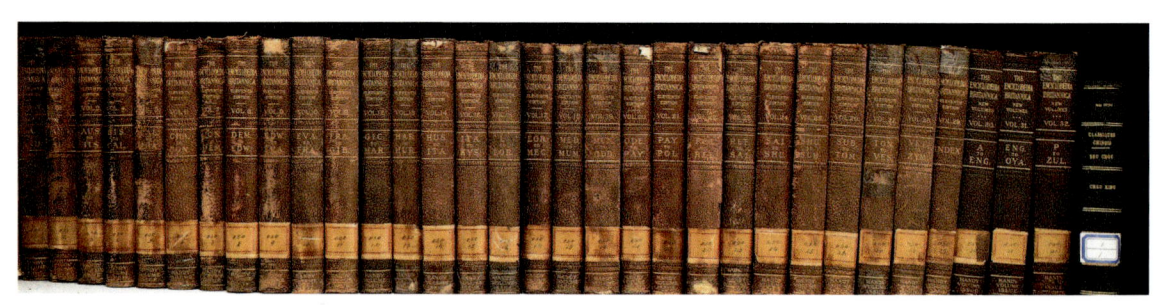

《大英百科全书》

《上海鸟类》

《北疆植物画》

《原色日本昆虫图鉴》

各种期刊

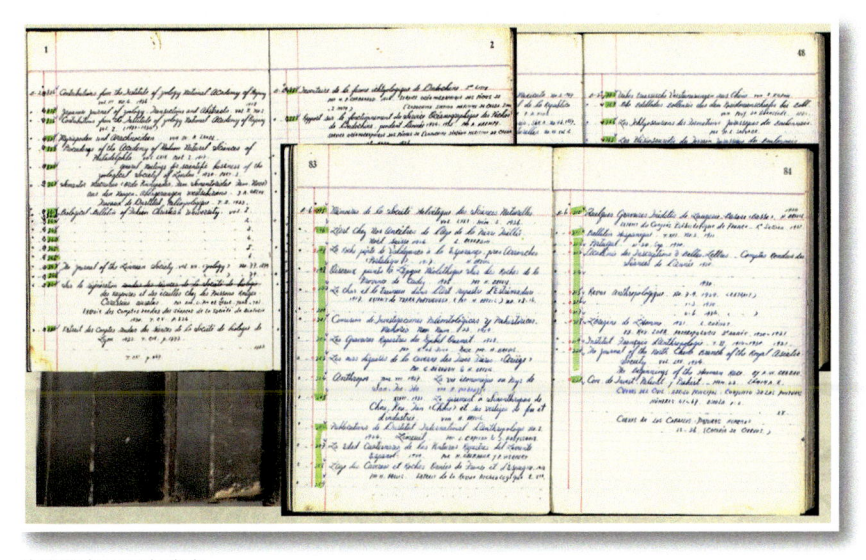

北疆图书手写老账本

上篇 / 北疆博物院

地图篇

在 25 年的科学考察和工作期间，桑志华及其团队广泛搜集国内外各类地图（包括手绘）共计 800 余幅，包括：近 400 幅的区域地图；250 余幅地质、水文、森林、植被、土壤、矿产等自然资源图；60 余幅交通、邮政、经济等人文历史图；及近百余幅来自世界各地的各类地图。这些地图为北疆博物院的科学考察和研究提供了重要参考资料，也为今天的天津自然博物馆发展留下了丰厚的财富。

北疆博物院地图收藏柜

保存在库房的地图

北疆博物院地图收藏与展示

上篇 / 北疆博物院

中国北方最早的陈列展览

1928年5月5日下午，北疆博物院在众多来宾和观众的见证下举行了开幕典礼。驻天津之英、美、意、德、比、奥、日、法各国领事馆，各国军队司令部，直隶省公署，外交委员，中西各报馆，北洋大学和南开大学以及其他学校均派代表参加。院长桑志华致开幕词，并报告了博物院的筹备经过。至此，正式拉开了北疆博物院陈列馆向公众开放的序幕。北疆博物院是中国北方地区创建最早的自然博物馆，也是中国近代早期建立的博物馆之一。

一、陈列室的建立和设计

1914年，法国著名博物学家、天主教神甫桑志华来到中国并开始对今山东、河北、河南、山西、陕西及内蒙古等地进行考察，搜集各种自然历史标本。1924年4月3日，桑志华和德日进在天津召开了一个科学研讨会，将他们的考察和采集情况做了详细报告，并把多年采集的标本展示出来。4月4日，北疆博物院向来华外国人开放。由于访问者和藏品数量不断增加，大型标本急切需要更多场地整理和安放，同时教育界又向博物院提出了向公众开放的愿望，这些因素均促使北疆博物院将陈列室的建设提上了日程。

1925年，博物院北楼西侧的陈列室开始动工增建，1928年正式对外开放。陈列室紧贴北楼西侧，与北楼相连通，分为三层，每层面积为165平方米。一、

北疆博物院陈列室入口

二层主要用于展览，三层则用来存放标本和相关物品。

陈列室建筑由工程师柯基尔斯基设计，采用了中心牛腿柱内框架结构（由四个具有突出支撑面的圆形牛腿柱支撑着三块钢筋混凝土楼板，从而减小墙壁承受压力），每一处设计均细致精确。桑志华亲自设计窗户样式：用水泥砂浆把平板玻璃直接砌在钢筋混凝土的窗框上，窗户尽可能高地开在天花板底下。这样设计的优点在于：窗户密封性好，可使陈列展览免受因夏季暴风雨袭击造成的雨水渗入和春季沙暴天气带来的尘土侵袭；高开的窗户为摆放陈列柜留出足够空间，并保证室内光线充足。建筑均选用具有防火性能的材料。陈列柜由法国特拉斯堡冶金厂提供，柜面可以拆卸，玻璃厚 6 毫米，可以大幅降低火灾中出现的危险。

中心牛腿柱内框架结构

高窗及镶嵌的窄条玻璃

固定在墙面上的壁式展柜

陈列室门

高窗下的水槽

二、体系完整的展陈内容

博物馆的陈列品通常有两种类型：永久的和临时的——后一种常会降低成本。由于当时的财政支持和实际需要不成比例，所以在制定陈列计划时选择的对策是逐步完善。可以说整个陈列室是桑志华用心构筑的一个完整体系，公开展出的藏品均按照事先确定的顺序摆放。

陈列室一层主要展出的是地质学系列，主要涉及矿物学、岩石学、地层学、古生物学、史前史学和工业地质学等，这些标本都按壁式展柜号码分别陈放。对于某些展品体积过长或过大（如：披毛犀化石骨架，象和长颈鹿的骨骼化石，各种鹿科动物的角化石以及史前大型陶器等），就陈放于中央沿着"中心牛腿柱结构"制作的两个大玻璃柜中。

地质岩矿的展示主要以花岗岩、斑岩为主，均采自华北的山区和沿海。同时，表现地质压力所产生的褶曲、断层的标本，煤的形成展示以及经过剥蚀后重新组成的岩石，砾岩和角砾岩等岩石标本，各种水晶、玛瑙及金、银、铜、铁等金属矿物标本均被陈列展示于此。除此之外，桑志华还展出了一张巨大的华北地质系统考察图，包括对一些地区的岩系分布、土质等进行的详细挖掘测量及据此绘制出的剖面图。

岩石的岩性及对应的化石组成，对研究当时的古环境有着极其重要的意义，也是研究代表性生物的标示层及相应生物演化环节的难得的重要实物资料。桑志华在中国北方考察期间共采集了七千余件关于岩石与矿物的标本，其

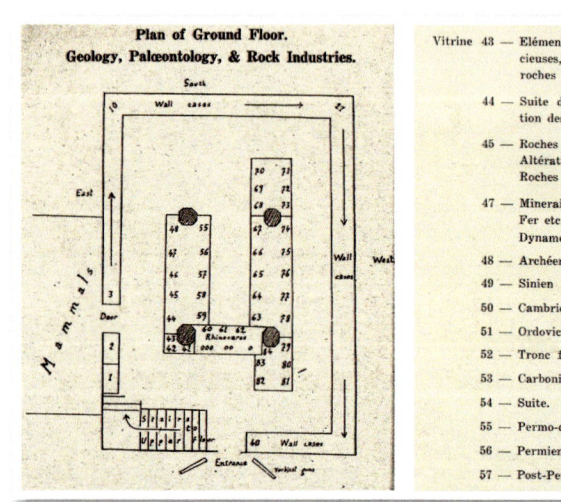

陈列室一层壁式展柜编号及展陈说明

北疆博物院岩矿标本陈列

主要地点也多为动物群所在地。这些岩矿标本为研究中国北方地区矿产资源及分布积累了大量资料。

古生物方面的展示大多为古哺乳动物化石，体积过大的披毛犀、象、鹿等骨架陈列在展厅中央的大玻璃柜中，其他标本均按系列摆放。桑志华在中国科考过程中发现了四大古哺乳动物群，分别是：我国第一个被科学家发现并可以称之为动物群的甘肃庆阳的三趾马动物群；内蒙古伊克昭盟乌审旗萨拉乌苏出土的完整的披毛犀和野驴骨架、王氏水牛、狍（麕）的头骨等晚更新世哺乳动物群；河北阳原泥河湾发现的第三纪和第四纪过渡阶段的哺乳动物群；以及山西榆社盆地发现的上新世哺乳动物群。随着这些动物群的不断发现和深入研究，它们也相继展示在公众面前。这些动物群的展示，既提升了北疆博物院的价值和地位，也为观众了解古生物打开了一个新的视角。

古人类化石及史前文化遗物是另一大类重要展品。桑志华在对中国北方人类遗迹的考察过程中，创下了很多考古界的第一，堪称中国旧石器时代考古的先驱和开拓者。1920年甘肃庆阳发现的四件人工石制品被考古界称之为中国第一批发现的有正式记录的旧石器，掀开了中国旧石器时代考古和史前研究的篇章。内蒙古萨拉乌苏1922年出土的古人类牙齿化石是中国境内最早发现的古人类化石，拉开了中国古人类研究的序幕。宁夏灵武水洞沟出土的大量旧石器时代晚期的精品，器型丰富多样，与西方同期文化有较多相似之处，

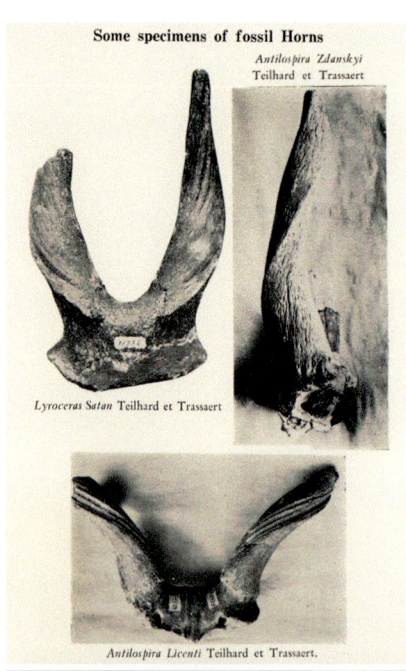

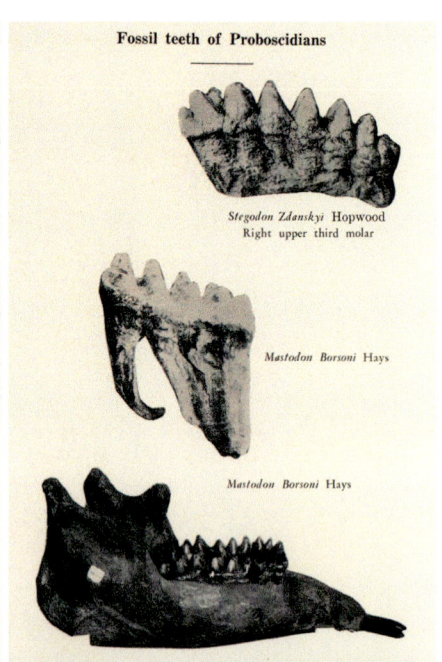

展示的古生物藏品

在探讨东西方文化关系上特别引人注目。这些古人类化石及石器的发现，为研究人类的起源与发展提供了重要的物证，同时也为观众充分认识自我、了解自我提供了新思路。

陈列室二层主要展示的是现生的动植物标本和桑志华在考察过程中发现和收集到的大量人文民俗物品。二层在展示方式上与一层相同，大体积的展品

展示的旧石器
以石英岩石片为毛坯加工而成的宽身边刮器（萨拉乌苏）(《中国旧石器时代》ⅩⅩⅩ-11)

展示的旧石器
用厚大的石叶加工而成的典型雕刻器（水洞沟ⅩⅩⅦ-14）二层陈列室壁式展柜编号及展陈说明

　　陈放在展室中央的两个大玻璃柜中，还有一些大的物品悬挂在墙上和天花板上，其余则按系列摆放。

　　现生动植物的展示涉及植物学和动物学的各个类群。植物学方面从藻类到维管束植物、从木材到果实种子、从植物病理到病虫害等应有尽有。动物学方面从与植物息息相关的昆虫生物学、生活史标本到各个不同种类的昆虫标本，从蠕形动物、棘皮动物、软体动物、甲壳动物到两爬、鱼类、鸟兽等均按

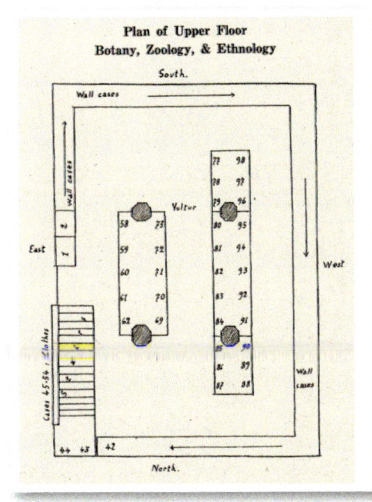

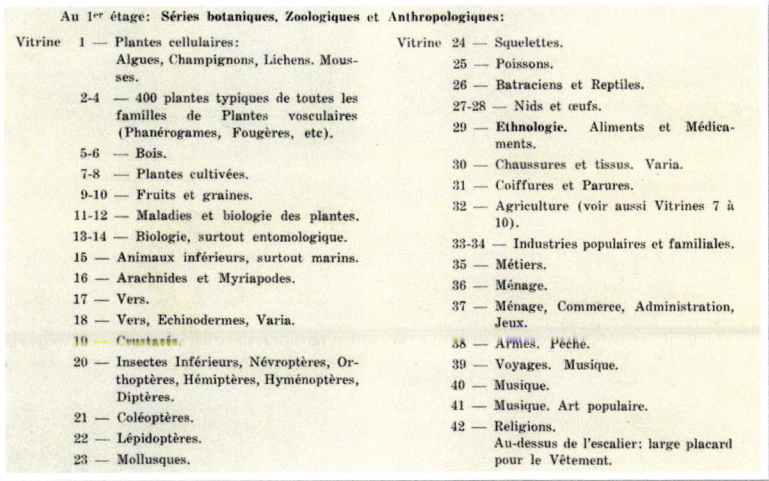

陈列室二层壁式展示柜编号及展陈说明

上篇／北疆博物院

植物标本

昆虫，无脊椎展区及标本

系列进行了展示。精选的老鹰、天鹅等 400 件鸟类标本如飞天一般被安置在靠墙玻璃柜的上层架格里面，既充分利用了空间，又形象生动；同时，还配展了一些鸟巢和鸟蛋标本。哺乳类标本中除少数大型的、可视性强的标本外，还特地挑选了 50 多件小型标本做成小景观用于陈列展览；而以豹为首的 16 件大型皮张标本则被悬挂在二层楼口处。

膜翅目昆虫的巢

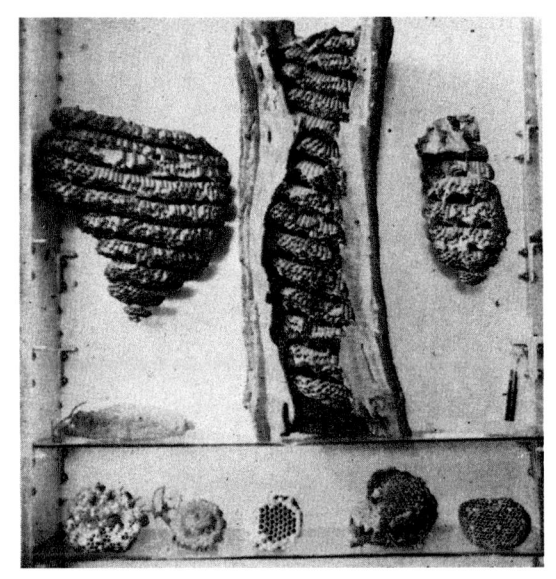

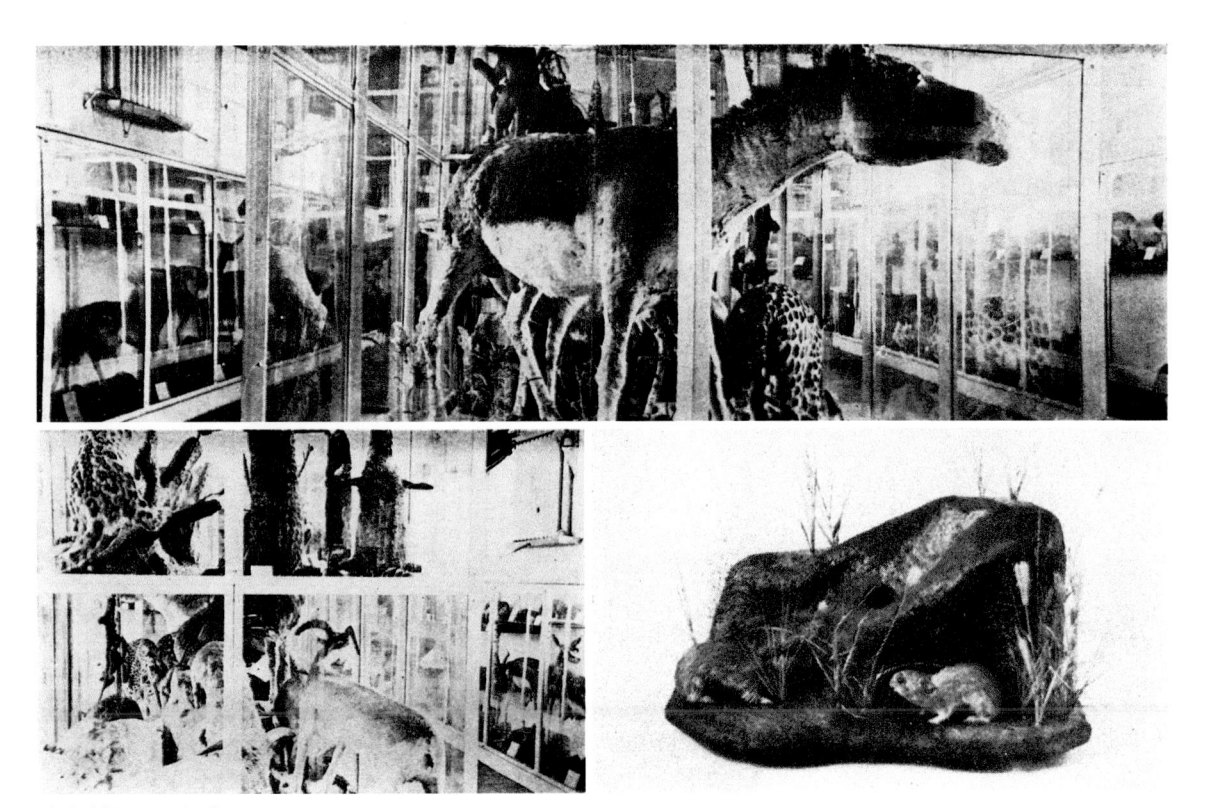

鸟巢

哺乳动物展区及标本

上篇 / 北疆博物院

北疆博物院民俗类藏品及陈列

现生动植物,尤其是个体较小的类群在展示柜中的存取相对比较方便,因此此类展品就不停轮换展出。桑志华在中国北方总共采集了两栖爬行类、鱼类、鸟兽等脊椎动物标本6000余件,昆虫类标本10万余件,无脊椎标本2万余件,植物标本6万余号。北疆博物院的科研人员和工作人员本着边收藏、边整理、边研究、边展出的原则,不断对展品进行着研究和调换,既丰富了展览本身,满足了观众参观的需求,也达到了研究的目的。

除自然类标本外,北疆博物院还有大量民俗文化的展示。由于东西方文化的差异,桑志华来到中国后对民俗物品兴趣尤为浓厚。在5万公里的考察路上,他见到或用到的很多物品都成为了收藏品。甚至是购买的一顶普通草帽,他也会在日志中详细描述。桑志华在其行程录中记载:考察路上,搜集到表现人类生产生活及相关的藏品有3000—5000件(这部分藏品已经划拨给现在的天津博物馆)。

在二层的陈列中,人文民俗类所占比例超过1/3,展品五花八门、形形色色,各种民间艺术品、宗教用品、雕刻佛像、服装、食品、靴子、帽子、首饰、家用器具、狩猎用具、东北盔甲、刀剑,甚至戏曲头盔、妇女的小脚鞋都被他收入囊中并展示。考察中这些新奇的人和事物令桑志华流连忘返,在某一天的日志中他写道:"在一个如此美好而有意义的停留之后,是该考虑离开这些奇特、古怪而有趣的鄂尔多斯人了。"

北疆博物院展品的标签全部使用法文,为了使一些物品更为醒目,特别加入了英文和中文标题。为配合陈列室对外开放,博物院还编辑出版了法文

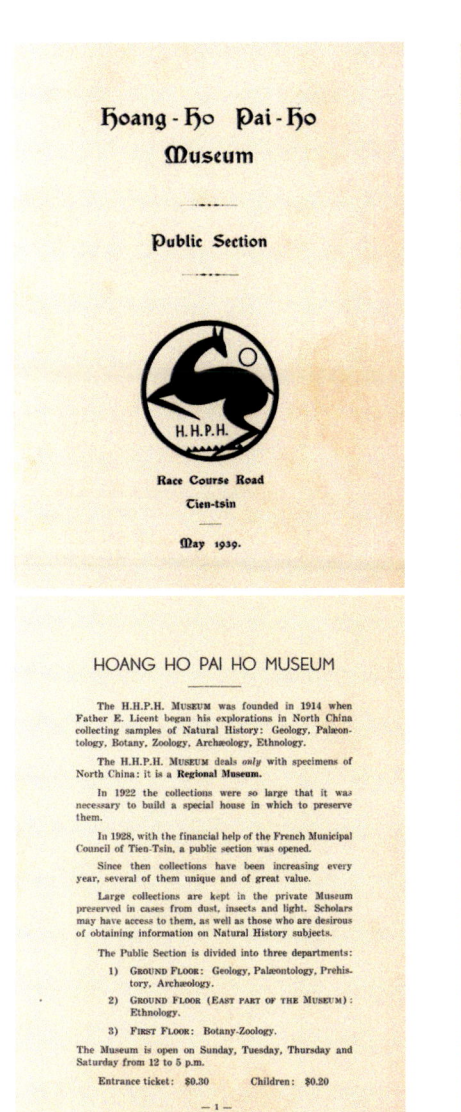

1939 年　出版的北疆博物院《参观指南》及总体介绍

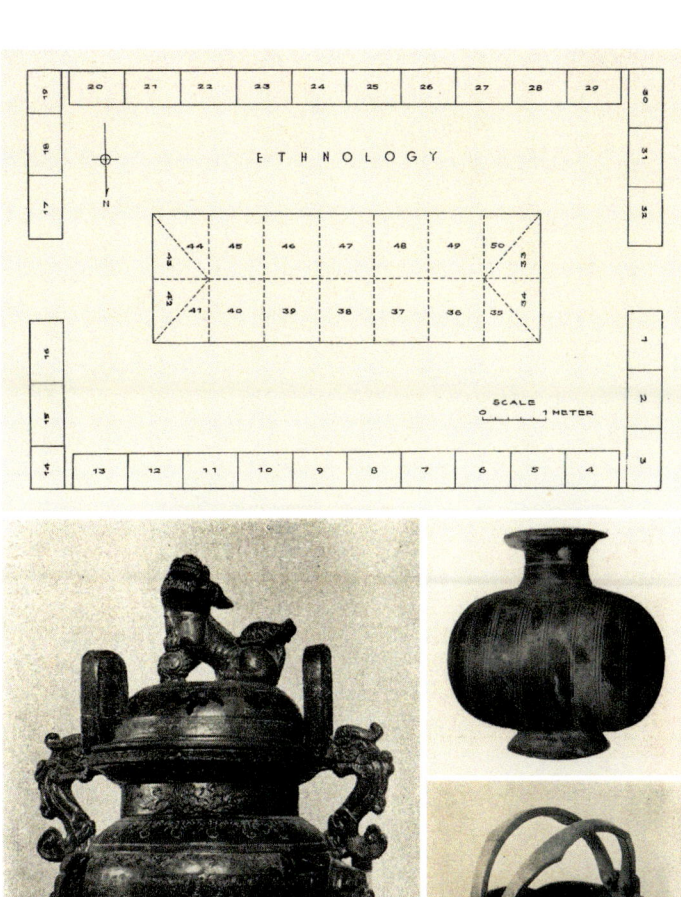

北楼一层（陈列室内侧）的陈列柜编号及展示的史前史藏品和民俗类藏品

《参观指南》。通过《参观指南》，观众可以详细了解陈列室的展品内容及排列，从而更深层次地了解中国北方的自然资源。

随着采集标本数量及种类的不断增加，以及南楼的兴建，北楼许多藏品转移至南楼，北楼的部分藏品库被划作陈列厅。本着让更多的藏品展示给观众的原则，陈列室也不断地进行着调整更新。相应地，《参观指南》也进行了更新再版。

上篇 / 北疆博物院

三、对外展示之窗口

在陈列室建立之初，桑志华就陈列室的开放提出三个想法。一、在不影响科学研究工作的前提下，向公众展出博物馆研究中最有价值的收藏。二、以每一个或两个展品代表一个种类，尽管展出的展品数量有限，但是可以代表完整的植物群和动物群，而通过这些生物种类陈列，已经能够满足在校学生和一般民众对自然科学的兴趣。三、对外开放的展品存放在坚实的橱窗里（由铁和玻璃制成），这些收藏品包括一些十分贵重的物件，需要做好防盗工作；此外，这些展品的体积很大，易碎，因此需要为它们安排足够的空间。

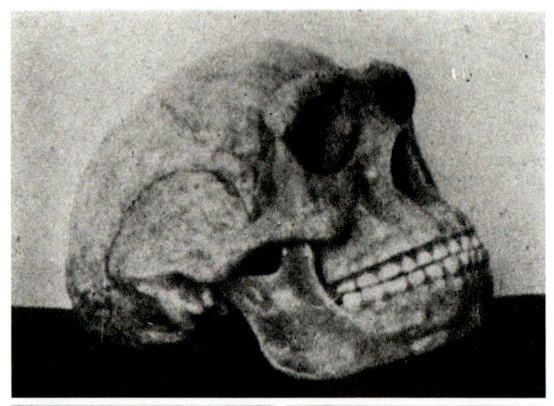

此后他在《北疆博物院院刊》第39期中对陈列室做了这样的描述："陈列室不仅要符合其建筑风格和功能上的要求（如前所述：教育和科研分流），也必将起到服务的作用。可以说，博物院大量的藏品展出，构成了留给专家们从事科学研究的园地，或者更确切地说，这些展品具体地再现了自然历史的系统分类，如矿物学、岩石学、史前史学、动物学、植物学和人种学等；而且，其优越之处还在于所有标本都来源于同一个国家。"

陈列室正式开放后，"除个人观众外，每年约有40次左右的中小学生集体前来参观，他们参观的目的是从藏品中获得知识而不是为了娱乐"。许多有声望的知名人士，也都曾光临过这里。凡是来天津的专家学者都要到此参观，以了解中国北方的自然资源：动物区系，植物区系、矿产等。还有一些专家学者专程从北京、东京等地来此查阅藏品。1927年，南开大学的沈士骏教授在参观北疆博物院之后，写了一篇游记叙述他的观感，其中感慨道："北疆博物院可算是在天津唯一的值得赞评的博物馆了。"

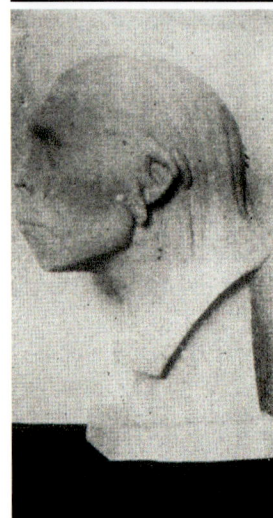

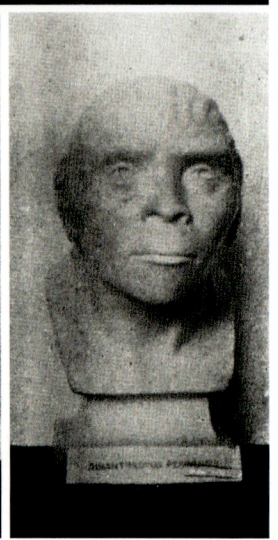

当时展览过的"北京人"头骨化石复原模型

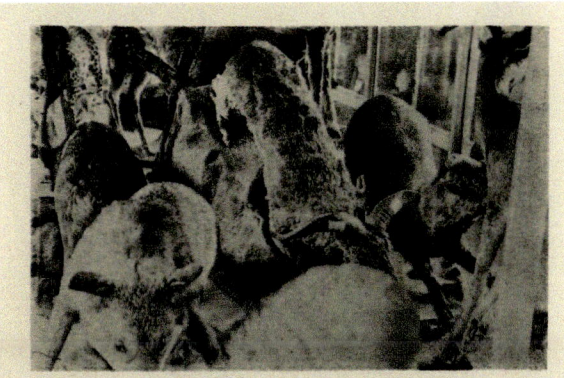

On pourra trouver une solution heureuse du problème dans la publication d'un guide donnant la traduction des étiquettes françaises; les noms scientifiques en latin dispensent de ce travail.

*

* * *

Le Musée public, outre qu'il satisfait aux motifs qui ont déterminé sa construction (voir plus haut) peut servir d'introduction au Musée d'étude. Ses collections constituent en quelque sorte les têtes de chapitres des collections considérables réservées aux spécialistes, ou plutôt ils matérialisent un traité systématique d'Histoire Naturelle: Minéralogie, Pétrologie, Paléontologie, Préhistoire, Botanique, Zoologie et Ethnologie, avec cet avantage que tous les spécimens viennent du pays même.

Musée public — Mammifères.

《北疆博物院院刊》第 39 期

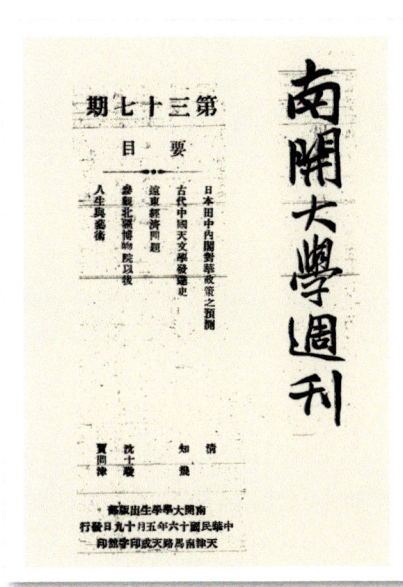

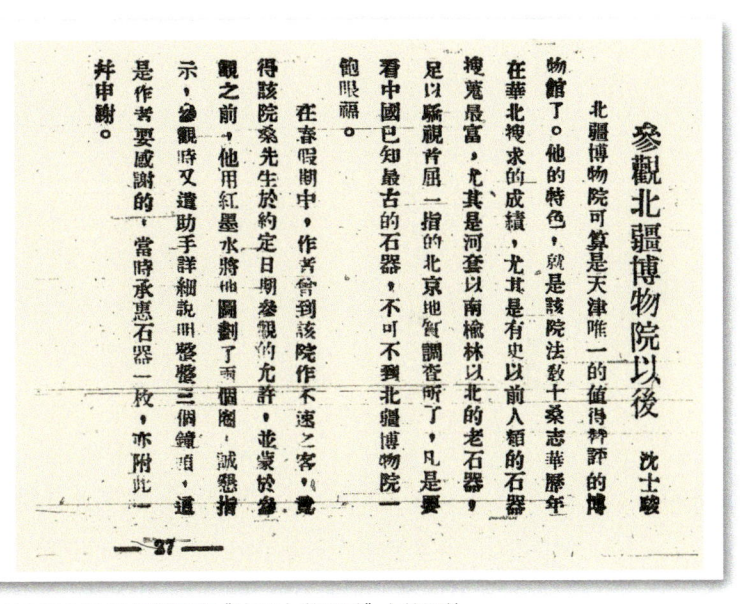

南开大学沈士骏教授参观北疆博物院后，于 1927 年 5 月 19 日发表在《南开大学周刊》上的评价

"还有许多已经装架好的化石等待展出；旧石器时代的典型藏品、新石器时期的收藏都将大规模展出。"桑志华在院刊 39 期中如是描述。北疆博物院在桑志华及其同事们的共同努力下，依照着最初远景和规划，不断扩大发展，推动和加强对资料研究的应用，经多年艰苦努力最终获得圆满的成功。

全面深入的科学研究

自 1914 年北疆博物院开始筹备起，以桑志华、德日进为代表的一批来自欧洲的研究者在中国开展了长达 20 余年的考察、采集和研究工作。到北疆博物院成为一座收藏有化石、动植物、岩矿、民俗等各类藏品的综合性自然历史博物馆，同时也是中国北方的自然科学研究中心之一，并在当时的国际学术界具有很高的知名度。这主要得益于其在古哺乳动物和古人类领域的发现，同时也包括动植物、地质等方面的研究。

桑志华创建北疆博物院的主要初衷，就是建立集搜集、保存和研究功能于一身的科学研究机构，通过综合性的资料考证和藏品研究来解决科学问题。为此，他制定了一套系统的科研计划：在考察过程中尽可能地搜集地质学、古生物学、人类学、动植物学及历史、经济等各领域资料，以备研究之用；有计划地考察中国北方多条河流流域，并向北和向西延伸，采集各类藏品；将藏品整理、鉴定后保存于博物馆内；根据藏品和文献资料进行研究，出版刊物和发表学术论文；为相关的博物馆及其他科研机构提供研究资料和标本。

按照计划，桑志华全面开启了在中国北方的实地考察、采集挖掘、科学研究、刊物出版发行及相关工作。从桑志华 1914 年来到中国，到 1938 年离开中国，再到 1940 年罗学宾和德日进成立北京地质生物研究所，再到 1946 年二人离开中国。30 余年间，北疆博物院的所有人员始终秉承着桑志华的初衷，不懈努力，以求真务实的科学态度，书写着辉煌的学术篇章。

一、藏品及藏品体系

在 1914—1938 年的 25 年期间，桑志华及其团队的科学考察取得了一些重大的成就。桑志华在《北疆博物院院刊》第 39 期的旅行内容中对这些成就重点进行了描述。"然而，我最关心的是，随时随地竭尽全力为博物馆的一切学科搜集标本：诸如岩石、鸟类、化石、硅藻、大型哺乳动物等；不仅在旅行途中采集，而且在停下来短暂驻留期间也进行采集。为了搜集动植物标本，在一些地点作短暂停留是必要的，另外的停留则主要是为了发掘化石或史前考古。即便如此，我也不会放弃所有可能搜集的标本，如昆虫、鸟巢等。"

行程 5 万公里的科学考察中，桑志华及其团队共采集标本 20 余万件，涉及了地质古生物、古人类和石器、动物、植物等方面。同时，为使藏品能够更加系统并形成体系，桑志华还特地增加了与生物学、生态学、生理学、病理学等方面相关的藏品，比如昆虫的生活史，寄生虫，动物骨骼和粪便，鸟巢鸟卵等，木材和种子，等等。为了更形象地、更方便地研究和展览，还特地制作了解剖结构的显微玻片。这些丰富多样的藏品为北疆博物院的学术研究奠定了坚实的基础。

> La visite du Nord Chinois (Chine du Nord, Mandchourie, Mongolie intérieure et Bas Tibet) est donc, non pas exhaustive (ce qui est impossible) mais on peut dire générale; les collections faites en ces régions sont, sinon complètes, du moins tout à fait représentatives.

> 桑志华在《北疆博物院院刊》第39期中如是描述："对中国北方疆域的考察（华北、满洲、内蒙古、甘肃和青海）是极不彻底的（那也是十分困难的）。但可以概括地说，在这些地区搜集到的藏品即使不算全面，至少也完全是有代表性的。"

北疆博物院藏品体系一览表

藏品	种类	详细说明*
地质古生物	岩石矿物	约 7000—8000 份标本，其中有几种新发现的岩石
	化石	古生代化石：有整个时期的大量动物区系的化石；自前寒武纪大聚环藻属 Collenia 到石炭二叠纪的植物化石，均为从甘肃张掖东至山东一带发掘的标本 中生代化石：内蒙古东部白垩纪的大量鱼类化石和在中国发现的早期昆虫和早期甲壳类化石。还有少量的植物化石。这些藏品为研究古植物学和古动物学提供了大量新资料 第三纪化石：1926年从潼关的始新世地层中采集到的贝壳，1922年鄂尔多斯东北部上新世地层中发掘的骸骨化石，甘肃庆阳蓬蒂系地层中的重大发现（约30—40个种） 三门系化石：桑干河采到的更新世化石，大约有45个种 第四纪化石：鄂尔多斯东南部的萨拉乌苏河发掘的化石，大约有40个种；和1928—1929年在东北采集的化石和1931年在内蒙古发掘的化石。值得关注的是第一次在萨拉乌苏河的发掘中有二具披毛犀骨架和一具野驴骨架 另外，1934—1935年在山西榆社发掘了大量的蓬蒂系、三门系、第四纪下部到第四纪的一整套连续地层化石
	旧石器	鄂尔多斯发现的人类门齿和一些骨头，这是中国历史上首次发现人类化石 在甘肃庆阳至山西榆林南部之间发现的3000—4000块经过人类加工的旧石器，尤其以水洞沟和萨拉乌苏河岸最多
	新石器	藏品的数量颇为可观，主要发掘点分散在东北、内蒙古和华北的117个地点。包括数千件磨光和打制的石器、陶器，以及由人或动物骨头加工而成的骨器 内蒙古东部佟家营子的细石器时代遗址发掘出的具有西伯利亚风格的青铜器、磨光石器和石制串珠等
	地质学及其边缘学科藏品	一系列从属于地质学的工业产品：史前时期直至当代的陶器制造、煤矿、冶金、铜铁、大理石、硫磺、石棉等

续表

藏品	种类	详细说明*
动物	无脊椎动物（不包括昆虫）	在渤海湾长期搜集到的：包括海绵动物、腔肠动物（水母等）、棘皮动物（海星、海胆、海参等）、苔藓虫和腕足动物等 典型的海产和淡水产蠕虫：700余种；另外还有一些积累的寄生虫 软体动物：海洋贝类、淡水和陆生的贝类，及各种浸制类群 甲壳类（虾、蟹、鳌虾等）和多足类：数量很多，包括水生、淡水生和陆生 蛛形纲（蜘蛛、蝎子、蜱螨等）：不少于650种（大部分为浸制，约40盒干制），基本都按科属进行整理
	昆虫类	藏品数量很多，总计2260余盒，11万件。涉及蜻蜓目、脉翅目、直翅目、鳞翅目等23个目
	鱼类	大约2200件标本，分属于63科115属157种和亚种，大部分保存在酒精中，少部分为剥制
	两栖类	包括蟾蜍、蛙、蝾螈等，共800余件，涉及华北所有已知属
	爬行类	包括蜥蜴、蛇、龟鳖等，约700—800件标本，共计77种（亚种）
	鸟类	约3100件，计412种和亚种。大部分为剥制标本，少量生态标本栩栩如生
	哺乳类	除了极为罕见的扭角羚、水獭等物种外，凡了解的动物区系均有搜集。共计1000余件
植物	维管束植物	中国北方全部系列标本：共12834号，加上重份标本和已经赠予其他博物馆的共计15000—20000号，大约有2700种 地区性腊叶标本：约18500号，3500—4000种。主要由以下标本组成：塞尔神甫和沙耐特赠送的采自保定以西和正定的3000号标本；金道宣采自河南濮阳的标本；卡贝尔（G. Cappelle）采自鄂尔多斯西北的标本；史密斯采自山西南部的标本；帕洛斯基（V. Pakrowsky）和科兹洛夫采自东北部和海拉尔的标本；以及采自大戈壁和天津地区的标本 法国北部的腊叶标本：约2500种。这些标本是鉴定工作中的珍贵对照种 木材标本：大约450种，广泛代表了各种各样的经济植物 还有一些果实和种子标本：部分为腊叶标本，部分以干制和浸制方式保存
	藻类	桑志华从许多地方采集的还有硅藻的淤泥和泥浆，数量不多的渤海湾藻类；还有一些拉古蒂尔采集的硅藻标本
	真菌和地衣	标本数目极为庞大，大约有3—4立方米的体积的藏品。这些藏品主要采自中国北部林区：秦岭（1916）、承德地区（1917）、兰州新隆（1918）、围场（1927）、岢岚山（1933）、山西南部高原（1934—1935）
	苔藓	苔藓植物与菌类植物生长在同一环境中，或更为多样的环境中，采集后用纸包裹。在华北，苔藓植物种类不多，苔藓类植物大不相同。著名苔藓类学家拉古蒂尔对这些苔藓标本进行了整理和研究
人文	农业用具、手工艺品、民间艺术等	部分采矿工业外，还有表现中国北部、内蒙古、青海、西藏人民日常生活的民俗物品3000—3500件，主要包括食品、靴鞋、帽子、首饰、服装、农业、家庭手工业、手工艺、家用器具、商业娱乐、狩猎武器、民间艺术、宗教信仰，等等。这些民俗大多在陈列室中展出

* 本表编译自《北疆博物院院刊》第39期，地名为今称

二、科研配套及支撑

为了保证科学研究顺利进行，桑志华在北疆博物院的规划中特地辟出了专门的实验室：早在 1922 年北楼的建设中就包括了三个实验室和一大间工作间。1928—1929 年建设的南楼中同样设计了三个实验室，另外还有一大间图书室。

实验室配有各类显微镜、解剖镜和切片机等处理、鉴定标本所需的设备。另有经纬仪、高程仪、罗盘、气压计等仪器，保证了考察过程中记录位置、地形、海拔等数据。

采集昆虫用的毒瓶

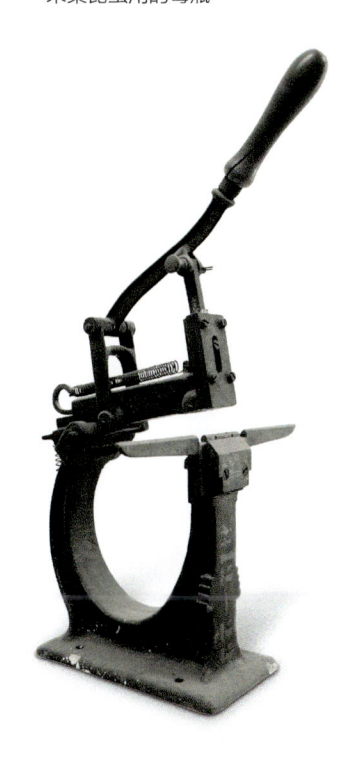

订书器

地球仪

在整个旅行途中桑志华等人还搜集或者拍摄了许多照片,据《北疆博物院院刊》第 39 期记载,北疆博物院共收藏有各类照片 9000 余张。

图书室则集中收藏研究所需的各类群、各地区的相关资料。专题文献的编目与藏品分类相对应,以便更好地为院内及合作的研究者提供所需资料。

为更深入地对植物进行研究,桑志华在南楼后面的一块空地上开辟了"植物引种试验园",即北疆植物园。在这片土地上,桑志华等人用了整整十年时间,试验种植了 500 余种野生植物,其中 300 余种都引种成功,包括木本植物约 90 种。这个植物园成为当时北疆博物院的室外展区。有些植物繁衍至今,枝繁叶茂。

桑志华使用过的相机

天平

英文打字机

南楼昆虫实验室

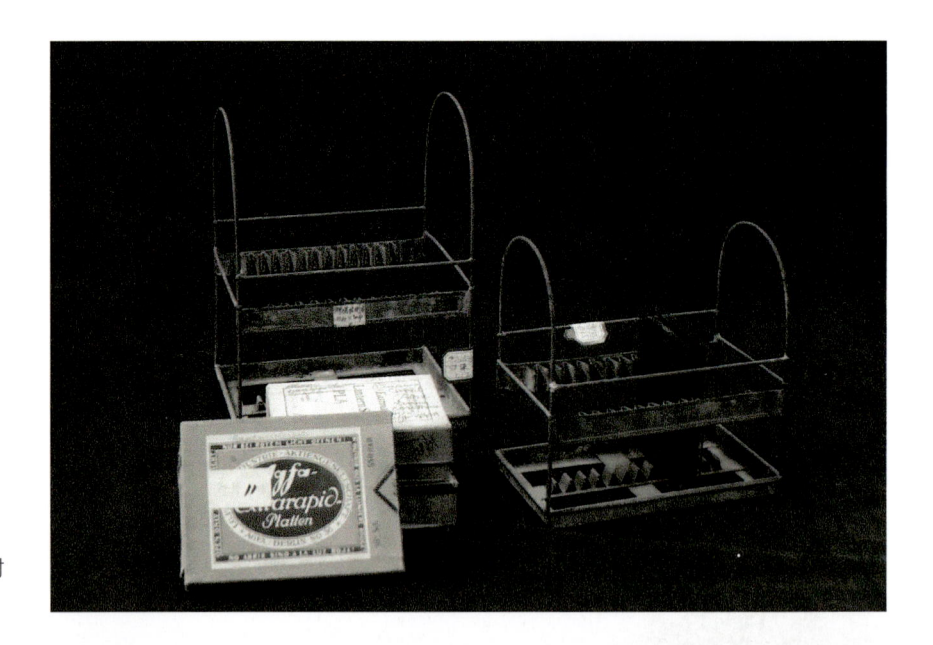

桑志华在北疆博物院工作时用过的玻璃底片与冲洗架

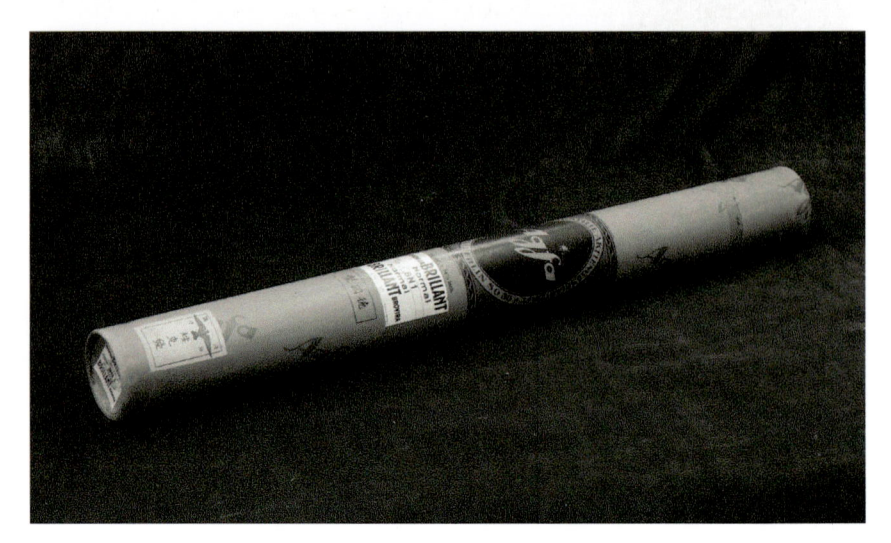

桑志华在北疆博物院工作时用过的爱克发相纸

三、科研人员及科研成果

随着科学考察的不断深入和藏品的不断增加，北疆博物院的学术研究工作也陆续展开。为保证全方位、多学科的学术研究，除德日进外，博物院先后聘请了塞尔、司义斯（G. Seys）、金道宣、罗学宾、汤道平等专家学者来

桑志华在北疆植物园

北疆植物园的欧亚白刺（1936年6月29日）

北疆植物园的大叶胡枝子（1933年6月11日）

馆进行科学考察和研究，并取得了丰硕成果。桑志华在《北疆博物院院刊》第39期记录了："自1925年起，曾经判断出50余处史前人类栖居过的地方，从各种不同的学术角度看，它们均是引人注目的；在考察过程中还发现不少于30多处考古遗址值得去发掘，并有可能获得丰硕的成果。""而在拥有的模式标本中化石有将近百余个，显花植物不少于80种，苔藓植物7种，硅藻、软体动物17种；而在昆虫和真菌中肯定蕴藏着许多难以预料的新物种。""旅行中还发现了两种新的岩石和三处火山群，确定了三门系化石动物群和第四纪中期化石动物群及地层，还发现了远东旧石器时代的存在。"……此外，桑志华在考察途中记录的笔记多达63个笔记本，每本约150—180页，笔记中满满地记载着各种各样的事物，涉及标本采集信息、周围环境、气候状况，每一处的里程和上面的驻军、居民人口，以及他所关心的各种事情。

上篇／北疆博物院

桑志华

Emile Licent（1876—1952），法国博物学家、地质学家、古生物学家。北疆博物院的创立者和管理者。

桑志华在主持博物院工作的 20 多年中组织了多次对以中国黄河流域为中心的北方地区的自然科学考察，为北疆博物院的科学研究奠定了坚实的物质基础。他不光在考察中采集、发掘了大量标本（每件标本都有采集时间地点、生境和鉴定等记录），还在野外工作笔记中科学详尽地记录了考察地的天气、地形、物候、观察到的动植物标本的采集过程，乃至当地的经济、人文、历史等，并配以路线图、平面图、地层剖面图和大量的照片，为后人研究留下了宝贵的资料。论述考察的主要出版物有《黄河流域十年实地调查记（1914—1923）》、《十一年行程录（1923—1933）》和《天津北疆博物院在中国北部、东北部、蒙古、青海二十二年探险成果（1914—1935）》。

桑志华在早期考察中就发现了多个古动物区系、古人类化石和石器的重要地点，收集了大量珍贵的化石标本。桑志华更

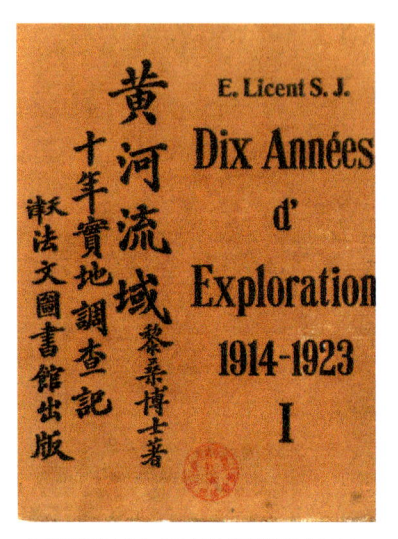

《黄河流域十年实地调查记（1914—1923）》（《北疆博物院院刊》第 2 期）

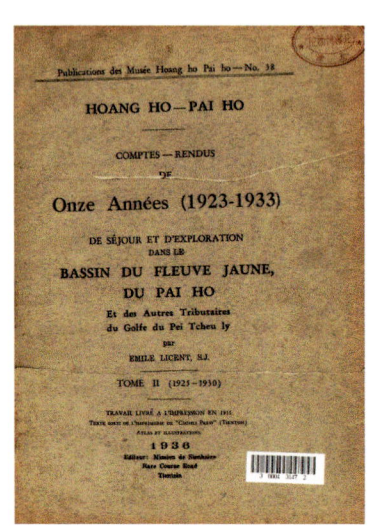

《十一年行程录（1923—1933）》（《北疆博物院院刊》第 38 期）

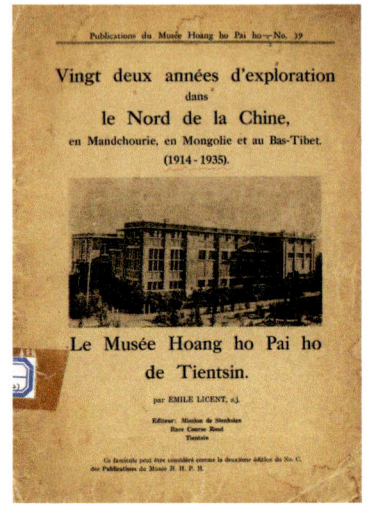

《天津北疆博物院在中国北部、东北部、蒙古、青海二十二年探险成果（1914—1935）》（《北疆博物院院刊》第 39 期）

多具影响力的工作是在1923年与德日进组建"法国古生物考察团"后完成的。他们进行了多次合作考察，并发表了数篇在古哺乳动物和古人类研究领域极具价值的文章。

1920年桑志华在甘肃庆阳北部进行了大规模古生物考察和发掘。6月4日，桑志华在甘肃庆阳发现了中国最早的有确切地层记录的旧石器。此后，桑志华先后在《天津回声报》和《北京政闻报》中对庆阳的考察和发掘工作进行了报告，指出幸家沟的挖掘是他在蓬蒂期发掘的第一个消息。此次考察中采集到的标本，桑志华委托法国国家自然历史博物馆古生物学实验室进行鉴定。1922年11月3日，德日进在巴黎科学院周会中进行了阐述，发表《中国北方蓬蒂阶哺乳动物群》一文。

1922年8月，桑志华在内蒙古萨拉乌苏河流域发现了一枚牙齿化石，经加拿大解剖学家步达生（D. Black）鉴定为旧石器晚期人类的门齿。这是中国第一件有可靠出土地点的古人类化石，就此中国的古人类研究日益兴盛。桑志华与德日进、步达生在1926年的《中国地质学会志》第五卷中发表《河套东南部洪积期人牙之发现》。

1923年，"法国古生物考察团"在宁夏水洞沟发掘出大量旧石器以及用火遗迹。1925年，桑志华和德日进合作在法国《人类学》杂志上发表了《中国的旧石器时代》一文，之后又与布勒（M. Boule）、步日耶（H. Breuil）、德日进合作，出版了《中国的旧石器时代》一书。该书是有关中国旧石器时代考古的第一本综合性学术专著，书中将地层、古脊椎动物、与古人类遗存有机结合，成为日后中国古人类—旧石器研究领域多学科结合研究的范式（该书的中文版由李英华和邢路达翻译，科学出版社2013年出版）。1930年11月8日，桑志华参加了日本京都的东亚考古学会议，作了《东亚之旧石器时代》的报告，后由山口隆一（Ryuichi Yamaguchii）翻译为日文于1932年在东京《人类学杂志》上发表。

此外，在东北、内蒙古和华北的117个地点出土的新石器时代的藏品数量也相当可观。除了磨光和打制的石器、陶器、动物骨头加工而成的骨器外，还有具有西伯利亚风格的青铜器、石制串珠等。1928年桑志华在东京《人类学杂志》上发表的《北疆博物院之古生物学和考古学事业》一文中记载了在内蒙古佟家营子采集到的新石器。另外，在1930年的东亚考古学会议中，桑志华也作了《北疆博物院之典型新石器时代遗迹》的报告，后由松本信广（Nohuhiro Matsumoto）翻译为日文于1931年在东京《人类学杂志》46卷中分3期发表。

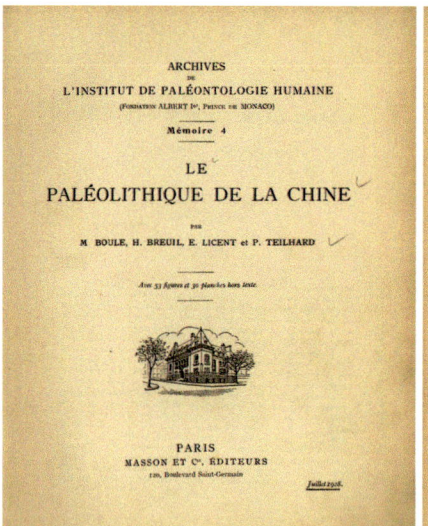

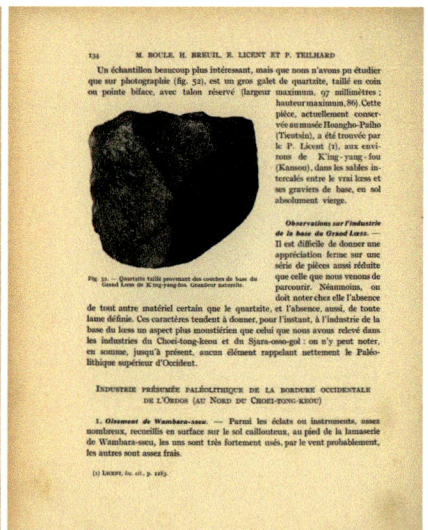

《中国的旧石器时代》及记述的第一件旧石器（石核）

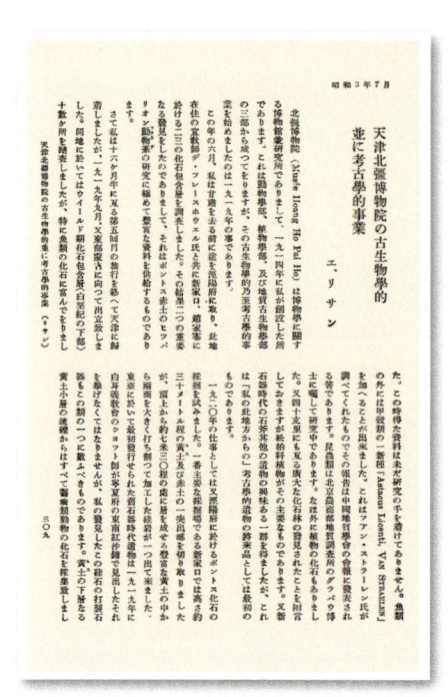

左：《天津北疆博物院之古生物学和考古学事业》
右：《天津北疆博物院之典型新石器时代遗迹》

  1932 年北疆博物院出版了第 14 期院刊《北疆博物院的新石器时代藏品》。
  地质学与古生物学是密不可分的，桑志华早在 1922 年中国地质学会成立之初就加入成为该会会员，并多次参加地质学会的会议，同时开展中国北方地区的地质古生物科学考察，如：1924—1926 年对内蒙古东部和桑干河流域地层构造及化石分布的考察，1928 年对黑龙江北部及海拉尔地区的考察以及在正定发现的三门系化石，1934年在山西榆社盆地的考察挖掘等，同时发表了一系列的研究成果：《从桑干河阶地到西宁县平原的旅行》（1924年）、《山西西南部水成层之底部》（1927年）、《吉林黑龙江地质观察》（1930年）、《河北正定西之三门系化石层》（1930年）、《集宁一带，及官村火山和红格尔图火山的地质学笔记》（1932年）、《山西省中部上新统湖积层》（1935年）等。

同时，在北疆博物院工作期间，还先后编写了《北疆博物院指南》，研究和记述了"北疆博物院植物园"、"北疆博物院的人种学藏品"和"北疆博物院的铜器时代藏品"等。遗憾的是，由于时间和精力的限制，后面的这些论著都没有来得及出版。

1935—1936年期间，桑志华曾参与天津老西开自流井的钻探，并对此进行了研究，为此特出版了《北疆博物院院刊》第40期：《直隶大平原自流及天津老西开自流井（1935—1936）》。1938年桑志华回法国后，依然在关注和延续着他在北疆博物院的事业，1945年发表了《北直隶盆地古生物研究》。1946年6月12日桑志华在巴黎科学院周会又就老西开自流井作了报告《天津老西开井钻探和直隶平原自流》。同年，桑志华还在法国生物地理学会发表了《黄河流域生物地理资料》一文。

德日进

Pierre Teilhard de Chardin（1881—1955），法国杰出的哲学家、古生物学家及地质学家。法国科学院院士，世界学术界极具影响力的学者。

1923年5月，德日进应桑志华之邀来到天津，与桑志华组成"法国古生物考察团"，在萨拉乌苏和水洞沟地区进行联合科学考察，并先后在北疆博物院及北京地质生物研究所从事科学研究，1929年作为科学顾问参加周口店北京猿人的发掘工作，1946年离开中国。在中国的二十余年时间是德日进一生的科学研究工作中最为宝贵的时期。而他在北疆博物院取得的成就为之后的学术生涯创造了良好的开端。据统计，德日进直接描述或基于北疆博物院标本而撰写的文章共40篇（部），其中专著11部，占到在中国发表的同类专著22部中的一半。德日进基于中国哺乳动物化石材料中建立了 14 个新属和 84 个新种，其中基于北疆博物院标本建立的就有新属 10 个，新种 56 个。

德日进和桑志华古生物考察团共同进行了多次长达半年以上的考察，采集了大量标本，并对桑志华之前发现的动物群化石和石器等进行了研究。以下是最重要的四个采集地点的古哺乳动物化石研究成果：

1）在甘肃庆阳发现的有 40 多种上新世三趾马化石群，开创了中国古哺乳动物研究的新纪元。1922 年来中国之前，德日进就此发表了《中国北方蓬蒂阶哺乳动物群》一文。后又发表《远古大陆动物区系的生活环境》（1925 年）、《中国和蒙古之第三纪哺乳动物记述》（1926 年）、《中国北方现代动物区系（哺乳动物）的一些新资料》（1927 年）、《大陆哺乳动物区系缓慢进化之观察》（1927 年）等。

2）在河北桑干河畔的泥河湾发现的早更新世丰富的动物群化石，延续地层年代较长，填补了第三纪和第四纪之间过渡阶段的关键空白。德日进对这批化石进行研究后，发表了《古生物学笔记》（桑干河流域动物区系）及《三门系》两篇文章，并和法国古生物学家皮孚陀合作于 1930 年发表了《泥河湾哺乳动物化石》，详细论述了泥河湾动物群，确立了"泥河湾层"的科学价值和国际地位。

3）在内蒙古萨拉乌苏发现的第四纪哺乳动物化石群，至今仍是我国最重要的晚更新世哺乳动物群之一。1923 年，"法国古生物考察团"在鄂尔多斯地区发现了大量的脊椎动物化石，包括水牛、鹿角等，其中最重要的是两架披毛犀骨骼（一架完整，一架近完整）和完整的野驴骨架；另外，还发现了许多石器。德日进、桑志华和布勒、步日耶合作对其进行了研究，出版了专著《中国的旧石器时代》。而这一地层也成为我国北方特别是华北地区晚更新世河湖相的标准地层。

4）在山西榆社发现了一批数量巨大、种类丰富的上新世哺乳动物群化石，这一地区的化石分布广、层位清晰，囊括了距今 670 万—220 万年间的地质长河，犹如一部完整的"地质编年史"。这些化石是桑志华和汤道平等人在 1934—1935 年间采集的。德日进对这些标本做了大量深入的研究工作，先后与桑志华合作发表了《山西东南部后裂爪兽属 *Postschizotherium* 之新资料》（1936 年），与汤道平合作发表了《山西省东南部之象类化石》（1937 年）、《山西省东南部上新统之骆驼麒麟鹿及鹿化石》（1937 年）、《山西省东南部洞角类化石》（1938 年）等多篇文章。

《泥河湾哺乳动物化石》

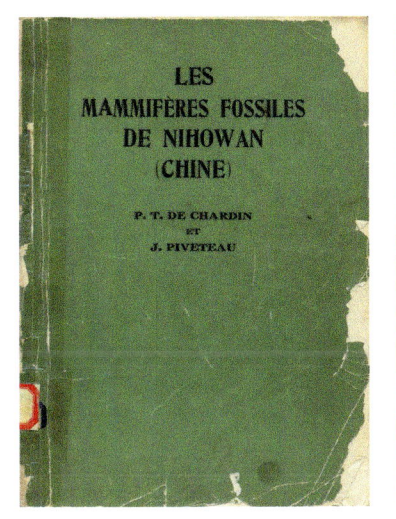

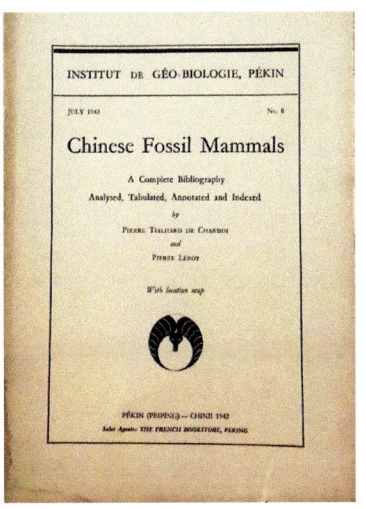

《中国哺乳动物化石类编》

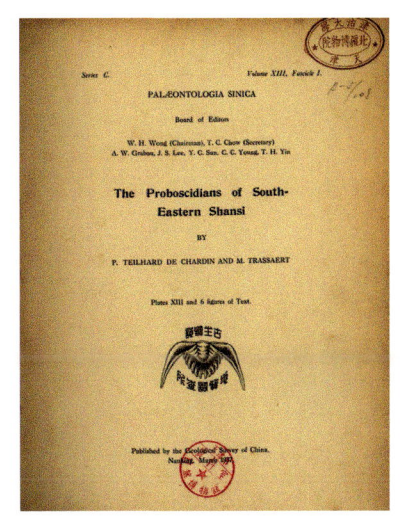

《山西省东南部之象类化石》

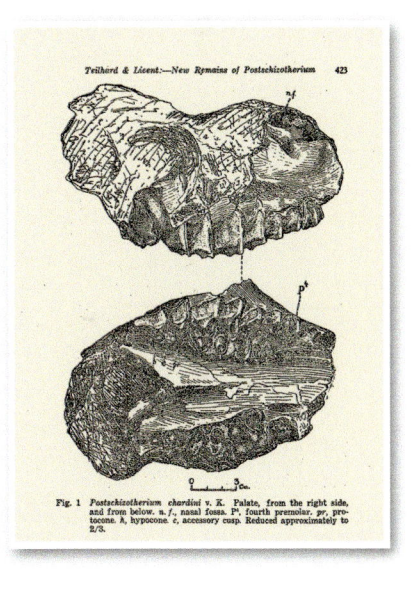

《山西东南部后裂爪兽属 Postschizotherium 之新资料》

关于古哺乳动物的研究，德日进还于1930年总结性地撰写了《中国古哺乳动物学和北疆博物院的事业》。之后对中国哺乳动物化石的系统研究中，均对北疆博物院的标本进行了研究，如《中国犬和狸》（1928年）、《中国北部新生代后期之哺乳动物化石》（1931年）、《中国北部的牛亚科化石》（1933年）、《中国上新世和早更新世啮齿类新材料》（1942年）、《中国哺乳动物化石类编》（1942年，与罗学宾合作）、《中国哺乳动物化石·猫科》（1945年，与罗学宾合作）、《中国哺乳动物化石·鼬科》（1945年，与罗学宾合作）等。

德日进在法国古生物学大会上做报告（1947 年）

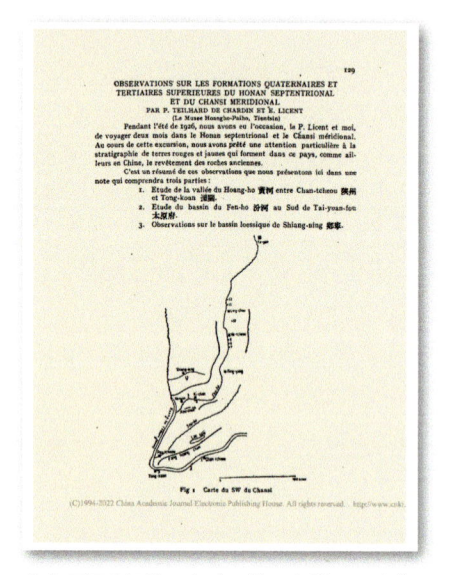

《山西河南间第三纪末及第四纪地层研究》　　《天津之近代海水沉积及其下之洪水沉积》

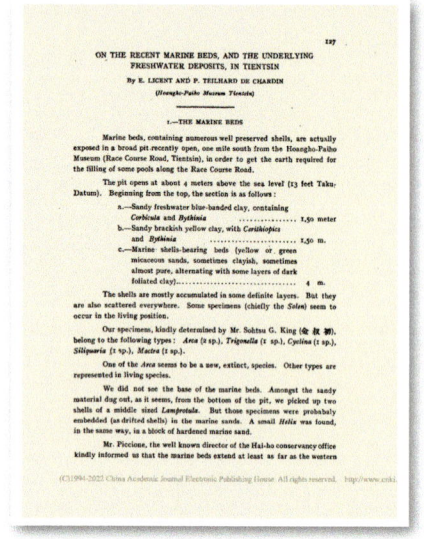

1947 年，在法国巴黎举行的古生物学大会上，德日进又依据北疆博物院和中国其他地方的化石材料做了有关鼢鼠亚科系统演化的报告。

德日进关于北疆博物院的工作还涉及地质学方面和古生物其他类群等。地质学方面的研究如《直隶北部与蒙古东部之地质》（1924 年）、《达赉诺尔地区的地质学研究》（1924 年）、《中国北部古生代后期之喷出岩》（1926 年）、《中国北方晚古生代火山连续喷发的自然现象》（1928 年）、《在中国北部连接第三纪与第四纪的过渡地层》（1928 年）、《热河围场区域地质》

1937年，德日进（右）被授予"孟德尔奖章"

（1932年）以及1924年与桑志华合作的多篇鄂尔多斯地区的地质观察报告。另外，德日进还研究了《达赉诺尔（戈壁东部）的休眠火山群》（1925年），与桑志华合作发表了《天津之近代海水沉积及其下之洪水沉积》（1927年）、《山西河南间第三纪末及第四纪地层研究》（1927年）等。

1926年10月22日，德日进应邀参加了在协和医院报告厅为来访的瑞典王储古斯塔夫六世·阿道夫（Gustaf VI Adolf）举行的科学报告会，德日进作了"如何在中国寻找古人类"的报告，随后在中国地质学会上发表了《如何及何处搜寻中国之最古人类？》。另外，古人类方面的研究还有《中国和蒙古的人类》《中国早期人类》等。古生物的其他研究《海拉尔地区地层露头上的中生代鱼类》和《关于中国生物地理学的一些观察报告》也是基于北疆博物院的藏品进行的。

1933年，由于在古生物学、地文学、构造地质学、岩石学和史前考古学等方面的重要贡献，德日进被中国地质学会授予"第五届葛氏奖章"。1937年，因其对"北京猿人"遗址地质年代的研究，德日进在美国费城古生物学大会上被授予"孟德尔奖章"。

亨利·塞尔

Henri Serre（1880—1931），法国天主教神甫，植物学家。

塞尔1915年调任北京后，开始采集和研究北京北部及西部山区的植物。1920年被正式派到北疆博物院，从事高等植物的采集和标本整理工作。他依据分类系统将标本按目、科、属进行整理（其中很多鉴定到种），并编制目录和做出统计清单。其中一部分标本和图集被送到法国国家自然历史博物馆，由韩马迪（Heinrich Handel-Mazzetti）研究后发表多个新种。

1929年，塞尔和桑志华赴宣化以东杨家坪地区调查和采集高山植物，1930年全面搜集了杨家坪地区的动植物标本，采集植物标本800种。1931年11月，塞尔在采集标本途中发生意外，不幸遇难。

塞尔神甫整理1915年采自山西南部的植物标本清单

科名	种类数	科名	种类数	科名	种类数
毛茛科	25	茜草科	5	胡颓子科	4
伏牛花?	3	川续断科	2	檀香科	1
睡莲科	1	菊科	53	大戟科	5
罂粟科	4	报春科	1	荨麻科	5
十字花科	5	柿科	2	胡桃科	1
堇菜科	3	木樨科	1	壳斗科	15
远志科	2	萝藦科	4	杨柳科	4
石竹科	8	龙胆科	4	松柏科	2
金丝桃科	1	紫草科	8	兰科	1
锦葵科	2	茄科	7	鸢尾科	1
牻牛苗儿科	3	玄参科	7	百合科	12
南蛇滕科	1	列当科	1	灯芯草科	1
鼠李科	3	葫芦科	2	香蒲科	1
葡萄科	8	苦苣苔科	1	天南星科	2
无患子科	2	紫薇科	2	泽泻科	2
漆树科	1	爵床科	1	茨藻科	4
豆科	31	马鞭草科	3	莎草科	8
虎耳草科	2	唇形科	21	禾木科	25
景天科	3	藜科	1	蕨类	9
伞形科	10	蓼科	7		
山茱萸科	2	马兜铃科	3	未分类植物	49
忍冬科	5	瑞香科	5		

司义斯

G. Seys，比利时天主教神甫，鸟类学家。

负责整理和研究鸟类标本。先后研究鉴定出412个种（亚种），与桑志华合作出版了《北疆博物院的鸟类藏品》（1932年）及《北疆博物院1928—1933年鸟类藏品增补》（1934年）；另1933年还发表了《热河鸟类观察笔记（1911—1932）》，记录了收集到的鸟类分布和行为等信息。他的研究成果均发表在《北疆博物院院刊》上。

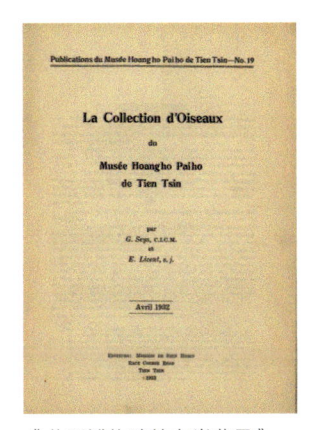

《北疆博物院的鸟类藏品》

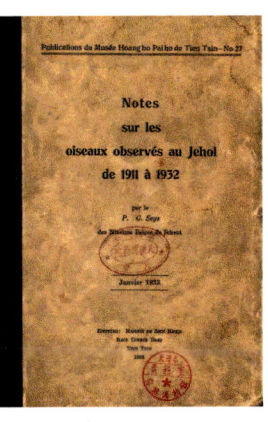

《热河鸟类观察笔记（1911—1932）》

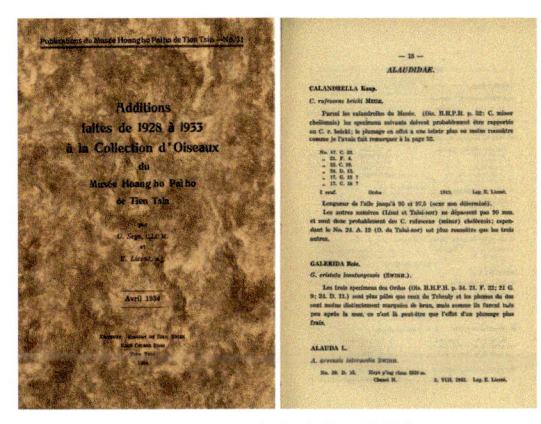

《北疆博物院 1928—1933 年鸟类藏品增补》

金道宣

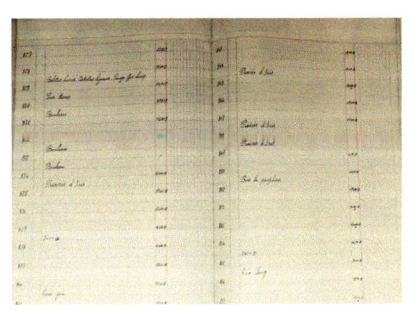

金道宣编制藏品目录

金道宣

Raphael Gaudissart，法国天主教神甫，北疆博物院的发起人之一。

1928 年起在北疆博物院负责植物标本管理，编制了系统的藏品目录。

杜歇诺

J. Duchaine，法国昆虫学家。

对鞘翅目昆虫进行了整理分类，鉴定科属，许多鉴定到了种，完成了大量细致的工作。雷蒙（A. Reymond）根据其中的标本发表文章《古北区芫菁属（*Méloë*）一新种记述》。冯学堂（H. T. Feng）（1936—1937）又在其基础上整理了北疆博物院的龙虱科标本，发表了《北疆博物院龙虱科的十一新种记述》。

《北疆博物院龙虱科的十一新种记述》
（冯学堂，1936—1937 年）

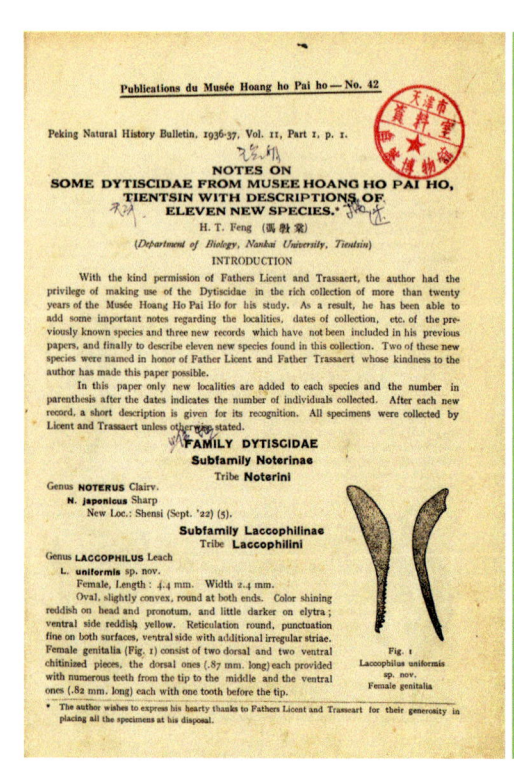

86　　　　　百年辉煌

北京地质生物研究所合影
（从左至右：罗学宾、德日进、贝熙业）

罗学宾

Pierre Leroy（1900—1992），法国天主教神甫，生物学家。在桑志华回国后担任北疆博物院的管理者。

罗学宾为法国国家自然历史博物馆《海洋动物志》的主编之一，来北疆博物院工作后，使北疆博物院的海洋动物研究和《海洋动物志》联系了起来。他于1930、1931年两次和桑志华一起考察山东滨海的动物区系，搜集了大量标本。1931年，罗学宾还独自一人两次考察了烟台、威海卫和辽东半岛的海滨。1931年，罗学宾向海河工程局总工程师 J. Hardel 递交了《关于大沽防波堤钻孔软体动物的笔记》的报告。1933年，北疆博物院出版了《渤海湾浮游生物调查》（与邵杜荫 R. Schodduyn 合作）；同年，他还对生长分布在中国北方的一种螃蟹进行了比较形态学研究，发表了《中国北部及满洲的螃蟹的三种幼异老同现象》。富韦尔（Pierre Fauvel）依据罗学宾等采集的标本，在《巴黎国立自然博物院公报》上发表了《烟台多毛类动物的一些新发现》（1932年）；1933年富韦尔又对北疆博物院收藏多毛类动物进行了全面整理，发表了《北疆博物院的藏品——渤海湾的环形动物多毛纲》(《北疆博物院院刊》第15期）。1942年，罗学宾在北京中法汉学研究所举行公开学术讲演会上做了题为"深海之生物"的报告，介绍了19世纪中叶以后海洋生物学的发展概况。

1938年，桑志华离开中国，罗学宾接替他全面主持北疆博物院工作。1938—1939年期间，罗学宾整理了博物院收藏的两栖爬行动物标本，撰写发表了《中国北部、西北部的沙蜥属考察报告》。1940年罗学宾与德日进在北京法租界成立了北京地质生物研究所（Institute de Géo-Biologie, Pékin），将北疆博物院部分标本和图书以及重要仪器设备转移至那里，继续开展研究工作。之后，他在主持研究所工作的同时，与德日进一起完成了《中国哺乳动物化石类编》、《中国哺乳动物化石·猫科》和《中国哺乳动物化石·鼬科》。1945年，与德日进一起将北京地质生物研究所中北疆博物院的藏品交由中国地质调查所新生代研究室保管。1946年返回法国。

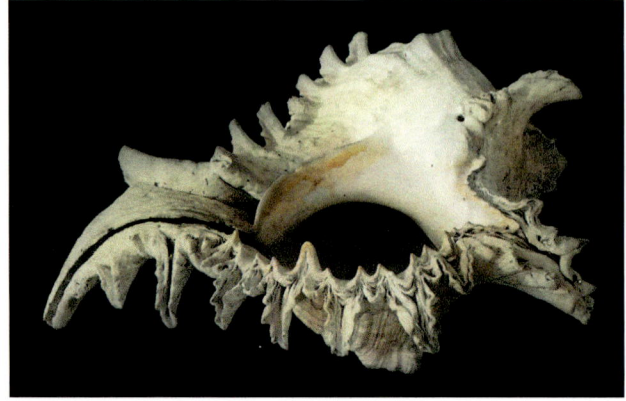

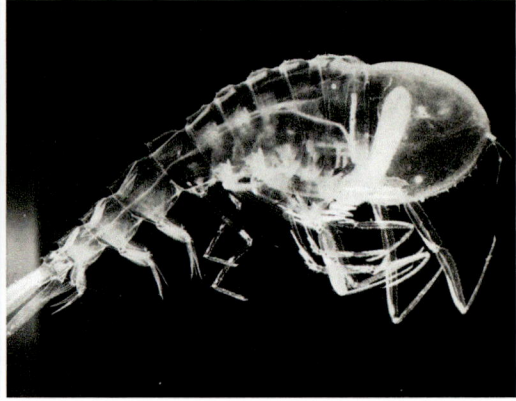

"深海之生物"报告上用到的部分幻灯片

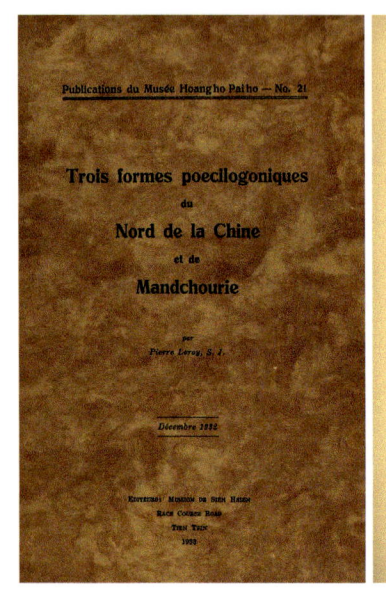

《中国北部及满洲的螃蟹的三种幼异老同现象》

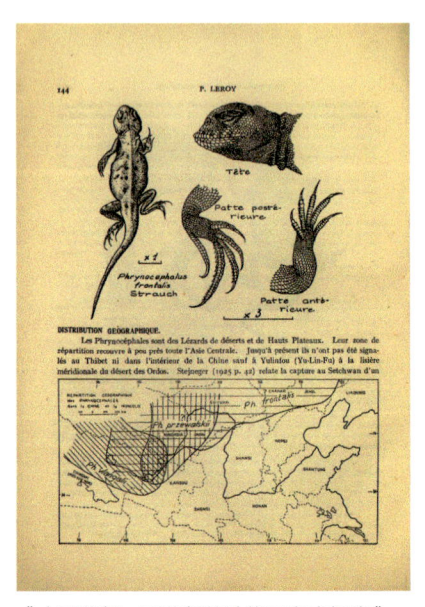

《中国北部、西北部的沙蜥属考察报告》

汤道平在昆虫实验室

汤道平

Maurice Trassaert，法国天主教神甫，昆虫学家，矿物学家，古生物学家。

原为天津工商大学的矿物学教授，来北疆博物院后主要负责膜翅目昆虫的管理、研究及相关工作。

1933 年，他随桑志华在晋中和晋北考察动植物区系，在海拔 2 千多米的高原山区采集高山植物。1934 年，在榆社地区发掘哺乳动物化石。1935 年继续前一年的工作，考察了两座海拔 2 千米以上的高山。

1935 年，与桑志华合作完成《山西省中部上新统湖积层》。1937—1938 年，与德日进合作研究，先后在《中国古生物志》上发表了《山西东南部上新统之骆驼麒麟鹿及鹿化石》《山西东南部的长鼻类》《山西东南部洞角类

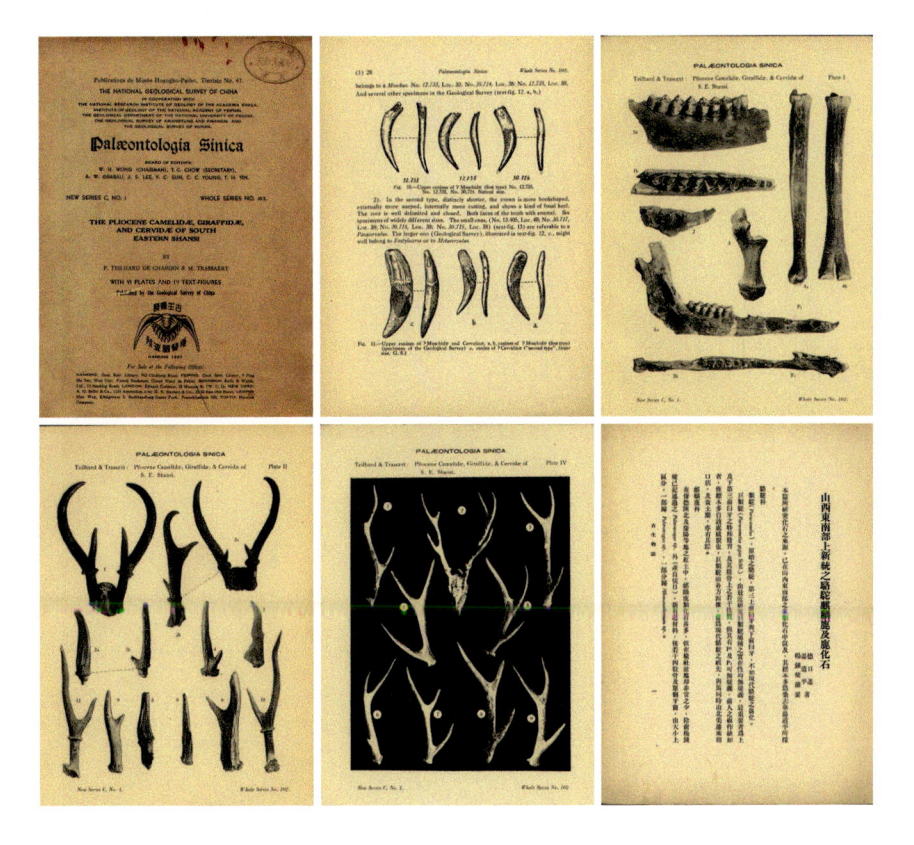

《山西东南部上新统之骆驼麒麟鹿及鹿化石》

上篇／北疆博物院

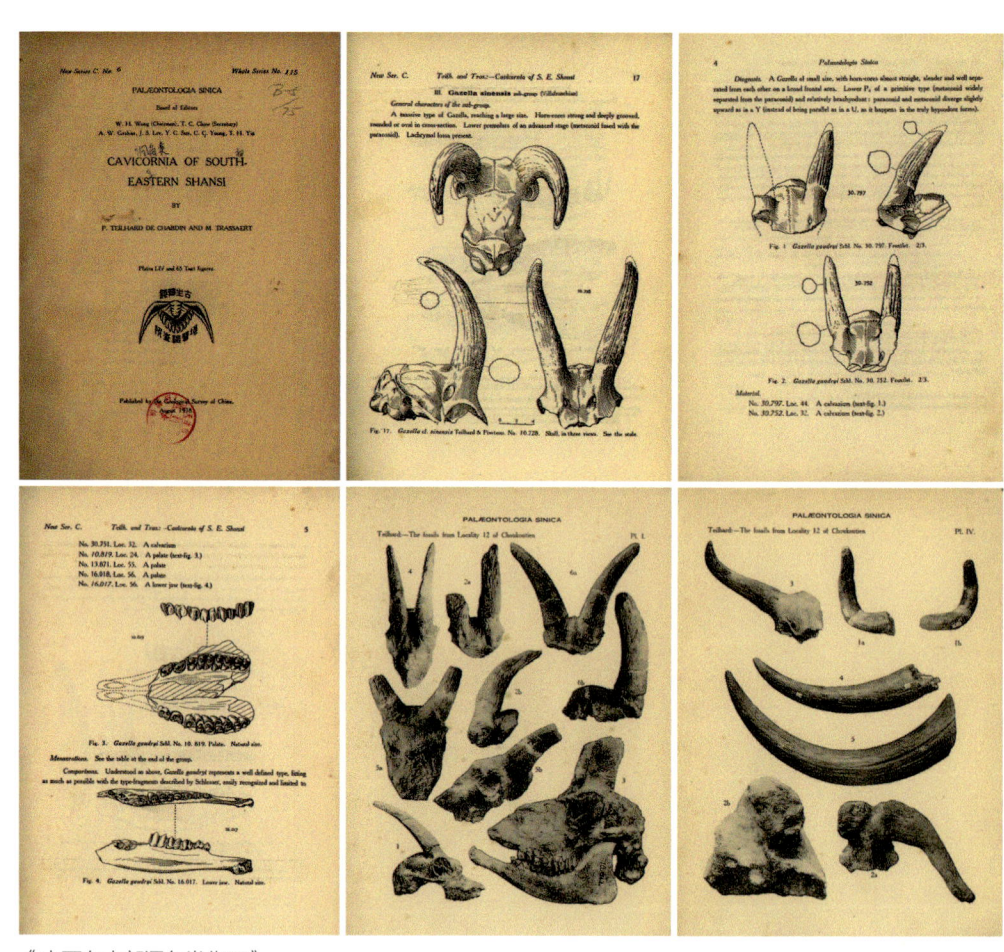

《山西东南部洞角类化石》

化石》等关于榆社地区哺乳动物化石的文章。

其他研究人员

1930年,三位俄籍博物学家巴甫洛夫、柯兹洛夫和雅各甫列夫(B. Jakovleff)来到北疆博物院做研究助理,主要负责动植物标本的研究和整理。

巴甫洛夫负责鳞翅目昆虫和两栖爬行动物标本的管理及相关工作。1931年他和柯兹洛夫一起前往哈尔滨附近采集动植物标本和化石。1932年整理了天蛾科标本,出版了《天蛾亚科·鳞翅目》;对两栖爬行动物的研究相对要丰富得多,先后对北疆博物院的两栖爬行动物进行了分类研究,发表了《北疆博物院的藏品名录·蜥蜴类和蛇类》(1932年)、《中国北部、东北部、蒙古的动物区系研究资料·两栖爬行动物:龟鳖目》(1932年)、《中国北部、东北部、内蒙古动物区系的研究资料·两栖动物：有尾目、无足目和无尾目》（1934年）等。

柯兹洛夫的主要任务是采集中国东北地区的植物，同时他还对历年采集的植物标本进行研究和鉴定。1933年，完成了《中国北部、东北部、蒙古的栎树研究》（《北疆博物院院刊》第16期）。同时，还先后对野黍属、毛茛科和远志科等类群进行了研究，并发表了相关研究成果。

雅各甫列夫承担鱼类、哺乳类和蛛形纲的分类整理和研究工作。鱼类学方面先后发表了《北疆博物院鱼类藏品目录》（1933年）和《1933年北疆博物院鱼类标本附加名录》（1934年）。哺乳动物方面整理了北疆博物院所采集藏品，并先后在院刊上出版了《北疆博物院的哺乳动物藏品·马科》（1932年）、《北疆博物院的哺乳动物藏品·猫科》（1932年）、《北疆博物院的哺乳动物藏品·犬科和灵猫科》（1933年）、《北疆博物院的哺乳动物藏品·食肉目Ⅲ：熊科及鼬科》（1934年）、《北疆博物院的哺乳动物藏品·有蹄类，偶蹄目：牛科、鹿科和猪科》（1935年）、《北疆博物院的哺乳动物藏品·啮齿目》（1938年）。这些研究成果为北疆博物院的研究奠定了坚实的基础。

巴甫洛夫（左一）

俄籍学生斯特莱尔科夫（V. Strelkov）于1930—1932年来北疆博物院工作，负责英文翻译和鳞翅目研究，出版有《凤蛾科·鳞翅目》和《北疆博物院的水蜡蛾科藏品》。斯科沃佐夫（B. W. Skvortzow）在对北疆博物院收藏的硅藻类标本分类研究后，于1935年发表了《桑志华神甫在中国北部、西藏、内蒙古、东北部旅行期间采集的硅藻》一文。

此外，还有王永凯（J. B. Wang）负责北疆博物院设施和藏品养护工作（1928年），韩笃祜（H. Haser）负责翻译、出版和照相工作（1936年），法国植物学家王兴义（J. Roi）负责植物藏品整理和研究（1936年）等。

柯兹洛夫

四、研究成果的发表出版

北疆博物院的研究人员将研究成果撰写成文后，一部分刊登在博物院自己的出版物上，即《北疆博物院院刊》。另有一些文章则是发表在其他学术刊物上。

（一）《北疆博物院院刊》的出版发行

北疆博物院共出版院刊51期，包括：三部综合性考察及成果记录；一本北疆博物院简介；涉及考察和博物院藏品的多本专论文章，涵盖古人类、古生物、动物、植物和地质学专业。

早期的出版工作，主要由桑志华前往献县，联系当地的教会印刷机构进行排版和印刷，还有神职人员协助为照片制版。1923年3月，桑志华在献县和韩笃祜修士见面商谈出版事宜。1935年11月，韩笃祜修士来北疆博物院工作，负责藏品养护和设施养护，并兼管出版和照相工作。他精通德、英、汉三种语言，所有工作都完成得十分出色。

后期出版工作在天津进行，主要由天津献县教区办事处（mission de sien hien）和法文图书馆（La Librairie Française）出版，在北洋印字馆（Peiyang Press）和直隶印字馆（Chihli Press）等外商印刷机构进行印刷。北疆博物院和献县教区办事处承担了大部分出版物的发行工作，也有些交由法文图书馆发行。如

左：《黄河流域十年实地调查记（1914—1923）》
天津法文图书馆出版发行

右：《十一年行程录（1923—1933）》
北平法文图书馆出版

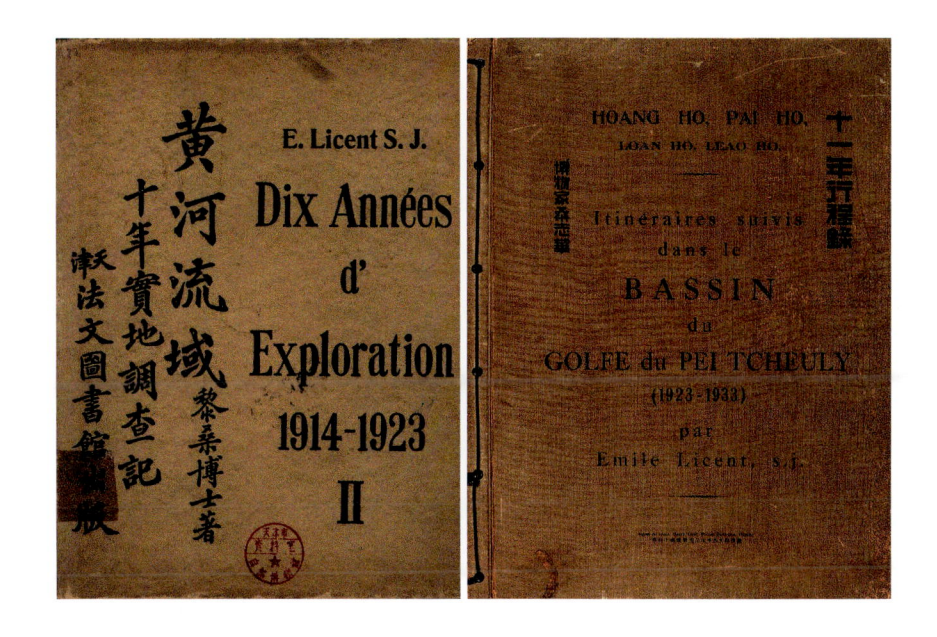

《黄河流域十年实地调查记（1914—1923）》是由天津法文图书馆发行和销售；《十一年行程录（1923—1933）》的发行机构是北平法文图书馆。

北疆博物院的出版物中许多都配有与文字内容相对应的手绘地图（包括行政区划、地形地貌、地层图等）、插图和照片。其中印制手绘图所用的为雕刻凸版，印制照片的为腐蚀凹版制版。北疆博物院现保存有各类印版200余块，图案内容涉及动植物、古生物和古人类等学科。

《黄河流域十年实地调查记（1914—1923）》于1924年在献县印制的照片为铜版印刷，模糊不清。1933年在天津的北洋印字馆，重印了照片集，采用当时最精密的珂罗版（玻璃版）印刷技术，效果更佳。

（二）其他学术期刊

北疆博物院的科研人员及国内外相关学者先后共发表相关研究论文（专著）有150余篇，除51期院刊外，近百篇论文（专著）发表在其他学术期刊上或由出版商独立出版。这些学术期刊涉及《中国地质学会志》、《中国古生物志》、《地质专报》、《北平博物学会公报》、《巴黎科学院述评》、《生物地理学公报》（巴黎）、《人类学杂志》（东京）、《人类学》（巴黎）、《科学杂志》（巴黎）、《科学问题杂志》（布鲁塞尔），等等。

在这些刊物中，刊登在《中国地质学会志》上的文章多达25篇，其次是

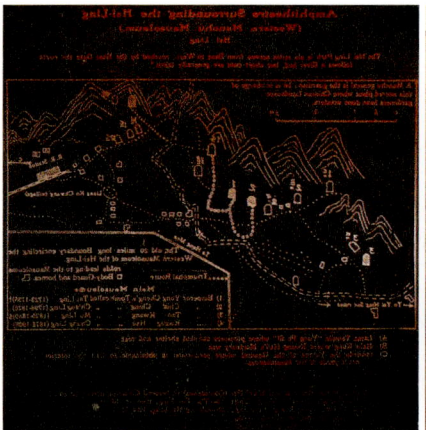

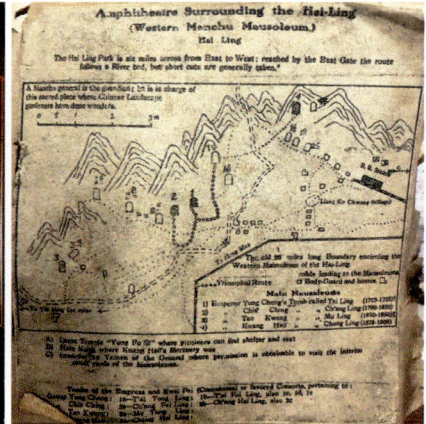

西陵地图
（印版及印制的插图）

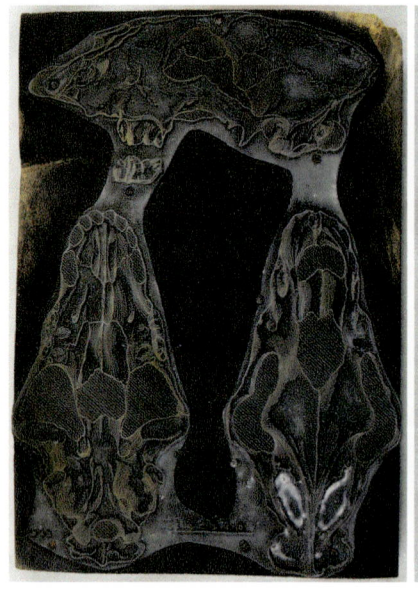

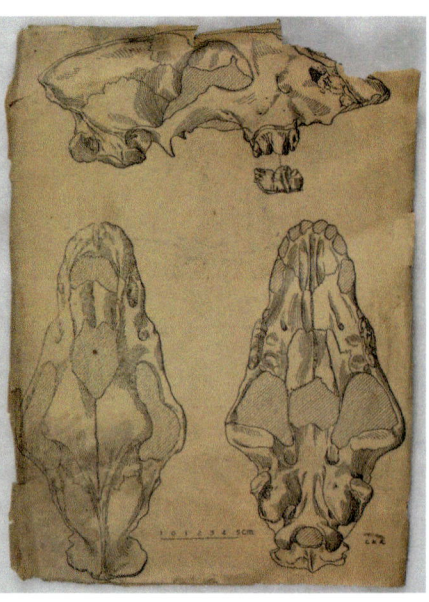

古哺乳动物化石手绘图
（印版及印制的插图）

《中国古生物志》10篇，《巴黎科学院述评》、《生物地理学公报》（巴黎），以及《人类学》（巴黎）中也分别刊有5—7篇。《人类学杂志》（东京）则主要刊登了桑志华"东亚考古学会议"上的关于旧石器和新石器的报告；《北平博物学会公报》上刊登了博爱理（A. M. Boring）、罗学宾关于两栖爬行动物的研究和冯学堂关于龙虱科昆虫的研究；1940年北京地质生物研究所成立后，出版了古哺乳动物化石系列专著《中国哺乳动物化石类编》《中国哺乳动物化石·猫科》《中国上新世和早更新世啮齿类新材料》等。

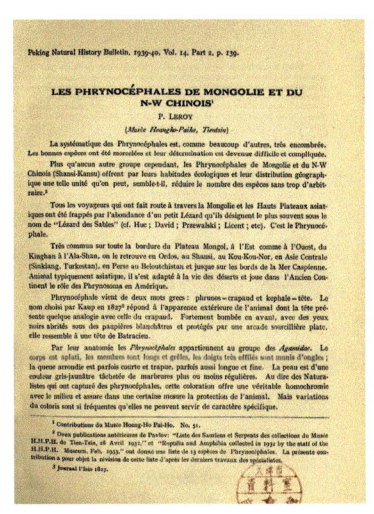

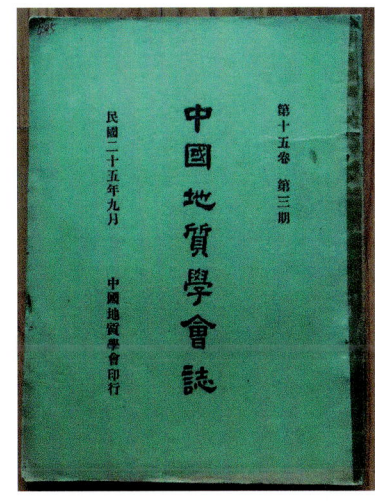

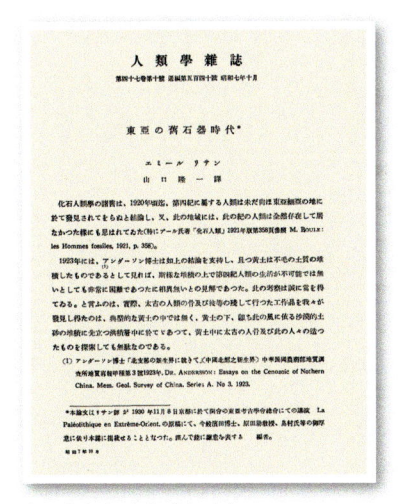

《北平博物学会公报》　《中国地质学会志》　《中国古生物志》

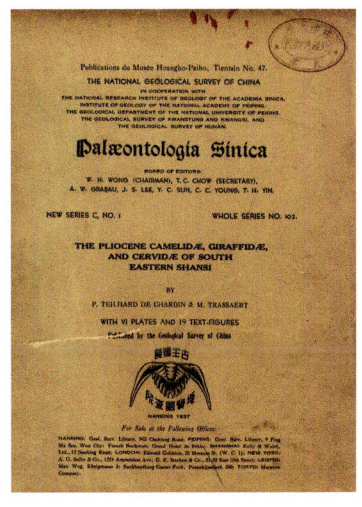

《人类学杂志》（东京）　《巴黎科学院述评》

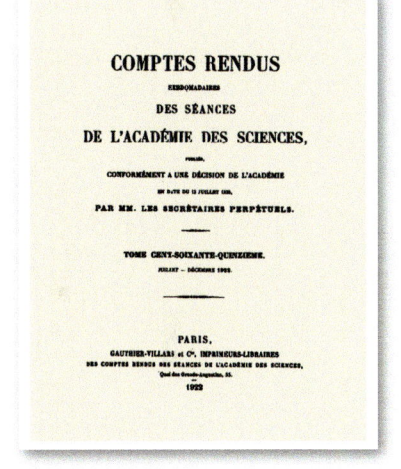

　　北疆博物院的研究人员及相关的国内外知名学者经过不懈地努力，取得了丰硕的研究成果，实现了桑志华最初设定的目标，这些丰厚的学术积淀是百年北疆历久弥新的基石。北疆博物院的许多出版物和文章对当时的中国乃至世界自然科学研究做出了突出的贡献，极大地丰富了地质学、生物学、考古学等领域的专业知识，为科学研究提供理论和物证支持，已成为世界古生物学、古人类学、史前考古学和动植物学的经典文献，至今仍是我国北方地区早期科学研究的重要记录。

丰富多彩的合作交流

文明因交流而多彩，文明因互鉴而丰富。

1914年桑志华来华，着手建立北疆博物院，1938年离开中国；1940年罗学宾和德日进将北疆博物院部分藏品和实验器材等转移至北京，成立北京地质生物研究所，1946年二人离开中国。30余年间，桑志华及北疆博物院的所有人员携手同行，求索奋进，以求实求真的科学态度，建设和发展着北疆博物院这座科学殿堂。行程五万公里科学考察，20余万件的生物藏品，3500余件的人文民俗收藏，2万件（册）的图书资料和印版照片等，150余篇学术论文（专著），60余本考察笔记……北疆博物院经历了从无到有，从零到"无穷"的蜕变。在此期间，不乏与之合作交流的专家与学者、机构和个人，他们犹如夜空中或明或暗的繁星，在北疆博物院发展历程中发挥着不可磨灭的作用。

一、合作考察研究

1914—1923年，除辅助人员外，桑志华一直独自进行野外考察。1923年以后，陆续有一些具有专业知识的教会神甫和来自各个国家的专家学者或是加入队伍，或是携手合作。这些无疑在标本采集、整理鉴定、深入研究等方面起到了很大的推动作用，使北疆博物院在动物学、植物学、古生物学、古人类学、岩石矿物等领域迅速发展起来。

其中最重要的合作就是桑志华和德日进联合成立的"法国古生物考察团"及其两度科学考察。首度合作时间是1923年5月至1924年9月，共进行了两次科学考察。可以说，这一阶段是野外时间最长、最顺利，采集化石最多，也是德日进向导师布勒汇报最频繁的一段，信件多达35封。据德日进致布勒（1923年9月29日）信中的统计，1923年这一次考察所获得的化石共装运60箱，重约3吨。第一次科考（1923年7—9月）的野外工作集中在鄂尔多斯南部：在三盛公（Saint-Jacques）处的黄河对岸，他们花了5天时间在红色砂黏土层中的砂层中采集到一批化石，包括上颊齿有拳头大小的犀类，牙齿像安琪马的奇怪奇蹄类，下裂齿带强壮跟座的猫类动物，以及很多小型哺乳动物化石；在今内蒙古萨拉乌苏河（Sjara osso gol）地区，在河两岸出露厚约80米的砂砾和黏土层中采集到26箱化石，黏土中大多是完整的犀、马、牛的骨架，阶地砂砾层中多为零散骨头，另外"阶地之下"还有些破碎化石；在陕西北部榆林西南的油坊头一带的三趾马红土及附近黄土中找到一些化石；在宁夏水洞沟发现了300多公斤的石器和少量的马和犀牛牙齿化石等。第二次科考（1924年4—

1923年，法国古生物考察团在宁夏水洞沟发掘化石

1924年，法国古生物考察团在今内蒙古地区发掘化石

9月）的野外工作在张家口以北戈壁东部地区，考察路线经过辽宁朝阳—内蒙古赤峰—林西—达来诺尔等地，沿线考察了火山岩（今日称之为热河群的侏罗—白垩系地层），特别是在达来诺尔湖区发现了新近纪玄武岩夹层及上新世地层和哺乳动物化石。除此之外，德日进还进行过几次短期考察，如在1924年1—2月间前往开平煤矿和邯郸等。再度合作时间是1926年6月至1927年8月。

在这一阶段，德日进的主要精力都花在了对泥河湾标本的研究上。这期间，德日进给布勒写了 19 封信，其中 7 封是关于泥河湾化石的。研究所用的材料主要包括桑志华 1925 年 4—6 月和 9 月在泥河湾附近采集到重约 5 吨的化石，以及之后二人一起考察时采集的少量化石。这一期间德日进还进行了三次时间较长的野外调查：一是西行之旅（1926 年 6 月 28 日—8 月 25 日）；二是泥河湾考察（1926 年 9 月 21 日—10 月 11 日，只采集到 7 箱化石）；三是再一次到 1924 年已考察过的张北、辽西及戈壁东南部的达来诺尔湖一带（1927 年 5 月 12 日—8 月 7 日）。这三次考察，由于战乱、经费或天气原因，收获均不太多。事实上，早在 1921 年底，德日进就对桑志华寄到法国的采自庆阳的化石进行整理和鉴定，并将研究结果在《巴黎科学院述评》上发表。1923 年 6 月，德日进在中国地质学会会议上作了报告《桑志华在庆阳和鄂尔多斯南部发现的哺乳动物化石》。1929 年 5 月 7 日—6 月 10 日，德日进和桑志华赴东北进行了考察，主要在吉林、哈尔滨及内蒙古海拉尔等地寻找中—晚更新世地层的哺乳动物化石。1936 年，二人联合研究了采自山西榆社的后爪兽 *Postschizotherium* 化石后，发表了论文《山西东南部后裂爪兽属 *Postschizotherium* 之新资料》。

在地质古生物学方面，除了上述的合作外，还有很多其他合作：如德日进和汤道平合作研究了桑志华和汤道平采集的山西榆社的化石，先后撰写完成了长鼻类化石（1937 年 3 月）、驼、长颈鹿和鹿化石（1937 年 7 月）和洞角类化石（1938 年 8 月）三部专著。北京地质生物研究所成立之后，德日进和罗学宾合作对榆社的猫科和鼬科及其他类群的化石进行了研究，并完成了相关研究成果的出版。法国著名的矿物学家和火山学家拉克鲁瓦（Alfred Lacroix）研究了桑志华 1924 年在鄂尔多斯等地采集的岩石标本，先后发表了《关于出自鄂尔多斯两种碱性岩石的描述》（1925 年）、《中国东部中生代及第三纪火山熔岩的矿物学及化学成分的初次观测报告》（1927 年）等文章。英国地质学家巴尔博（G. B. Barbour）在 1924—1925 年间与桑志华、德日进一起前往桑干河流域进行考察，之后三人一起发表了《桑干河盆地沉积之地质研究》，巴尔博还将当时的泥灰岩定名为"泥河湾层"，并认为其年代属上新世晚期或更新世早期，与欧洲的维拉弗朗期（Villafranchian）相当。美国著名地质学家葛利普（A. W. Grabau）出版《新生代和灵生代地层概论》（1927 年）时查看并研究了桑志华采集的标本，在《中国地层学·第一篇：古生代》（1927 年）中描述了采自鄂尔多斯的一种新见化石。我国著名古生物学家杨钟健一直和德日进合作，先后研究发表了《山西西部陕西北部上新世与黄土期间地质观察报

拉克鲁瓦 　　　　　　巴尔博 　　　　　　　葛利普

韩马迪 　　　　　　　杨钟健 　　　　　　　秉志

告》《中国西部及蒙古、新疆几个新石器（或旧石器）之我见》等文章。

我国著名动物学家，中国近现代生物学的主要奠基人秉志（Chi Ping）1928 年在《中国古生物志》乙种，第十三号，第一册《中国白垩纪昆虫化石》中记述了桑志华于 1919 年 9 月 16 日在蒙古东部宋家庄子采到的两种蜉蝣化石；1931 年在《中国地质学会志》上又描述了桑志华和德日进 1927 年在东蒙采集到的一种曲螺属 Ancylus 化石。冯·斯特拉伦（Van Straelen）1928 年在《蒙古东部之淡水龙虾类化石》一文中记述了桑志华于 1919 年 9 月 16 日在内蒙古采集到的桑氏螯虾 Astacus licenti 化石。德帕波（G. Depape）于 1932 年在《巴

上篇／北疆博物院

黎科学院述评》上论述了《中国围场第三纪植物化石》。

动物学方面：美国著名的遗传学家和动物学家博爱理（A. M. Boring）研究了北疆博物院馆藏的两栖动物标本，发表了《中国北方两栖动物调查——基于桑志华收集的北疆博物院藏品》（1935—1936）。美籍中国贝类学家阎敦健（Teng-Chien Yen）研究了北疆博物院馆藏的贝类动物标本，于1935—1938年期间出版了《中国北部非海相腹足纲动物》三册，记述了北疆博物院馆藏的陆生贝类动物。我国著名昆虫学家杨惟义研究了北疆博物院的半翅目昆虫，并于1939年发表《异蝽科三新种（亚种）》。

博爱理著
《中国北方两栖动物调查——基于桑志华收集的北疆博物院藏品》

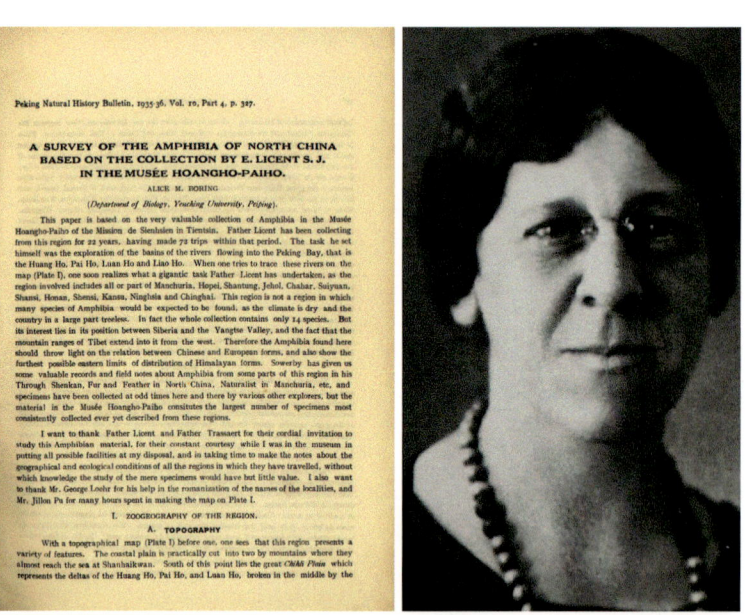

研究材料是桑志华神甫22年72次旅行中收集到的，目前都保存在天津北疆博物院。

桑志华收藏标本的采集范围是最大范围的中国北方，即东北部、河北、山东、热河、察哈尔、绥远、宁夏、山西、陕西、甘肃、青海。这些区域代表了流入北京湾、黄河、白河、滦河和辽河的河流盆地。同时，也描述了相应地区生态特征，如雨水、气温、植被等。

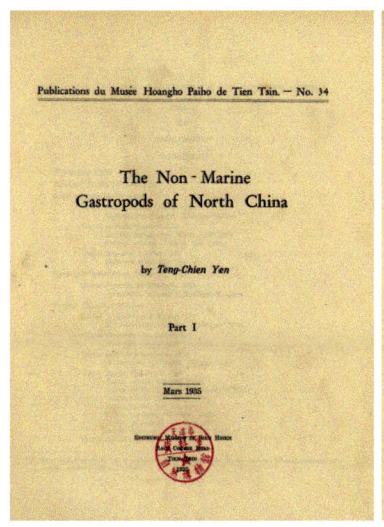

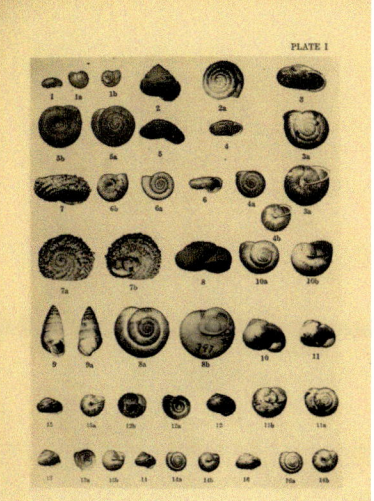

阎敦健著
《中国北部非海相腹足纲动物 I》

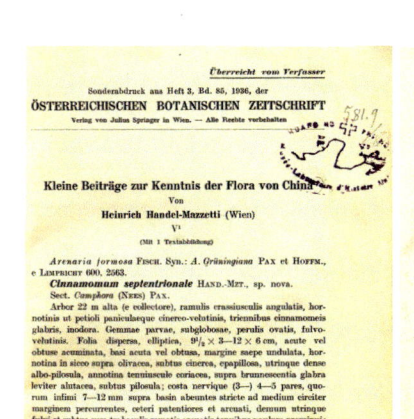

韩马迪著
《中国植物纪要 V》

植物学方面：法国著名苔藓类学家拉古蒂尔对北疆博物院馆藏的苔藓植物标本进行了整理研究，出版了《苔类属志》。之后爱尔兰植物学家狄克逊1928年对桑志华在华北、青海、西藏等地采集的苔藓植物进行研究，记述了20种苔藓植物（包括7新种、1变种），1933年又比较了香港和中国其他地区的苔藓植物，发表了《香港与中国其他地区苔藓之比较》，作者曾经如是描述："自从我那篇论文发表以来，我已经收到更多的标本，其中包含着不少饶有兴趣的植物。"作者统计有35个种，全是由北疆博物院寄给他的。奥地利著名植物学家韩马迪先后对北疆博物院的毛茛科、蔷薇科、报春花科、菊科等腊叶植物标本进行了鉴定，并于1931—1938年期间，在《奥地利植物学报》上先后发表《中国植物纪要》（Ⅰ—Ⅷ）八篇，卷中记述了北疆博物院一大批由桑志华和塞尔采集的标本若干新种。瑞典植物分类学家史密斯，也曾参与山西南部五台山及河北西北部植物标本采集，还承担过虎耳草科、龙胆科、列当科植物标本鉴定工作。

二、藏品交流互鉴

桑志华在行程录中如是记述："我不能掠夺在北疆博物院中所收藏的，从各地花重金收集到的藏品。……我一贯坚持的原则是，所有被发现的这些世上仅有的古生物化石必须要留在发现地。"

> Je ne pouvais pas dépouiller le Musée Hoang ho Pai ho des principaux documents recueillis à grands frais au cours de plusieurs campagnes. Il s'agissait surtout des fossiles de la campagne de 1920, au cours de laquelle j'avais exploité les argiles rouges pontiennes à Hipparion, au pays de K'ing yang fou (voir "Dix Années"). De plus, le principe est assez reconnu que les documents de paléontologie uniques restent dans le pays où ils ont été trouvés.(*)

《北疆博物院院刊》第38期《十一年行程录（1923—1933）》

为了更方便地进行科学研究，桑志华及其团队曾多次将标本寄回法国巴黎或者其他地方进行研究鉴定。如：1921年10月，他将自己在甘肃庆阳地区发现的三趾马动物群化石中的一部分寄给布勒请求鉴定。1924年9月13日，德日进和桑志华第一阶段合作结束，按照布勒和桑志华达成的协议（考察所得的孤份标本归法国国家自然历史博物馆所有），德日进装运了49箱标本，另外还把他认为最重要的标本放在私人行李中随身携带。1924年10月，桑志华经香港回法国，再次邀请德日进来津合作，同时为了表示对法国国家自然历史

北疆博物院藏品交流一览表*

	藏品	地点	数量
流入	植物	法国北部	7300余件
	贝类	印度洋，太平洋关岛及菲律宾附近海域，法国海域等	88件
	石器	法国、西班牙、叙利亚等地	95件
	苔藓	世界各地	4700余号
流出	维管束植物	法国国家自然历史博物馆	4100件
	化石（内含一架完整披毛犀骨架）	法国国家自然历史博物馆	100余箱
	植物	英国皇家植物园邱园、伦敦自然历史博物馆	不详
	石器	巴黎人类古生物研究所	不详
	植物	哈佛大学	不详
	古生物等	国立北平研究院	不详

*依据现有资料统计

博物馆的感谢，赠送给法国国家自然历史博物馆一批第四纪中期化石。这些化石大部分是1922年以前发掘的，共有100多箱，还有1922年发掘的一架披毛犀的全部骨骼，这是北疆博物院赠送法国国家自然历史博物馆价值最高的礼品。另外，桑志华还曾将采集的高等植物和相当数量的菌类赠予法国国家自然历史博物馆，将一批植物标本赠送给英国皇家植物园邱园和伦敦自然历史博物馆，将一批打制石器赠送巴黎人类古生物研究所，等等。

三、各类学术活动

在桑志华等人的不懈努力下，北疆博物院迅速发展，成为中国北方一颗闪耀的星星。桑志华、德日进及团队人员多次受到国内外学术团队及相关机构的邀请，出席各类学术会议并做报告，进行交流访问。如：1926年10月22日桑志华和德日进参加了瑞典王储古斯塔夫六世的欢迎会，这次会议是由中国地质调查所、北京协和医院和北京博物史学会在北京协和医院举办的，会上德日进做相关报告，王储也向桑志华表达了参观北疆博物院并查看石器标本的意愿。1930年桑志华被国立北平研究院聘为特约研究员。1930年11月桑志华受邀出席了日本京都的东亚考古学大会和东京大学的人类学学术会议，并做相关报告。1933年，德日进受邀赴美国参加国际地质大会，在提交的会议论文中，德日进回顾了自北疆博物院发现"河套人"牙齿化石以来的中国古人类研究概况。另外，二人还多次参加了中国地质学会年会及相关会议。

1926年，桑志华、德日进参加瑞典王储古斯塔夫六世的欢迎会时在北京故宫武英殿前的合影

1930年　桑志华（一排左三）受聘国立北平研究院特约研究员

桑志华、德日进等研究人员出席的各类学术活动

1916年3月25日	北京农业部相关会议： 桑志华报告内容：《中国东北树木繁密的山峦》，这是第三次讨论该主题，前两次均在天津（1915年12月4日和1916年1月8日）
1921年9月23日前	洛克菲勒基金会（Rockefeller Foundation）医学院开幕典礼（北京协和医学院）： 桑志华在关于东部地区鼠疫的报告上补充了自己在中国旅行中收集的一些数据。桑志华听了许多讲座，还参观了杜弗耶博士做手术和进行治疗的诊所
1923年6月15日	中国地质学会全委会第六次会议： 德日进做第一个报告：《甘肃东部和内蒙古的新生代脊椎动物化石》
1924年4月3日	博物馆工程竣工（落成）典礼
1924年1月5—6日	中国地质学会1924年年会： 桑志华和德日进报告（5日）：《鄂尔多斯西部和南部地质研究》 德日进报告（6日）：《中国北方旧石器文化的发现》
1924年7月25—26日	中国地质学会全委会第八次会议： 德日进报告（25日）：《临洺关（直隶南部）西面山体结构》 德日进和桑志华报告（26日）：《直隶北部、蒙古东部的地质》
1926年5月3日	中国地质学会1926年年会：德日进参加并做报告
1926年上半年	桑志华欧洲行： 桑志华在欧洲发起多场讨论会，目的是让人们了解这座博物馆的藏品，并不断与之建立科学间的联系，不仅获得新的经费支持，同时寻找到一些合作者

续表

1926年10月22日	瑞典王储古斯塔夫六世欢迎会： 德日进报告：《如何在中国寻找古人类》 桑志华、德日进和步达生联合发表《河套东南部洪积期人牙之发现》，第一次公布在萨拉乌苏发现的人牙的观察和研究。王储向桑志华表达了参观北疆博物院并查看石器标本的意愿
1927年2月12—14日	中国地质学会1927年年会： 德日进和桑志华报告（12日）：《山西河南间第三纪末及第四纪地层研究》 巴尔博、桑志华和德日进报告（12日）：《泥河湾河床（沿桑干河）之地质研究》 德日进报告（14日）：《天津之近代海水沉积及其下之洪水沉积》
1929年2月13日	中国地质学会1929年年会： 桑志华报告（13日）：《满洲古熔岩沉积》 桑志华报告（14日）：《蒙古新石器时代的自然状况》
1929年12月28日	中国地质学会周口店专题会议： 德日进报告：《周口店洞穴层简报》
1930年3月29—31日	中国地质学会1930年年会： 德日进和桑志华报告（31日）：《满洲和海拉尔的新生代地层》 桑志华报告（31日）：《河北正定府西南叶里之三门系化石层之研究》 3月27日，桑志华拜访了步达生，28日，拜访了很多学者
1930年7月30日	中国地质学会专题会议： 德日进报告：《中国北部及蒙古地质之比较》
1930年11月8日	东亚考古学大会（日本京都皇家大学）： 桑志华报告：《北疆博物院的古生物学和考古学研究事业》 桑志华报告：《远东之旧石器》
1930年11月15日	东京人类学会议（日本东京大学）： 桑志华报告：《天津北疆博物院之典型新石器时代遗迹》
1932年10月5日	中国地质学会1932年年会： 桑志华参加会议，德日进和杨先生用英文作了张家口（Kalgan）和阿克苏（Aksou）间戈壁发现的新石器时代遗址的报告。桑志华记述他在1931年已经发现，并在1932年6月的14期院刊发表。10月9日，桑志华应中国地质学会翁文灏会长邀请，参观中国地质局建立不久的地震观测站
1933年6月1日	国际地质大会（美国）： 德日进在提交的会议论文中，回顾了从北疆博物院发现"河套人"牙齿化石以来的中国古人类研究概况
1935年2月14—16日	中国地质学会1935年年会： 桑志华报告（15日）：《山西中部上新世湖相沉积》
1946年6月12日	巴黎科学院周会： 桑志华报告：《天津老西开井钻探和直隶平原自流》
1947年4月17—23日	法国巴黎古生物学大会： 德日进报告：《鼯鼠亚科系统演化》，基于北疆博物院和中国其他地方的化石

* 依据现有资料统计

四、社会资助建馆

自 1925 年 10 月 7 日桑志华离开天津,至 1926 年 6 月 5 日回到天津的八个月中,除去两个月的往返时间,其余六个月在欧洲驻留。根据桑志华日志(《北疆博物院院刊》第 38 期)记述:"此次纪行的目的是要建立并不断建立科学间的联系来让人们了解这座博物馆的藏品,让它吸引大众并获得新的合理的经济上的支持,同时能够寻找到一些合作者。"为此,桑志华发起了很多讨论会,其中有一场是在巴黎地理研究所召开的……同时,他还参观了伦敦博物馆、布鲁塞尔皇家博物馆、布鲁塞尔皇家花园、巴黎人类古生物学研究所、卢宛大学、索邦大学、南希大学、里尔大学,以及斯特拉斯堡大学……

VOYAGE EN EUROPE.

Je serai bref sur ce voyage. Le récit détaillé de la traversée Chang haï Marseille, aller et retour, et de mes séjours en France, en Belgique, en Angleterre, en Italie ne rentre point dans le cadre du présent ouvrage.

Parti de Tien tsin le 7 octobre, je n'y rentrerai que le 5 juin 1926, après huit mois d'absence, dont deux mois de traversée et six mois de séjour en Europe.

Le but de ce voyage était de nouer ou de renouer des relations scientifiques, de faire connaître l'œuvre du Musée, de lui attirer des sympathies et de lui procurer de nouveaux appuis moraux et financiers, de lui chercher aussi des collaborateurs.

Je ferais de nombreuses conférences, dont une à la *Société de Géographie* de Paris, sur la demande de M. *Grandidier*, Secrétaire Général de la Société. Je visiterais le Muséum de Paris, le Muséum de Londres, les Jardins Royaux de Kew, le Musée Royal de Bruxelles, le Jardin Royal de Bruxelles, l'Institut de Paléontologie humaine de Paris, l'Université de Louvain, la Sorbonne, l'Université de Nancy, celle de Lille, celle de Strasbourg ... A Nancy, je retrouvai M. le Professeur L. *Cuénot*, mon Président de Thèse, qui reste pour moi un ami en même temps qu'un conseiller dans mes études.

Je rencontrai partout un accueil très sympathique.

Au Ministère des Affaires Etrangères, on me témoigna un très vif intérêt; M. Philippe *Berthelot*, Secrétaire Général, M. *Marx*, Directeur des Oeuvres françaises à l'étranger, et M. *Canet me feront donner des subsides en vue des développements du Musée et aussi d'un voyage que je projette, avec le P. Teilhard de Chardin, aux Sources du Fleuve Jaune.* Tous m'assurent de leur patronage et du grand intérêt qu'ils portent à mes entreprises.

欧洲旅行(《北疆博物院院刊》第 38 期)

"在外交部,我受到了极其热情的接待;总书记菲利普·贝特洛(Philippe Berthelot)先生、法国对外研究所所长马科斯(Marx)先生,以及卡耐先生,他们给予了我大力支持,希望我能继续建设博物馆并完成我同德日进的研究计划。他们向我承诺将为博物馆的运作提供经济上的援助。"

"此外，还有必要进一步更新实验室的成套设施。在我回中国的时候，我带回了四十几个大箱子，里面装的几乎全是各类设备。"

事实上，北疆博物院在建设的过程中受到了社会各界的资助。早在1920年7月美国自然历史博物馆馆长、古生物学家奥斯朋（H. F. Osborn）就赠书给桑志华。还有1930年桑志华出席日本京都考古学大会时，其部分经费由日本考古局资助。1932年日本裕仁天皇指示陆军本部参谋长致信桑志华，表示愿意出版北疆的所有著作等。北疆博物院多年来的采集、建院、购买图书和设备以及人员工资等一系列费用大多来自私人和机构捐赠。而北疆博物院建筑物、仪器设备和家具均由耶稣会资助（献县教区和法国尚帕尼省），其余费用主要来自各个机构，如法国政府、法国外交部等。

北疆博物院创办经费

组织机构	资助金额及用途
法国耶稣会	15万美元，用于博物院建设及购买设备等
天津法租界公议局	白银9600两（约折合14000美元），资助博物馆建设，分8年付清
天津意租界当局	白银500两（约折合740美元）

北疆博物院每年经费预算来源及数目

组织机构和个人	数目
献县教区	每年津贴7800块大洋（墨西哥银币，下同）
法国尚帕尼省	每年津贴1000块大洋
法国政府外交部	初期每年津贴2000—5000法郎不等，后改为1000法郎；1926年赠予13000法郎
庚子赔款余款	1931—1935年共资助31928块大洋
法租界公议局	1929—1931年共资助16000两白银
布施	每年400到500美元
中法实业银行	共资助7000块大洋
法国驻北京使馆	共资助13700美元
苏柏蒂神甫（J. Subtil）	共资助40000法郎
德日进神甫	共资助45000法郎

五、学者名流来访

经过十几年的发展，至20世纪30年代，北疆博物院成为一座独具特色的，集收藏、研究、展览于一体的博物馆。独特且丰富的藏品，显著的科研价值，这些都吸引着诸多专家学者、名流人士纷纷到访，他们或参观学习，或合作交流。

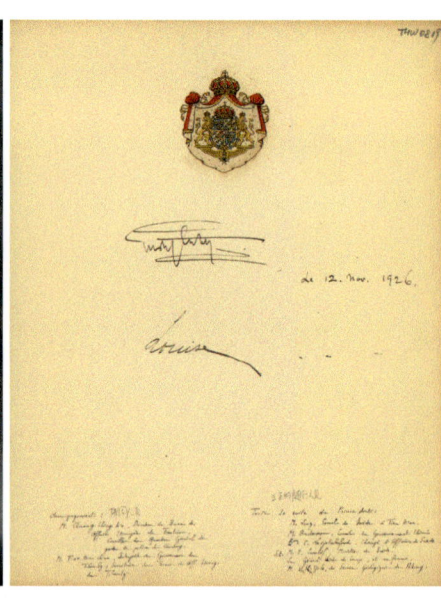

1926年11月12日，瑞典王储古斯塔夫六世及王妃参观北疆博物院并签名

安特生及到访记录

奥斯朋及其给桑志华的赠书

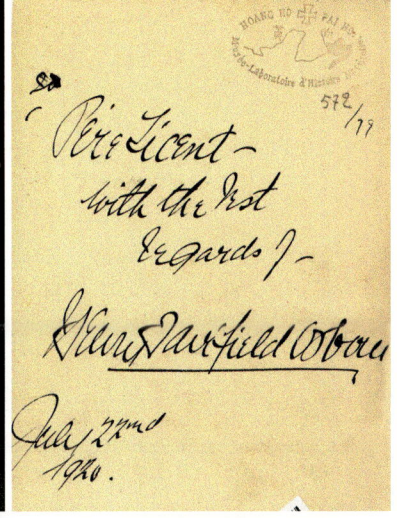

安德鲁斯及到访记录
（1924 年 7 月 28 日）

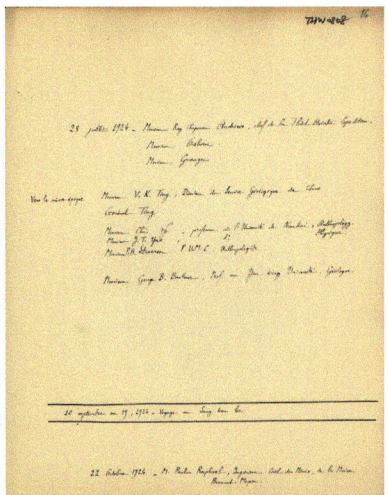

丁文江 　　　翁文灏 　　　杨钟健 　　　裴文中

北疆博物院学者名流来访记录

时间	来访者及相关事项
1921年2月8日	瑞典考古学家、地质古生物学家安特生（J. G. Andersson）拜访桑志华，希望通过桑志华与法国国家自然历史博物馆古生物专家布勒先生建立合作关系
1921年2月9日	中国地质调查所所长丁文江参观北疆博物院，希望桑志华将研究成果发表在《古脊椎动物研究》刊物上
1921年6月4日	泥河湾樊尚神甫到北疆博物院拜访桑志华，告知泥河湾发现化石的消息，并邀请桑志华一同前往化石点考察
1924年7月20日	巴尔博到天津拜访德日进
1924年7月28日	美国自然历史博物馆馆长、古生物学家奥斯朋参观北疆博物院 美国第三中亚考察团主席安德鲁斯（Roy Chapman Andrews）到北疆博物院参观交流
1924年11月29日	瑞典植物学家、乌普萨拉大学教授史密斯参观北疆博物院
1925年5月17日	法国驻华公使玛德（Damien de Marte）参观北疆博物院
1926年6月17日	美国古生物学家葛兰阶（Walter Granger）到北疆博物院参观交流 加拿大裔美国古生物学家马修（William Diller Matthew）到北疆博物院参观交流 美国考古学家尼尔森（Nels Christian Nelson）到北疆博物院参观交流
1926年10月31日	南开大学化学系杨石先教授、物理系主任饶毓泰教授、第一任历史系主任蒋廷黻、商科何廉教授、生物系李继侗教授参观北疆博物院
1926年11月12日	瑞典王储古斯塔夫六世·阿道夫偕王妃参观北疆博物院
1926年11月25日	天津摩托车旅行团经理Callum参观北疆博物院
1926年11月27日	日本陆军上校Tanaka参观北疆博物院
1926年11月29日	澳大利亚英裔地理学家泰勒（Griffith Taylor）参观北疆博物院
1926年12月25日	法国巴黎国家自然历史博物馆矿物学教授拉克鲁瓦参观北疆博物院
1927年2月5日	丹麦调查农业考察团参观北疆博物院
1927年2月19日	瑞典领事E. R. Loug参观北疆博物院
1927年2月19日	世界著名探险家、地理学家斯文·赫定（Sven Hedin）参观北疆博物院
1927年5月前	智利领事A. Aree、奥匈帝国领事Bauer、陇海铁路工程师（俄人）S. Douetz、利典洋行经理Pierrugues、驻北京意大利公使S. R. G. Di Rossi、中俄道胜银行副经理M. Feldman、巴黎电力公司经理J. Debre、法国外交部特派视察员M. Marrteau、美领事C. Huston、英领事Kerr、Saving Bank储金检察官L. Perrier到访北疆博物院
1927年5月之前	苏联列宁格勒农校化学教授S. M. Popoff、第三中亚考察团M. M Andrents和Doborn、北洋大学教授Lattimore到访北疆博物院

续表

时间	来访者及相关事项
1927年5月	南开大学教授沈士骏参观北疆博物院并在《南开大学周刊》上发表观后感，之后被工商大学校报和《大公报》转载
1928年5月5日	中国地质调查所所长翁文灏弟弟代表他莅临开馆仪式并宣读贺词
1929年3月1日	英国人类学家林格伦（Ethel John Lindgren）到北疆博物院拜访桑志华
1930年1月22日	中国地质调查所新生代研究室副主任、北平分所所长杨钟健参观北疆博物院
1930年1月22日	中国地质调查所裴文中参观北疆博物院
1930年3月31日	日本东京大学教授、天理教管长中山正善一行8人参观北疆博物院
1933年3月4日	法国著名汉学家伯希和（Paul Pelliot）参观北疆博物院
1934年11月5日	日本香淳皇后妹妹大谷智子和丈夫东本愿寺管长大谷光畅参观北疆博物院
1935年10月	奥地利语言学家、民族学家威廉·施密特（Wilhelm Schmidt）参观北疆博物院
1930年	罗马教廷驻华宗座代表刚恒毅（Celso Costantini）参观北疆博物院
1930年	英国东方调查纺织商业经济代表团参观北疆博物院，并在报上发表文章说："无论是在上海还是天津，他们还未见过比博物院所陈列的纺织品更好的东西。"
1937年	日本东京大学教授Takumana和京都皇家大学教授Masuda参观北疆博物院
1937年	哈佛燕京学社首任社长叶理绥（Serge Elissef）参观北疆博物院
1938年	日本国亲王Oyama和法国驻北京大使馆的陆军中佐Rousselle参观北疆博物院

纵观北疆博物院的各种关系群体，无不感慨于桑志华为了北疆博物院这一伟大的事业在对外联系和合作交流等方面付出的种种努力。从合作科考研究到藏品交流互鉴、再到积极参加各类学术活动、寻求社会资助并敞怀欢迎八方来客，从上层领导到中外官方机构、再到各国研究机构及专家学者、相关博物馆和协会，乃至资助北疆的机构和个人，桑志华都不遗余力地奔忙着、运筹着、谋划着。这些关系群体为北疆博物院的发展奠定了基础，有效的交流与合作促使北疆博物院在短时间内成功跻身于世界一流博物馆之林。

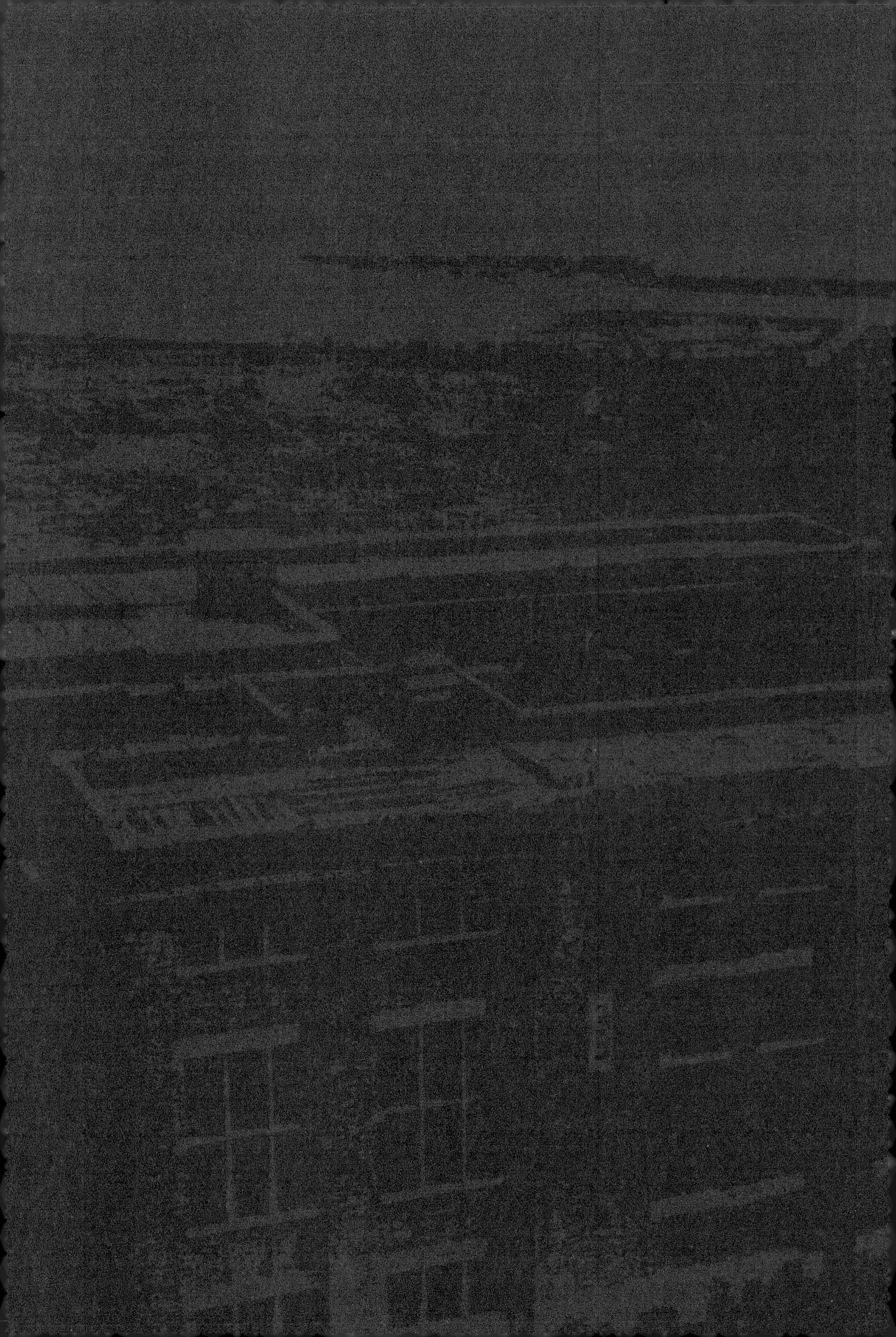

下篇
天津自然博物馆

从北疆博物院到天津自然博物馆

一、北疆博物院的接收

1938年底桑志华回国后,北疆博物院的各项工作基本处于停滞状态。

1940年,在日军解除封锁期间,为躲避战乱和水灾,教会命令罗学宾和德日进将北疆博物院重要的仪器设备、部分图书资料和一部分尚未研究的标本转移至北京法国使馆区(东交民巷台基厂三条三号),腾出南楼和北楼一层、二层安置流亡学生。同年夏天罗学宾在北京宣布成立"北京地质生物研究所",德日进为名誉所长,他担任所长,他说:"由桑志华神甫创办并领导的北疆博物院的研究室、藏书室和最重要的标本已经转移到北京,这是由外界形势所迫而改变地点,这事本身纯属外形的变化。"同时聘请了汤道平、王兴义作为研究员,使北疆博物院的研究工作重新开展起来。而留在天津的北疆博物院仅留下陈列室和三层标本库房,由盖斯杰(Alber Ghesquieses)神甫看守。

1946年,德日进与罗学宾回国,北京地质生物研究所的工作亦停止。回国前,他们将北疆博物院化石中的一部分存放在北京地质调查所新生代研究室,委托裴文中先生代为管理,并声明新生代研究室拥有标本的使用权,直至德日进、罗学宾返回中国为止;而实验室的所有设备、图书资料和部分研究过的化石,仍然保存在北京地质生物研究所,由巴智勇(P. Pattyn)神甫看管。

北疆博物院藏品正准备向北京地质生物研究所转移(左:装箱完毕;右:搬迁现场)

1949年天津解放后，盖斯杰返回法国。1951年2月，教会委派任职于私立津沽大学（即天津工商学院，1948年更名为"私立津沽大学"）的法国教授明兴礼（P. Jean Monsterleet）神甫兼任北疆博物院主任。1951年，私立津沽大学由政府接管，正式更名为"国立津沽大学"，明兴礼随即回国。

1951年，国立津沽大学委派地理学教授董绍良担任主任职务，接管北疆博物院。9月26日，举行接收典礼，黄松龄部长主持仪式，黄敬市长到场祝贺。此时，博物院全部工作人员只有四人，经济还未独立，标本、财产尚未清点。

1952年，全国高等院校进行院系调整，河北工学院、北洋大学和国立津沽大学工科合并成立天津大学，国立津沽大学商科与南开大学合并，取消了国立津沽大学的建制。北疆博物院由天津市文化局正式接收。

二、天津市人民科学馆时期

1952年6月5日，天津市人民政府批准组建"天津市人民科学馆筹备委员会"。6月20日，召开筹备委员会成立大会，讨论科学馆今后任务和组织编制。8月16日，正式启用"天津市人民科学馆筹备委员会"印章。南开大学生物系主任萧采瑜任馆长，黑延昌任办公室主任并主持全面工作。自此，天津市人民科学馆正式诞生，并开始了她曲折而又光辉的奋斗历程。同年，天津市文化局提出：人民科学馆要以原北疆博物院为基础，向自然博物馆方向发展。

1952年天津市文化局拨款购买了洛阳道南海路附近的一所楼房，用作津沽附中学生宿舍，作为交换收回了北疆博物院北楼一层和二层。此后，整个北楼由人民科学馆统一规划和使用。同年12月，完成藏品清点造册后，办理了正式移交手续。当时，人民科学馆对自身方针任务阐述为：面向工农兵普及科学知识，结合生产贯彻爱国主义教育，鼓动生产热情，逐步向自然博物馆发展。

1954年，结合我馆的实际情况，学习借鉴了苏联地质博物馆、中央自然博物馆，以及国内的山东省博物馆、周口店陈列馆等单位的经验，经反复讨论研究提出了"在前北疆博物院基础上设立天津自然历史博物馆"的方针任务和初步意见：以"北疆"的物质基础理论，所藏标本多偏重于动植物和古生物方面，如果我们在这样的物质基础上设立一个名副其实的科学馆，将需要长期地补充大量新的东西。在目前人力、物力缺乏的情况下，进行稍具规模的科学馆的筹备工作，有许多困难。根据"北疆"原有物力和天津市人民科学馆的人力，应该就已有条件加以充实，改为自然历史博物馆较为合适。

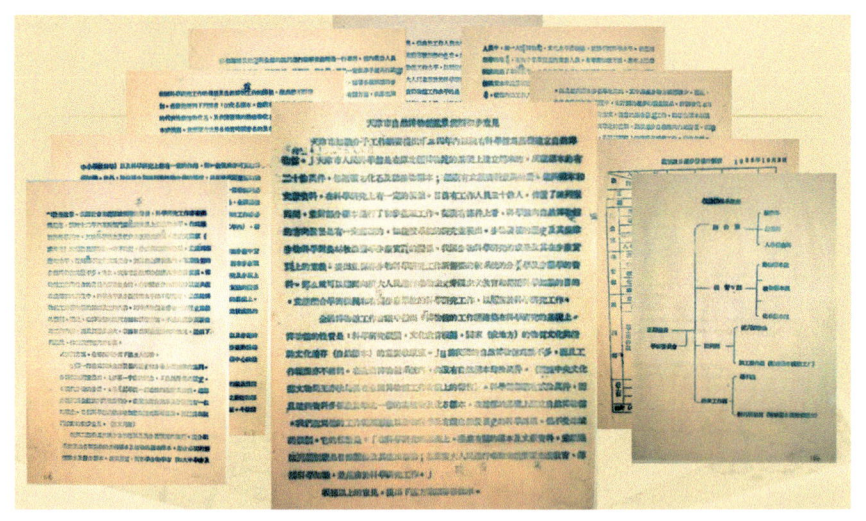

《天津市自然博物馆远景规划》（1956年）

　　1956年10月2日拟制的《天津市自然博物馆远景规划》提出："目前我国的自然博物馆为数不多，而且工作范围也不相同。在我国博物馆系统内，共藏有自然标本四十万件，天津市人民科学馆馆藏二十万件，而且这些资料多系产于华北一带的动、植物及化石标本，在这样的基础上建立自然博物馆后，我们认为她的工作范围应该以生物科学及有关自然发展史的科学为限，不受地域的限制，其任务是：在科学研究的基础上，搜集有关的标本及文献资料，并组织陈列、编制藏品目录、图录及其他出版物，以对广大人民进行唯物主义、爱国主义教育，传播科学知识，并服务于科学研究工作。"

　　全国人民代表大会陶孟和代表在1957年视察工作报告《关于天津市人民科学馆发展方向的意见》中指出："中央文化部一向想办一个自然博物馆，就是因为缺少标本等等而办不起来。现在这里有极好的标本不知如何发挥它的作用，可惜之至。我建议天津市筹建一个自然博物馆，用现有的资料做基础，慢慢地扩大收藏发展成为一个大的自然博物馆。天津市拥有这批好东西就是掌握着建立一个自然博物馆最好的条件，全国独一无二的好的条件。并希望天津市人民政府重视科学馆所有的这批资料。"

三、天津市自然博物馆时期

　　1957年3月25日，天津市人民科学馆筹备委员会向天津市人民委员会提出了《天津市人民科学馆确定方针任务和变更馆名的意见》。1957年6月11日，天津市人民委员会批准执行。自此，天津市人民科学馆更名为天津市自然博物馆。

　　天津市人民委员会在批复意见中指出："该馆所收藏的丰富的动物、植物、矿石及化石标本，是该馆一切活动的物质基础，也是考虑该馆性质和方针任务的根据。为此，它应是以生物科学和自然发展史为研究对象的科学研究机关，是普及生物知识和有关自然发展史的科学知识的文化教育机关；也是自然标本的主要收藏室。它的工作范围不应受地域范围的限制。该馆的任务是：搜集、研究、鉴定和保存有关生物科学及自然发展史的标本和文献资料；组织陈列，向广大人民进行唯物主义与爱国主义教育，传播科学知识；并向其他有关科学研究机关和科学研究人员提供科学研究的资料。根据以上确定的性质、方针任务和工作方向，该馆应更名为天津市自然博物馆，同时撤销天津市人民科学馆筹备委员会。"至此，我馆的性质和方针任务初步确定，各项工作遵循此方针和原则，逐步建立了我馆的章程和秩序。

　　1959年，天津市自然博物馆接收了马场道272号（现马场道206号），即中华人民共和国成立前英租界赛马场原址。随后历时三个月对原有的十间马棚进行了修缮改造为常设展厅，完成了"古生物陈列"和"动物陈列"展览，整个面积达3000平方米。此后，原有的北疆博物院陈列室改成了标本室，不再对外开放。

　　1963年，中国科学院学部委员、古脊椎动物与古人类研究所研究员裴文中先生到我馆鉴定标本，在座谈会上谈及天津市自然博物馆如何建设时，他说："我个人认为应该在原有基础上，不要模仿人家，千篇一律，要因地制宜，根据现有的条件和旧有的基础。不能脱离这个单搞一套，否则就费力不讨好。对于德日进、桑志华搞的基础我们应重视。天津市自然博物馆不一定搞生物和

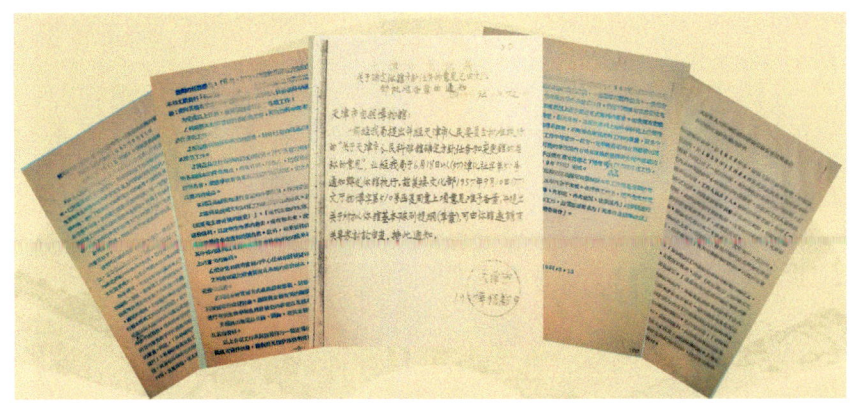

天津市人民委员会对《天津市人民科学馆确定方针任务和变更馆名的意见》的批复（1957年）

20世纪五六十年代自然博物馆展室及院落（1903年英国人建的马棚的门楼及一角）

改建前西北角马棚外景

1978年 改建后的展厅外景

旧石器时代考古，但应把这些东西保存好。如何搞陈列，我认为应该利用旧北疆博物院的基础，增加新的成分，利用我们的眼光，贯穿进化观点和教育人民的思想内容。古生物可以搞演化馆，介绍一种动物是怎么来的，由低级到高级。动物、植物也可以各搞一个，动物、植物牵扯到经济问题，除了表现进化观点以外，还要贯穿和人民生活有关的。"裴文中先生的这次讲话既讲了原则又提出了办法，对我馆其后的工作具有指导意义。

1964年，天津市自然博物馆着手筹备建立"人类馆"。1968年，天津市自然博物馆和天津艺术博物馆、天津历史博物馆合并，成立天津博物馆。1971年天津博物馆重新成立自然组并继续筹建"人类馆"展览。1973年，"人类起源展览"在原天津历史博物馆原址（天津市河东区光华路4号）对外开放。

1974年1月，我馆正式更名为天津自然博物馆。1975年，经市政府批准，在原址基础上改建，并于1978年建成开放。

1998年　改建后的主体建筑"海贝含珠"造型（上）及藏品楼（下）

为更好地保护和弘扬自然科学遗产，同时满足观众日益增长的文化需求，1997年4月8日天津市领导来我馆主持召开新馆建设现场办公会议，会议决定在原址上重建。新馆于1997年7月4日开工，历时一年，1998年10月28日正式对外开放。新馆占地2万平方米，建筑面积1.2万平方米。整体设计集中体现物种多样性和生态多样性，突出物种与环境的关系，强调人与自然的和谐。形式上则采用了国际流行的主题单元式，分为古生物厅、水生生物厅、两栖爬行厅、动物生态厅、世界昆虫厅、海洋贝类厅等。同时还增设了电教厅和热带植物园。"先进的展览理念、新颖的展览形式、丰富的展览内容、多样的科普活动"使得新馆展览荣获1998年度全国陈列展览十大精品奖，天津自然博物馆翻开了新的一页。2004年展厅一层改陈为"海洋世界"，2009年藏品楼一层改陈为"走进野生动物王国——肯尼斯·贝林捐赠标本专题展"。

2013年，天津自然博物馆迁建至天津的"城市地标"文化中心，并于2014年1月正式对外开放。展馆占地面积5万平方米，总建筑面积3.5万平方米，展示面积1.4万平方米。整体设计以"家园"为主题，分为"家园·探索"、"家园·生命"和"家园·生态"。将自然、历史和人类三重内容融为一体，讲述地球"家园"亿万年来的演化过程及发生的故事，引发观众对生物多样性和生态环境的思考，增强对自然环境的责任感和保护。2015年，基本陈列"家园·生命"荣获"全国陈列展览十大精品奖"，天津自然博物馆迎来了又一次的飞跃。

2016年1月22日，北疆博物院北楼和陈列室在时隔70余年后重新对公众开放。整体展览以复原为主，在北疆博物院原陈列室的基础上，增加了历史

2004 年 开放的"海洋世界"展厅

2009 年 开放的"走进野生动物王国——肯尼斯·贝林捐赠标本专题展"

2014 年 在文化中心开放的"天鹅展翅"馆

北疆博物院北楼

人文展区和开放式库房展区。2018 年 10 月 28 日，北疆博物院南楼对外开放。至此北疆博物院主体建筑完整对公众开放，北疆博物院开启了新的历史篇章。2019 年 10 月北疆博物院被国务院核定公布为"第八批全国重点文物保护单位"。2021 年 12 月 28 日，桑志华旧居楼修缮及布展完工；2023 年 6 月 10 日，工商大学 21 号楼（神甫楼）移交天津自然博物馆使用，开启了修缮和布展工作，北疆博物院建筑群建设向前跨越了一大步。

1982年　武夷山动植物科学考察

1986年　蓟县官善牛道沟发现的象牙化石

2005年　天津蓟县杨津庄化石发掘

在馆长孙景云的带领下，古生物部和技术部的同志在蓟县杨津庄一个沙场水坑中发掘出一具完整的带一对门齿的诺氏象头骨和几件完整的肢骨化石。非常可惜的是，这件头骨化石因为常年在沙坑中被水浸泡，出土之后就快速脱水，致使头骨和门齿异常脆弱，很快就风化粉末化了，现仅存了石化程度相对较好的一个完整下颌骨和几件肢骨。

（四）兵分多路，足遍九州

1984年，又是天津自然博物馆科学考察史上的辉煌一页。为了筹备植物展览，天津自然博物馆集全馆精英，成立了四个科学考察队，兵分四路：第一路以孙景云、郑士川为首，队员包括刘士帆、檀凯华、姚凡、刘来顺、李清贤等，目的地是海南岛，以尖峰岭为基地，对热带雨林、红树林等地带进行考察；第二路以陆惠元为首，队员包括刘家宜、董向农、王力等人，目的地是长白山，先后在天池、温泉、岳桦林等地考察，特别考察了长白山从低海拔的针阔混交林带到高山冻原带的各种植被类型；第三路由段澄云、严世纪 80 年代天津自然博物馆科学考察的第一站。

1982 年，天津自然博物馆再次组队前往武夷山自然保护区进行动植物科学考察。考察团包括陈锡欣、刘胜利、陈秋毛、刘家宜、严英、段澄云、孙景云、刘士帆、郭庆、何强、候云凤、李宗鑫、商移山，共 13 人。从 1982 年的 8 月中旬到 9 月底，科学考察团先后在三港、二里坪、先峰岭、大竹岚、坳头、挂墩、麻粟、坑上等 13 个地点进行了考察，并与其他 6 个科研教学部门联合攀登了人迹罕至的猪母岗，又先后三次登上了武夷主峰黄岗山。

武夷山自然保护区的科学考察，不仅锻炼了队伍、增长了队员的专业知识，同时也采集到了数量可观的标本，其中植物标本 2500 余件、动物标本 1550 余件。在所采集的植物标本中，既有经济价值很高的种类，如四叶珍、中华猕猴桃等，也有列入国家重点保护珍稀植物的种类，如香果树、武夷木莲、南方铁杉、白豆杉等。动物标本以昆虫、两栖爬行动物为主，特别是两栖类动物标本极大地丰富了我馆标本。

在武夷山科学考察中，最为值得称道的是美工和摄影人员与科考人员一同前往，这在过往的考察中从未发生过，在全国的科学考察中也极为少见。特别是美工现场写生，摄影即时拍摄，不仅取得了一手资料、为以后展览和研究提供了素材，也记录下了科学考察的行程，开创了以图像记录天津自然博物馆科学考察经历的先河。

武夷山科学考察为天津自然博物馆的大型野外科学考察积累了丰富的经验，也为日后的大型科学考察打下了坚实的基础。

（三）蓟县象牙门齿化石挖掘

临近燕山山脚之下的天津蓟州地区，地势宽阔平坦，地表之下古河道纵横交错，在第四纪的冰期来临之前，这里曾经是诺氏古菱齿象的家园。1986 年 11 月，天津自然博物馆李玉清、祁东发、刘家声、季楠、郑士川等业务人员在蓟州官善村采集到一对完整的古菱齿象象牙（门齿）。之后，在蓟县文保所的帮助下，天津自然博物馆业务人员先后于 1989、1993、1995、1999 和 2005 年，多次赴蓟县考察和发掘，采集到古象头骨、门齿、臼齿、盆骨等多件化石标本，包括完整古菱齿象门齿化石。特别是 1999 年秋，匡学文、张玉邦、张雄、王忠强等人历时 10 天左右，发掘出一根异常粗壮、保存相当完好、长约 4 米诺氏象门齿，为历年来在蓟县采集的象牙化石之最；2005 年，

北疆博物院南楼

天津工商学院 21 号楼（神甫楼）

桑志华旧居

随着北疆博物院旧址的陆续开放，天津自然博物馆形成了一馆两区的格局，即——天津文化中心的主馆区和北疆博物院旧址区，北疆博物院旧址区焕发新生，文化中心主馆区成为天津市的文化坐标，两个馆区各具特色，一老一新互为补充，科普科研齐头并重，一馆两翼比翼齐飞。

生态兴则文明兴，生态衰则文明衰。天津自然博物馆立足于"标本收藏、展览展示、公众教育和科学研究"的功能和定位，通过"关注社会热点，创新发展理念、拓宽展览模式、合作科学研究"等方式，向观众讲述人类尊重自然、顺应自然、保护自然的发展故事和成果，传播和普及生态环境保护和生态文明建设的知识和理念，践行"凝聚绿色共识，共建美丽家园"的社会职责和历史使命。

踏遍青山 初心依然

科学考察是自然博物馆的一项重要工作，不仅是自然博物馆标本的重要来源之一，也是自然博物馆基础的科研任务之一。天津自然博物馆的科学考察与国家的发展息息相关。在过往的大半个世纪中，天津自然博物馆人踏遍中华大地，从南海之滨到北国之巅，从东部鱼米之乡到西部大漠孤城，都留下了天津自然博物馆人的脚印。无论是战火纷飞的战争年代，还是物阜民安的和平时期，天津自然博物馆的先辈们跋山涉水、历尽艰辛，坚持到野外进行科学考察和标本采集，为后人留下了丰富的藏品，也留下了丰硕的精神财富。

一、重启科考

1952 年 6 月 20 日，"天津市人民科学馆筹备委员会"召开成立大会，各项工作全面开启，科学考察工作作为重要的工作内容被第一时间提上日程。

我馆最早的采集工作始于 1952 年的天津郊县的农作物病虫标本采集。1956 年，我馆迎来了新中国成立后真正意义上的第一次科学考察。由黑延昌、陆惠元、刘庭秀、常延平、朱志彬共五人组成科学考察队，奔赴青岛海滨、崂山等地采集无脊椎动物和种子植物标本。此次考察采集到许多有意义的标本，如盐肤木（*Rhu chinensis*）、锦带花（*Weigela florida*）等。和先辈一样，他们在采集过程中，对采集时间、采集地点、采集人等重要的标本信息都做了详细的记录，为后人留下了珍贵的研究资料。

1956 年科学考察标本采集的圆满成功，拉开了新中国成立后我馆科学考察的大幕，也为后来的科学考察提供了宝贵的经验。之后的近二十年间，我馆业务人员进行了大大小小，不计其数的科学考察和标本采集，如 1957 年同中国科学院考察队和南开大学一起赴四川峨嵋山及云南采集昆虫标本 30000 件、高等植物标本 190 件。1958 年，我馆组织了建馆史上首次大规模采征集活动，共成立 8 个采征集小组，分赴山东、山西、河南、河北、安徽、湖北、内蒙古、云南、贵州、广西、广东、福建等地，共采集到各类动物、植物和古生物化石标本 2 万余件。1959 年陈瑞雪、严英二人到晋东南地区采集药用标本 700 余件；1960 年在山东莱阳采集昆虫化石标本 25 件；1961 年在蓟县山区采集维管束植物约 300 份，在河北秦皇岛采集无脊椎动物 310 件，在贵州兴义采集胡氏贵州龙、鱼化石等 37 件；1962 年在广东采集昆虫标本 3000 余件；1963 年在四川采集昆虫标本 17000 余件、植物标本 260 余件；之后，在 1964、1965 年又分别赴海南、广东、广西、浙江等地采集昆虫标本。

60 年代中期到 70 年代中期，我馆考察的地点主要集中在天津周边，如 1973 年到天津郊区、河北兴隆进行了植物、昆虫和鱼类的考察，1974 年天津郊区昆虫考察，1975 年天津蓟县植物考察等。

二、有序推进

1974 年 1 月，我馆正式更名为天津自然博物馆。科学考察工作逐步进入了有目的、有计划的阶段。

（一）西沙群岛综合科学考察"

1977 年 2 月，天津自然博物馆组建了第一支大型的综合科学考察队，奔赴位于我国南海、地处热带的西沙群岛进行综合科学考察。考察历时半年，主要目的在于采集当地的鱼类、贝类、珊瑚、海鸟、昆虫和植物等。在海军和当地渔民的帮助下，科考队员白天出海，晚上整理标本。半年考察期间，大家始终以极大的热情投入到工作中去，为天津自然博物馆科学考察留下了宝贵的财富。

1977 年的西沙群岛科学考察，是天津自然博物馆科学史上的一段辉煌业绩。此次科考，共采集到鱼类和昆虫标本 5000 余件、植物 700 余件，还有大量的贝类以及其他海洋无脊椎动物。一方面，此次科考不仅采集大量的海洋标本，最重要的是此次科考采集到大量的南海标本，填补了馆藏的空白。另一方面，作为地处我国北方的自然博物馆，此次科考横跨大半个中国，最终前往西沙群岛，这在国内的自然博物馆科考中尚属首次。

西沙群岛考察为研究我国南海的海洋生物资源特别是鱼类资源留下了丰富的资料。作为我国为数不多的拥有热带珊瑚礁鱼类的区域，西沙群岛海域的热带珊瑚礁鱼类种类

盐肤木标本

锦带花标本

1977年　西沙群岛动植物采集

《西沙行》连环画（组图）

繁多，其中亦不乏珍稀种类，是研究珊瑚礁鱼类的重要基地。但自1949年以来，该地区进行的大规模调查却是屈指可数。之前的调查多以从渔民手中收购为主，鱼类也多为经济鱼类，而对于其他野生鱼类知之甚少。而天津自然博物馆的此次科学考察，其时间之长、空间之广，极大地填补了该区域鱼类调查的空白，为研究我国南海的鱼类资源提供了重要的历史信息，也为研究南海海洋环境变化留下了丰富而宝贵的资料。

（二）武夷山动植物科学考察

武夷山自然保护区，地处我国东部沿海的福建省，素有"生物界标本的产地"之称。一百多年来，中外生物学家先后在此发现了一千多个生物新种、新亚种，因此，武夷山自然保护区也被称为"天然植物园""世界动物之窗""鸟的天堂、蛇的王国、昆虫的世界""研究亚洲两栖爬行动物的钥匙"等。正因如此，武夷山自然保护区成为20

八仙山考察及采集

员,很多是刚参加工作不久的研究生。此次考察,是他们来到自然博物馆工作后的第一次大型的综合科学考察,大家都充满期待与渴望。

由于此次科学考察并非国家或天津市政府立项的科研项目,因此也没有得到国家或市里任何资助,甚至可以说是在没有经费的情况下开展的。双方合作形式非常简单,天津自然博物馆出人,八仙山保护区提供食宿,科考人员与保护区工作人员吃住在一起。咸菜就馒头,是此次科学考察的代表符号。就是在这样艰苦的条件下,天津自然博物馆的年轻一代秉承先辈们跋山涉水、餐风宿露精神,白天上山采集标本,晚上灯下整理标本。寒来暑往,无论是刮风下雨,还是大雪纷飞,计划中的每月一次上山科考从未间断过。历时一年半,我馆终于完成了八仙山苔藓、菌类、维管束植物、昆虫、蜘蛛、鱼类、两栖爬行类、鸟类和兽类本底调查。其中许多调查填补了八仙山自然保护区研究的空白,如苔藓、菌类和蜘蛛的调查等。此次考察收获了大量的标本,涵盖各个门类,进一步丰富了馆藏标本。

八仙山自然保护区科学考察不仅使科考队伍得到了锻炼,也是一次难得的培养年轻人的机会。通过此次科学考察,这些年轻人开始在科研上崭露头角,此次科学考察的大量成果在国内外重要学术刊物上发表,进一步扩大了天津自然博物馆的影响力和知名度。

与以往科学考察不同的是,在这次科学考察中,国内外该领域的多名专家受邀加入到队伍中来,如中国科学院植物所的吴鹏程研究员(苔藓),北京师范大学的张正旺教授(鸟类),中国科学院微生物研究所的张小青研究员(菌类),南开大学李后魂教授(昆虫),天津师范大学的徐华新教授(地质)。这

《天津八仙山国家级自然保护区生物多样性考察》获奖证书

些知名的学者没有任何要求，和大家一样，吃住在山上，也不要任何报酬。他们的加入，极大地增强了考察队伍的实力，也扩大了天津自然博物馆科学考察的影响力。

此次科学考察基本摸清了八仙山自然保护区的本底状况，为其下一步的生态管理提供了科学依据，同时也为天津市的生态建设提供了基础数据。此次科学考察成果获得了2012年天津市环境保护科学技术奖二等奖，这也是对此次科学考察的充分肯定。

（二）中新天津生态城：留下自然博物馆人的脚印

机会总是留给有准备的人。尽管自20世纪90年代以来，由于经费的限制，天津自然博物馆大规模的科学考察已不见踪影，但并没有因为经费匮乏而放弃对天津生态的关注，每年都坚持对天津的不同区域进行科学考察，七里海、北大港、大黄堡等自然保护区都留下了我馆科考工作者的足迹。正是这种坚持，为天津自然博物馆带来了机会。2008年6月，受天津市环境保护科学研究院的委托，天津自然博物馆承担中新天津生态城生物多样性考察任务，经费由天津市环境保护科学研究院资助。

中新天津生态城是中国与新加坡两国政府合作开发建设的生态城市。中新天津生态城作为世界上第一个国家间合作开发建设的生态城市，将为中国乃至世界其他城市可持续发展提供样板；为生态理论的创新、节能环保技术的使用和先进生态文明的展示提供国际平台；为中国今后开展多种形式的国际合作提供示范。在建设前需要了解该区域的生态状况，特别是生物多样性，为生态城未来的生态管理提供基础数据。而此次开工建设前，生物多样性本底调查的任务就落到了天津自然博物馆身上。

接到这一任务之后，天津自然博物馆成立了一个涵盖老中青三代专业技术人员的强大科学考察团。生态城是一个典型的湿地，在天津最热的6—8月，高温、暴晒，考察条件相对恶劣，但科考团毫无怨言。经过三个月的奋战，《中新天津生态城生物多样性考察报告》如期完成，交付给委托方。很多队员都因长期的暴晒，皮肤爆皮，尽管如此，成功的喜悦让大家忘记了工作的艰辛和劳累。这是一个国家级的大项目，能在这个项目留下自己的印记，让每个人引以为豪，也让他们在自己的人生经历上又写下了光辉的一页。

（三）大黄堡自然保护区：更上一层楼

中新天津生态城的科学考察项目的成功完成，让天津自然博物馆的科学考察实力得到了社会充分认可，也赢得了市场。2009—2010年，天津自然博物馆再次接到类似的委托项目。这一次考察的地点是将要规划为中欧论坛地的大黄堡自然保护区的一部分。接到任务之后，天津自然博物馆按部就班地开始科考工作，组团并做详细的调查方案，进行实地科学考察，最后整理结果、撰写报告、项目结题，再次出色地完成了科考任务。

至此，天津自然博物馆的科学考察能力已得到了社会的充分认可，特别是在天津地区，作为唯一学科齐全的科学考察队，天津自然博物馆有责任也有能力承担野外大型的科学考察。

四、新时代 新作为

进入新时代，天津自然博物馆的科学考察工作紧紧围绕京津冀协同发展和生态文明建设等重大国家战略，先后开展

中新天津生态城考察与采集

展《天津湿地植物多样性调查》《白洋淀及周边地区生物多样性考察》等项目。同时，结合本馆实际开展了《山西榆社盆地古哺乳与地层学研究》《北疆博物院海河流域植物调查地回访》等考察调研。

（一）雄安新区生物多样性综合考察

2017年4月1日，中共中央、国务院印发通知，决定设立国家级新区河北雄安新区。

作为具有百年历史的自然博物馆，特别是前身北疆博物院在百年前就对该区域进行科学考察过，积累了大量的标本。关注国家大政方针，服务国家建设一直是天津自然博物馆践行的理念。在得知国家设立雄安新区的重大部署之后，天津自然博物馆人十分激动，充分利用自己的专业、资源、人才等优势，想方设法为雄安新区建设贡献自己的一份力量。而生物多样性科学考察恰恰是天津自然博物馆的优势，由此展开了雄安新区的生物多样性综合考察。2019年，在天津市文化和旅游局的支持下，"雄安新区白洋淀及周边地区生物多样性考察项目（一期）"正式立项。项目以白洋淀为中心展开周边地区包括植物、鱼类、鸟类等在内的生物资源调查，以期摸清周边地区的生物资源，完善白洋淀地区的生物多样性资料，同时为整个雄安新区的生物多样性调查提供基础数据。

经过一年多的努力，在全体科学考察队员的努力下，考察取得了重要的成果，采集了大量的植物、昆虫，以及鱼类标本，同时记录了大量的鸟类数据，也拍摄了许多重要的生态环境照片。这些成果的取得为雄安新区的生态建设提供了重要的基础数据。

（二）滨海湿地鸟类生物多样性调查与评估

在2020年9月30日联合国举办的生物多样性峰会上，习近平总书记站

大黄堡自然保护区生物多样性调查

雄安新区白洋淀及周边地区生物多样性考察

在人与自然是命运共同体的高度，揭示了保护全球生物多样性的动力、活力、合力和行动力所在，阐明了中国保护生物多样性的理念、进展和目标。生物多样性保护已成为我国的重大工程之一。生物多样性保护的前提是调查与评估，而科学考察正是完成调查与评估的重要举措。天津自然博物馆人积极投身到国家的生物多样性保护重大工程中。天津自然博物馆承担了《全国生物多样性鸟类监测》连续十年的天津鸟类监测和《滨海湿地鸟类生物多样性调查与评估》项目。经过多年的实地调查，积累了大量的一手鸟类多样性数据资料，完成华北地区滨海水鸟统计与研究的编写和校对工作，作为《中国鸟类多样性观测》内容的一部分于2022年正式出版，为我国的生物多样性保护工程做出了重要贡献。

滨海湿地鸟类生物多样性调查

（三）山西榆社盆地古哺乳与地层学研究

20世纪30年代，桑志华在榆社盆地发掘了新生代晚期哺乳动物化石，该部分化石成为天津自然博物馆最有价值的馆藏之一。20世纪80年代，中美联合组织了山西榆社盆地科学考察，中方负责人为中国科学院古脊椎动物和古人类研究所邱占祥院士，我馆黄为龙和李玉清参与该项目。

为了进一步开展榆社盆地古脊椎动物化石的研究工作，中国科学院古脊椎动物与古人类研究所启动了《山西榆社地区新生代古哺乳动物化石及地层调查与研究》项目，天津自然博物馆四名人员参与了该项目。为了更好地推动该项工作，2021年5月24日，中国科学院古脊椎动物与古人类研究所与山西省晋中市人民政府在榆社建立院士工作站，我馆张彩欣馆长和匡学文副馆长带领古生物部四名专业人员参加了揭牌仪式。2021年和2023年，我馆专业人员先后两次参与了联合野外考察工作。科考队员重点考察了榆社地区云簇盆地的马会组、高庄组、麻则沟组、海眼组等代表性剖面，与沤泥凹、泥河、潭村和张村等几个小盆地新生代地层发育情况进行初步对比。实地踏勘桑志华记录的化石点和近些年新发现化石点，推测化石可能产出层位，并进行化石及土样采集。两次野外工作对近百个化石点和典型剖面点进行了定位、数据及图像采集，掌握了榆社野外地层地貌第一手资料，为下一步研究、科普、展览等工作奠定了基础。

张彩欣馆长在榆社邱占祥院士工作站揭牌仪式上讲话（2021年5月24日）

北马会观测马会组剖面（2021年10月17日）

马会组与三叠系交界剖面（2021年10月18日）

（四）蓟州区中新元古界地层剖面考察及典型岩石样本采集

天津蓟州区中新元古界地层剖面（蓟县剖面）被海内外地质学家推为世界同一地质时期的标准剖面，誉为"大地史书"，也是联合国"地科联"组织选定的前寒武纪地质研究的世界重要目标地。

2022年10—12月期间，天津自然博物馆专业技术人员在中国地质调查局天津地质调查中心孙立新研究员的指导下，两次赴蓟州区中新元古界国家自然保护区对蓟县剖面进行实地考察，同时采集了不同层位具有代表性的岩矿样本。此次实地科学考察工作既让我馆专业人员掌握了蓟县剖面野外第一手资料，同时又系统地采集了该地层剖面的典型岩石矿物标本。在填补馆藏空白的同时，为今后科研、科普、展览、研学等活动奠定了坚实基础。

蓟州区中新元古界地层剖面考察

（五）北疆博物院海河流域植物调查地回访与标本采集

20 世纪初，北疆博物院桑志华等博物学家曾在海河流域开展野外考察和标本采集等工作，当年采集地的生态环境与现在的生态环境有很大的差别。回访当年的调查地的植物种类和生态环境变化并开展相关的生物学、生态学等方面的研究具有重大的意义。

2022 年 7—8 月期间，天津自然博物馆植物部业务人员先后赴天津武清、北辰、静海、蓟州等地，在北运河、南运河、永定河、蓟运河沿岸实地考察并采集植物标本。考察发现了长芒苋等外来入侵植物在河岸分布，填补了此类植物标本馆藏的空白，同时为该地区植被研究提供了基础数据和资料，所拍摄自然环境影像也为科普展览积累了素材。

海河流域植物调查地回访

> 踏遍祖国的青山绿水，始终保持一份真诚的初心。新中国成立后，天津自然博物馆人从天津出发，北至黑龙江、南到西沙、东达黄海之滨、西抵沙漠戈壁，以科学的方式记录了自然历史的变化，用标本的手段为后人留下自然遗产的证明。这是研究生态变化的原始记录，也是记录山河变化的一手资料。从 1952 年至今，天津自然博物馆的科学考察已走过了七十余载，无论是科学考察的性质还是内容都发生了翻天覆地的变化：从最初的国家分配任务，到现在的主动争取；从以采集标本为主，到以记录自然生态变化为主。万水千流归大海，天津自然博物馆的科学考察始终保持共同的基本特征：和国家的发展息息相关，立足实际、服务社会、奉献国家、与时代同行。

广纳奇珍 砥砺前行
——新中国成立后标本、化石采征集工作

藏品,是博物馆赖以生存和发展的基本保障,只有藏品源源不断地得到补充,博物馆才能焕发出生命力。1952年以来的历届馆领导班子都非常重视藏品补充工作,始终紧紧围绕"陈列展览工作的需要、填补馆藏空白、有计划地积累藏品、为科学研究提供材料"的原则,有条不紊地开展标本的采征集工作。时至今日,我馆采征集到大量丰富而珍贵的动植物标本和古生物化石,很多种类填补了大量的馆藏空白,这些标本及相关的采征集信息为我馆的科普展览、科学研究等工作奠定了坚实的基础。

一、动植物标本采征集

馆藏标本的补充方式,主要依靠采征集,另外还有一些调拨和交换等。天津自然博物馆历来就对野外采集工作非常重视,因为通过野外采集,能迅速地补充馆藏,同时可以记录采集时间、地点、周围的生态植被等基本信息,这些信息为后期科研科普等工作提供了坚实的信息保障。

中华人民共和国成立后的采集工作最早可以追溯到1952年郊县的农作物病虫标本采集。1956年七月底至八月上旬,由黑延昌带队的五人组,赴青岛海滨、崂山等地采集海洋无脊椎动物和种子植物标本。这是1949年以后我馆具有历史意义的第一次采集。之后,天津自然博物馆的业务人员开始了跋山涉水、辗转大江南北的动物标本采集,70年来他们的足迹几乎踏遍中华大地的山山水水。从天津及周边,到整个华北,再到全国;从黑龙江大兴安岭、吉林长白山,到内蒙古海拉尔、呼伦贝尔,再到云南瑞丽、西双版纳,四川峨眉山、青城山,广西十万大山,福建武夷山、龙岩,海南五指山、尖峰岭,西沙群岛,乃至宝岛台湾。据统计,我馆业务工作者足迹踏遍除香港、澳门外的所有省、市、自治区。在采集期间,白天,工作人员头戴太阳帽、身穿采集服、肩挎干粮袋、身背采集包、脖挂照相机、手持捕虫网、脚穿胶皮靴,全副武装进行采集;晚上,点起油灯或松枝火把,整理白天采集到的标本,填写采集记录,安排第二天的采集日程及相关工作。

据不完全统计,1952年以来的大大小小的动植物采集二百余次。所得标本总数约15万余件,其中动物标本12万余件,植物标本3万余件。年采集量较大的阶段主要是1957、1958、1963、1975、1977—1978、1982—1984、2007—2008年,基本上都超过1万件,尤其是1957年超过了3万件,1958年有2万余件。

纵观70年来的采征集工作，可以概括为：有计划地开展采集；承担项目带动采集；紧抓时机征集标本。

（一）有计划地开展采集

严格地讲，天津自然博物馆有计划的采集活动是1958年分赴山东、山西、河南、河北、安徽、湖北、内蒙古、云南、贵州、广西、广东等地的大规模采集，共采集到各类动植物2万余件。之后，我馆开始了大大小小各种规模的采集，如：1961年9月赴河北秦皇岛、北戴河采集无脊椎动物标本310余件，赴山东青岛等地采集藻类标本120余件；1963年赴四川宝兴、阿坝地区采集昆虫标本17500余件，植物标本260余件；1964—1965年间在海南、广西、广东、浙江等地采集昆虫标本6000余件；1973年又在河北兴隆采集昆虫7000余件，在山东烟台、青岛等地采集鱼类标本800余尾。

1975年夏，植物组陈瑞雪、严英等人，与天津市"七二一大学"师生一起奔赴蓟北山区下营乡白滩村采集标本，冒着酷暑，奋战20余天，获得标本900余份。之后的每年，植物组业务人员都在市区、郊区和郊县开展植物调查，采集野生及栽培植物。1977年2月，植物组人员跟随我馆综合考察队一起奔赴西沙群岛，采集到植物标本700余份。1977年5—6月及9月，两次与天津市卫生学校生药教研室合作赴河北雾灵山采集植物标本350余种近千件。1979—1980年间，又与南开大学、天津师范大学生物系教师合作，多次赴天津市区、郊县进行植物采集，并在此基础上建立起天津植物藏品专柜。

1982年8月中旬到9月下旬，我馆武夷山综合考察队业务人员，先后在三港、二里坪等13个点采集植物标本约2500份，包括国家重点保护植物香果树、南方铁杉等。同时还采集昆虫标本1500余件、脊椎动物标本600余件。9月底，业务人员又在厦门大学生物系教授陈林先生的指点下，赴海南红树林区考察采集，收集到不少红树林典型种类标本。

1984年，借助筹备植物展览，业务人员分四组奔赴海南岛、长白山、青岛海滨和甘肃民勤沙生植物园。大家不负众望，分别采集到：昆虫标本2000余件，海南热带植物和果品标本500余份，包括奇异的食虫植物猪笼草等；长白山各种不同植被类型的植物标本600余份；青岛和崂山等地的种子植物标本百余份；西北荒漠植物标本约70件（含西北高原生物研究所征集）和大量种子标本。

1984年7月长白山动植物采集　　　　　　　　1984年　甘肃民勤治沙站

（二）承担项目带动采集

多年来，我馆业务组人员始终把增加藏品工作放在重要位置，通过科研项目或其他相关机会，积极带动采集工作。

1978年5—8月间，刘家宜同志为编写《河北植物志》和《水生维管束植物》，多次到河北省张家口地区小五台山、白洋淀和秦皇岛地区采集植物标本约655件；1981—1983年间，我馆承担天津海岸带调查项目中的植物资源部分，获滩涂植物标本百余种，约300件。另外，刘家宜同志还多次利用学术会议的空余时间，先后前往峨嵋山、五台山、芦山和西双版纳基诺山等地采集标本，共采集1400余件。

1987年，天津自然博物馆受市政府委托承办渤海儿童世界展览任务。为圆满完成该任务，业务人员分两组赴海南和四川进行标本采集。1987年10—12月间，两支队伍共采征集植物标本200余种，约600余件。1991年夏，我馆古生物组李欣随雪豹登山队攀登慕士塔格峰，采集到植物标本约50份；1992年他又随中国科学院植物研究所古植物组前往西藏珠穆朗玛峰自然保护区进行考察，先后采集植物标本约200余份。

2006—2008年，天津自然博物馆和八仙山管理局联合成立科学考察团，对八仙山保护区内的生物资源进行本底调查。其间，业务人员多次赴八仙山进行调查，共采集到动物标本8000余件、植物标本1100余件。此外，在2008年的天津中新生态城的生物资源调查和2010年的大黄堡自然保护区生物资源调查中，我们也采集到一批动植物标本。2017—2018年间对天津湿地植物进行了调查，采集标本430余件。

动植物标本观察采集制作

　　中国共产党第十九次全国代表大会的胜利召开，为我馆的科学考察和研究指明了新的发展方向。百年老馆紧跟时代步伐，在天津市文旅局的支持下，于2019—2020年期间，开展了"雄安新区白洋淀及周边地区生物多样性考察项目"，先后多次赴白洋淀及周边地区进行调查，共采集到白洋淀湿地植物200余种近500件，湿地昆虫100余种500余件，鱼类5目10科19种，同时记录到白洋淀鸟类11目28科100余种。

（三）紧抓时机征集标本

　　业务人员除积极进行标本采集外，还特别注重标本征集，及时了解各种征集信息，紧抓机会征集馆藏空缺标本。除有偿购买、交换之外，还多次获得有关部门、单位和个人的无偿捐赠。

早在 1954 年，中国科学院青岛海洋生物研究所就赠给我馆鲐鱼生活史标本 1 套。1959 年我馆与武汉大学生物系交换鸟类标本 90 余件、与黑龙江省博物馆交换东北虎标本 1 件。1962 年，我馆又分别与中国科学院植物研究所、华南植物园、中山大学、天津市药品检验研究院等单位交换植物标本 900 份。

1972 年，病逝后的亚洲象"阿萨"来到了我馆，这是印度总理尼赫鲁访华时送给周恩来总理的，之前一直生活在北京动物园。1974 年四川大学生物系植物标本室准备处理一大批标本，严英、王全来同志用两个多月的时间，筛选出维管植物 8230 份托运回津，其中 5000 余份质量相当不错，包括模式、副模式标本及珍稀种类标本，增加了馆藏的中西南地区标本。1978 年中国科学院植物研究所赠送我馆河北植物标本 1500 余份。1986 年，中国南极考察队赠予我馆南大洋鲨鱼标本 4 件、南极磷虾标本 40 件。1988 年，天津动物园赠予我馆非洲狮、驯鹿、东北虎等标本共计 11 件。1990—1991 年间，我馆先后通过信函向海南、广西、辽宁等地林业及科研部门征集珍稀植物标本；1991 年春节期间，王雪明同志利用回家探亲之机向贵州省生物研究所征集贵州植物标本 800 余件，其中包括约 25 个珍稀种。

随着《中华人民共和国野生动物保护法》（1989 年 3 月 1 日）和《中华人民共和国野生植物保护条例》（1997 年 1 月 1 日）的颁布和实施，我馆动植物标本，尤其是脊椎动物标本的增加，主要依靠捐赠和征集。主要的来源就是天津动物园和天津野生动物驯养繁殖中心，其次是一些标本厂家、展览公司和国内各地的动物园和驯养繁殖中心。据统计，仅天津动物园就捐赠我馆动物标本近百件，其中以兽类标本为主，包括了我们的友谊使者亚洲象"米杜拉"，还有东北虎、非洲狮、黑熊、白唇鹿、东方白鹳、火烈鸟等；而天津市野生动物驯养繁殖中心捐赠标本 400 余件，主要以鸟类为主，包括大鸨、小天鹅、东方白鹳、银鸥、白琵鹭、鸸鹋等，另外还有少量的梅花鹿等兽类。2009、2018 年天津自然博物馆两次从陕西省珍稀野生动物抢救饲养研究中心征集到朱鹮标本成体、幼体、蛋壳等共计 12 件。2018 年以来，海关、公安等单位先后为我馆捐赠红海龟、玳瑁、砗磲等标本 20 余件。2024 年 8 月 9 日，天津市规划和自然资源局捐赠我馆林草种质资源普查植物标本 2506 件，这批标本是天津市林草事业可持续发展的战略性资源，对于保护生物多样性和生态安全具有十分重要的意义，且科研价值很高，极大地丰富了我馆馆藏。这是天津自然博物馆历史上数量最多、标本种类最全、科研价值最高的一次捐赠，具有重要的开创意义和历史意义。

2009 年 "科学画家卢济珍鸟画展"开幕式及科学画稿捐赠交接仪式

2024 年 8 月 10 日，天津市规划和自然资源局捐赠林草种质资源普查标本

2017 年　鱼类和珊瑚标本征集

除了独立的标本征集，我们还充分利用各种陈列展览的布展机会，尽可能地增加我们的藏品，如 1998 年海贝含珠馆重建时，从浙江温州征集一批鸟类标本，从江西、四川等地征集一批蝴蝶标本，甚至还征集了马达加斯加蝴蝶及其他昆虫标本 60 余件。2009—2014 年间，环球健康与教育基金会主席肯尼斯·贝林先后六次向我馆无偿捐赠 100 种 242 件珍贵的世界各地野生动物标本、28 件非洲土著民俗文化工艺品、10 件动物模型，共计 280 件。贝林先生捐赠的展品支撑起了我馆 2009 年的"走进野生动物王国——肯尼斯·贝林捐赠标本专题展"和 2014 年文化中心展馆的"家园·生态"展区。2024 年 4 月，环球健康与教育基金会第 7 次向我馆捐赠的 100 件头肩部野生动物剥制标本到馆，这些标本原产国来自美国、西班牙、南非等 16 个国家。2009 年，当代著名鸟类科学画家卢济珍女士

2022年　北辰公安捐赠标本

2023年　海关捐赠标本

将其著作《鸟谱》及《中国鸟类百态》中所用原画在内、共计400余幅画作捐赠给天津自然博物馆，并先后支撑起2009年"科学画家卢济珍鸟画展"和2021年"笔间飞羽——卢济珍鸟类科学绘画展"。

2014年文化中心展馆开展之际，先后通过展览公司征集到珊瑚、鱼类、两栖爬行、鸟标本及鸟卵模型等标本150余件。此后，利用对基本陈列改陈之际，先后于2016年征集虾蟹、海胆等无脊椎动物119件，2017年征集珊瑚10件、鱼类标本171件，2018年征集棘皮动物和甲壳动物共计42件，2020年征集红树林植物标本42种42件。此外，在临时展览中也尽可能地补充藏品，如：在"金鸡报晓——鸡年生肖特展"中，制作完成了白鹇、红腹锦鸡等30余件雉类标本；2021年的"海河原生鱼"展览中，增加了4件鱼类展品和50余幅鱼类科学画等；2022年的"本草健康"展览中，增加了210件药材及植物标本。

馆藏动植物标本的采集地已经由三北地区占主体，拓展到华东、华南、西南等地区，进而扩展到全国各地；动植物标本类群及所代表的生态类型也逐步增加，并趋于完整。

二、古生物化石采征集

北疆博物院的古生物化石藏品，虽然有其中国北方新近纪至第四纪（主要是第四纪）的经典特色，但仅代表的是中国北方新生代晚期的哺乳动物群的几个相近阶段。而馆藏的新近纪之前（含古近纪的更早时代）的化石几乎为空白，因此无论是在种类上、时代上还是地域上，收藏不均衡的劣势也极为明显，这是天津自然博物馆建馆之初古生物化石收藏上的一大软肋。

纵观70年来的古生物化石收集工作，其目标始终紧随当时中国各地的重大古生物发现。众所周知，我国是一个古生物化石资源极其丰富的国家，新中国成立后古生物学家发现了许多震惊世界的古生物群：寒武纪的云南澄江动物群；三叠纪的贵州海生爬行动物群；侏罗纪的云南禄丰龙动物群、四川蜀龙动物群和马门溪龙动物群；白垩纪包括辽西的热河生物群以及黑龙江、山东、新疆、内蒙古、河南、江西、广东等地的恐龙动物群，新生代的广东茂名始新世的无盾龟—马来鳄动物群、西北地区中新世的三趾马动物群、山东临朐中新世的山旺生物群、东北第四纪披毛犀—猛犸象动物群等。这些古动物群中的典型标本，都是我馆重点征集的对象，因为它们能够体现数亿年来生命演化历史的各个阶段。

古生物化石的收集同现生动植物一样，也主要是以采集、征集这两种方式来进行，亦有少量的捐赠接收。20 世纪 50 年代末至 90 年代初，馆藏古生物化石的补充以全国各地的野外采集为主，征集为辅，早期还有少量的国有收藏单位调拨等。90 年代中后期至今则基本上是以征购方式进行，尤其是 1998 年马场道 206 号新馆建馆前后（1997—2005 年）的征集工作达到了历年的顶峰，将近有 50% 的古生物化石标本被补充进馆藏，包括 30 多具恐龙化石骨架和模型。

我馆古生物采集工作最早可以追溯到 1958 年的大规模采集活动，当时在河北和湖北等地采集到古生物标本 259 件。之后，我馆陆续开展了多次古生物采集活动。其中，最值得一提的是 1958 年秋的云南禄丰盆地恐龙发掘，这是新中国成立后我馆在古脊椎动物化石方面成绩最为突出的一次野外科考工作。云南是我国古生物化石资源极为丰富的地区，从代表地球早期生命起源与大爆发的标志性动物群——寒武纪澄江动物群、古生代早期鱼类演化的鱼类动物群、到中生代早期的禄丰恐龙动物群、新生代动物群，再到早期人类演化代表的禄丰古猿，在古生物的研究史上均占有极为重要的地位。相对而言，云南禄丰地区则更是其中的一个化石宝库，1938 年卞美年在这里发现并发掘出我国的第一具恐龙化石——许氏禄丰龙（*L. huenei*）。时隔 20 年后，刚刚成立不久的天津自然博物馆，就把采集的目光瞄准了云南禄丰这个化石聚宝盆，派出了一支由陈瑾瑜、刘家声等人组成的野外小分队，前往云南、贵州的一些地区进行古生物化石的发掘和采集工作，其中禄丰盆地是重点考察地区，他们在此风餐露宿，艰苦搜寻，历经三个多月之久，最后在相距卞美年发掘的许氏禄丰龙约一公里处的张家洼地点，喜获一具长约 8 米的禄丰龙化石骨架，除头骨和颈椎遗失外，颈后骨骼保存完整。化石连同其他一些零星的化石标本（数枚肉食龙牙、兀龙肠骨等）随后被运回天津。1987 年，季楠同志研究鉴定该恐龙标本为巨型禄丰龙（*L.maganus*）。这是我馆正式入藏入展的第一具恐龙骨骼

1958 年　在云南禄丰张家洼发掘的巨型禄丰龙

化石，是我馆镇馆之宝，我馆成为继北京自然博物馆之后第二家收藏并展出恐龙化石骨架的博物馆，在我馆的恐龙科普宣传方面发挥了巨大的作用。另外，他们还在昆明附近的古生代地层里采集到一批三叶虫化石。1984 年 10 月，季楠和刘家声等人再赴云南禄丰，历时约 15 天野外工作，除了完成考察当时巨型禄丰龙发掘点位和确切层位外，他们还在川街等地新发现多个恐龙化石点，此次考察共发掘恐龙骨骼的散件化石标本近百件，其中还包含了一些原始蜥脚类的材料，总共用了 6 个大木箱通过火车运回了天津。

　　除云南外，还有数次规模较大的野外发掘。1958 年 10 月，在中国科学院的指导下，我馆与中央自然博物馆（现北京自然博物馆）合作，在山东青岛莱阳一带晚白垩纪地层里，获得了一批山东龙脊椎和肢骨化石、一件非常完整棘鼻青岛龙荐椎和肠骨化石和一件鹦鹉嘴龙头骨化石，另外还有数枚白垩纪恐龙蛋化石以及 120 余件无脊椎动物化石。1981 年 9—10 月，王尚尊、孙景云等 5 人赴唐山地区，即燕山南麓滦河之畔的滦县进行古人类及其文化遗物考古学考察，在燕山余脉的凹陇山的一个寒武纪灰岩的洞穴第四纪堆积层中，发掘出相当多的哺乳动物化石，包括啮齿类（阿曼鼢鼠）、偶蹄类（牛、鹿等）；奇蹄类（野马）和食肉类（狼、狐狸等）。此外，他们还在堆积物中出土了一些被火烧过的动物骨骼、带有砍砸痕迹的动物肢骨和碎片、少量的炭块等，这些材料的发现，说明在滦县泡石淀境内的凹陇山一带曾有原始人类生存过。同时，考察队还考察了燕山南麓的多个第四纪哺乳动物化石，发掘点包括滦县的窟窿山、迁安县爪村、唐山市郊的长山沟和长山南坡、河北抚宁平山采石场等，此次考察也收获了一批中更新世至晚更新世的动物遗骸化石。河北滦县的科考发掘，极大地丰富了我馆古人类伴生动物方面的馆藏，为我国北方滦河水系流域古人类的调查与研究作出了积极的贡献。另外这批丰富的古人类藏品的获得，促使我馆建立了单独的古人类藏品库房。

除了上述一些较大规模的古生物古人类的野外科考发掘外，我馆历年来还在全国各地进行过一些小规模的采集活动，比如在山东山旺中新世硅藻土层、贵州中三叠世海相地层发掘鱼、两栖、爬行、植物和昆虫化石（20世纪60年代）；在浙江发掘古人类化石100件（1978年）；在云南采集西瓦古猿桡骨1件（1985年）和恐龙及原始哺乳动物化石60件（1990年）；在天津蓟县地区采集古菱齿象象牙化石10余件（1986—2005年）；在陕西铜川采集晚古生代植物化石50件（1992年）；在蓟州区采集到中上元古界地层剖面典型岩矿标本100余件（2022年）等，不一而足。建馆后的历次野外采集活动，极大地丰富和充实了我馆各个地质时代、不同生物群的古生物化石馆藏。

除野外科考采集外，征集也是古生物藏品增加的一个重要途径。征集的方式主要是国有收藏单位的赠拨、有偿征购，以及部分的标本交换、海关移交和私人捐赠，这些征集标本极大地丰富了古生物馆藏的种类、时代和产地。1954年10月起至今，我馆通过各种方式先后从地质部陈列馆南京分馆、中国科学院古脊椎动物与古人类研究所、中国地质博物馆、中国科学院南京地质古生物所、北京自然博物馆等众多国有科研、收藏单位及个人处征集到古植物、古无脊椎动物、古脊椎动物、古人类、石器标本和少量模型近5000件（具），尤其是在

1981年 河北省唐山滦县泡石淀古人类考察发掘

1986年 天津蓟县官善村化石发掘

1999 年　蓟县大亨上乡挖掘

2009 年　宁夏中卫昆虫化石采集

2021 年　内蒙古萨拉乌苏石器挖掘

2022 年　蓟州区中新元古界地层剖面岩矿标本采集

1998年马场道206号海贝含珠场馆建成后的十年左右的时间里，当时馆领导班子对各类藏品的搜集更加重视，特别是加大了对恐龙骨架标本的征集力度，包括禄丰龙、马门溪龙、蜀龙、霸王龙、三角龙等国内外、可以代表中生代各时期的具典型代表的恐龙化石骨架和模型30余具，在河南南阳和淅川、湖北郧县以及江西赣州等地征集各类恐龙蛋化石340余件，共计570余枚，因此我馆也是国内自然博物馆中收藏和展出恐龙骨架和恐龙化石最多的综合性自然博物馆之一。另外，我馆也非常重视对一些热点的古生物群或古动物群的征集并投入了大量的征集经费，如寒武纪生命大爆发的云南澄江动物标本近140件，包含多个种类的典型分子；中三叠世贵州关岭海生爬行动物群标本180余件，如鱼龙、海龙、幻龙、贵州龙、海百合等；早白垩世辽西热河生物群的古植物、鱼、两栖爬行、带羽毛的恐龙和古鸟类、早期原始兽类以及昆虫等古无脊椎动物1000余件；西北地区中新世三趾马动物群哺乳动物化石数百件、化石骨架10多具；东北第四纪更新世披毛犀—猛犸象动物群哺乳动物骨骼散件化石近万件，化石装架10多具，包括披毛犀、猛犸象、野马、野驴、野牛。2017年，为了提升古脊椎动物展厅的展陈效果，我馆征集了9件来自摩洛哥和俄罗斯的三叶虫。这9件标本身体多刺，与我馆已有的板状三叶虫形成鲜明对比，立体展示效果极佳。2018年，我馆还通过"时空胶囊——精品虫珀主题大展"征集到176件缅甸琥珀。这批琥珀标本的加入，弥补了我馆在国外琥珀藏品方面的空白。70年来，天津自然博物馆所征集的化石标本基本涵盖了我国各地发现的古动物群中的典型类群。

除了古生物和古人类化石外，我们也积极征集地质岩矿方面的标本。早在1974年，天津市文化局文物处就为我馆调拨岩矿标本100件；1981年向温州永中化学工艺厂征集岩矿标本240件；1986年南极考察队赠送我馆南极岩石标本1件；之后我馆陆陆续续征集国内外各类岩矿标本400余件（套），如来自山西的阳起石、广西的黄铁矿、缅甸的翡翠原石及来自巴西的蓝纹玉、东陵玉等等。在这些征集中比较值得一提的是，2014年11月原冶金部地质研究院退休高级工程师任英忱老先生捐赠的我国特有稀土矿物大青山矿，这是任英忱老先生1982年在对内蒙古白云鄂博稀土矿床矿石物质成分分析研究时发现的一类新稀土矿物。另外，我馆还积极通过展览形式征集标本，先后通过"生态天津""天外来客——陨石主题展"等展览征集到肯尼亚橄榄陨石等岩矿标本数十件，目前我馆的陨石藏品种类及数量居天津科研院校、科普场馆的单位之首位。

多年来的藏品采征集，极大地丰富了天津自然博物馆的馆藏，为陈列展览和科研科普奠定了坚实的物质基础。截至目前，天津自然博物馆共收藏有国家一级保护动物130种600余件，国家二级保护动物200余种1500余件；国家一级保护植物20种110余件、二级保护植物160种870件；一级文物古生物化石30件，二级文物古生物化石147件。70年来，一代又一代的博物馆人历经艰辛，广纳奇珍、砥砺前行，为丰富自然博物馆的馆藏、科研和展陈教育做出了不可磨灭的贡献。"收集"是为了"传承"，"传承"是为了"发展"，新的历史时期，新一代的博物馆人将沿着老一辈工作者的采征集之路，脚踏实地，创新进取。

丰富馆藏 精品荟萃

1952 年以来，天津自然博物馆克服人员经费等多方面困难，本着"先沿海、次华北、再次全国、最后国外"的步骤，积极有序地开展了各类采、征集工作，采集不断由三北向江南，由随机朝定向系统发展，使藏品种类逐步齐全。1952 年至今，天津自然博物馆共收集动物标本 13 万余件（包含捐赠等），植物标本 3 万余件，地质古生物化石 4000 余件（套）。

一、古生物篇

中华人民共和国成立以来的古生物藏品包括古植物、古无脊椎动物、古鱼类、古两栖，以及包括恐龙化石骨架在内的古爬行、古鸟类等，共计 4000 余件（套）。这些藏品大部分来自各地质时代典型的动物群，如云南的寒武纪澄江动物群和早侏罗世禄丰恐龙动物群、四川的侏罗纪中晚期恐龙动物群、辽西的侏罗纪晚期至白垩纪早期的热河生物群、内蒙古和山东的白垩纪恐龙动物群等等。作为北疆博物院新时期自然延续的继承者和发扬者，古生物化石方面的馆藏优势迄今依然是以古哺乳动物化石为特色，基本涵盖了中国北方所有新近纪至更新世晚期主要古哺乳动物群，化石标本数量丰富、种类齐全，为古哺乳动物学研究及科普展览提供了重要依据。

（一）古植物

馆藏古植物标本共计 480 余件，均为 1949 年后征集。标本以蕨类植物、裸子植物、被子植物和叠层石为主，其中蕨类植物主要来自云南曲靖、陕西铜川、河南义马和河北滦县，叠层石主要来自天津蓟县，来自山东山旺的裸子植物和被子植物标本在藏品中占比最大。来自云南澄江动物群的藻类植物虽然数量不多，却是我馆古植物藏品的亮点。

叠层石
Chihsienella chihsienensis
地质时代 震旦纪
产地 天津蓟县
　　叠层石为前寒武纪最常见的一种标准化石，是由蓝藻等微生物的生命活动和沉积作用联合形成的一种生物沉积构造。该标本采自天津蓟县中元古代蓟县系铁岭组，距今约 10.5 亿年

硅化木
地质时代 中侏罗世
产地 辽宁
　　硅化木又称石化木，指已石化的植物次生木质部，其物质成分多已变成氧化硅、方解石、磷灰石、褐铁矿或黄铁矿等，如主要是氧化硅者则称为硅化木。木化石多保存原物的微细构造

（二）古无脊椎动物

　　天津自然博物馆馆藏的古无脊椎动物标本约有 1500 余件，几乎涵盖了无脊椎动物所有的门类，有原生动物、海绵动物、线形动物、腔肠动物、腕足动物、软体动物、节肢动物、棘皮动物和笔石动物等，时代自寒武纪一直到新近纪。这些标本不仅具有较高的展览价值，也具有一定的科研价值。

喇叭角石
Lituites sp.
时代　奥陶纪
产地　湖南

王冠虫
Coronocephalus sp.
时代　志留纪
产地　湖南

美丽修长蠊
Graciliblatta bella
时代　侏罗纪
产地　内蒙古道虎沟

眼蕈蚊
Sciaridae sp.
时代　白垩纪
产地　缅甸

（三）古鱼类、古两栖类

　　馆藏古生物化石中，古鱼类和古两栖类藏品为数不多，但是大多品相尚好，有些堪称精品，如古两栖类化石中的玄武蛙、奇异热河螈，古鱼类化石中的四川渝州鱼、桃树园吐鲁番鳕、刘氏原白鲟等。古两栖类藏品以山东临朐山旺早中新世化石、辽西热河生物群化石及内蒙古宁城早白垩世化石为主；古鱼类藏品以山东临朐山旺早中新世化石、辽西早白垩世热河生物群化石、贵州兴义中三叠世化石、云南及湖南泥盆纪化石为主。

四川渝州鱼
Yuchoulepis szechuanensis
时代　中侏罗世
产地　四川自贡凌家场

刘氏原白鲟
Protopsephurus liui
时代　晚侏罗世至早白垩世
产地　辽宁凌源

玄武蛙
Rana basaltica
时代　中新世
产地　山东临朐山旺

奇异热河螈
Jeholotriton paradoxus
时代　早白垩世
产地　内蒙古宁城道虎沟

（四）古爬行类和古鸟类

馆藏古爬行类动物及古鸟类化石，均为 1952 年之后的采集或征集所得。目前馆藏的古爬行类与古鸟类化石标本约 800 余件（具），其中爬行类化石主要为似哺乳爬行动物、恐龙及其遗物（恐龙蛋）和遗迹（恐龙足迹）、水生爬行类、翼龙类、龟鳖类、鳄类以及有鳞类等，基本上包括了所有爬行动物大的类别。

馆藏恐龙化石标本 200 多件（具），其中恐龙骨架标本 30 多具，另外还收藏了数量众多的较小型原地埋藏恐龙骨架化石和骨骼散件化石，恐龙种类丰富，几乎涵盖了中国所有恐龙化石的主要产地。值得一提的是，其中的一具巨型禄丰龙是馆藏最早恐龙化石的骨架标本，于 1958 年秋由馆内工作人员在云南禄丰采集而来，除头骨和颈部缺失外，颈后躯体及四肢化石都相当完整，具有极其重要的历史意义，为镇馆的馆藏之一。

贵州中三叠世关岭动物群的海洋爬行动物化石亦是馆藏的一大亮点，主要是贵州龙类、幻龙类、鱼龙类和海龙类等；此外，辽西地区早白垩世的淡水水生爬行动物，如潜龙、离龙类亦有不少的收藏。

鸟类化石的收藏主要来自辽西早白垩世的热河动物群，主要是孔子鸟、华夏鸟、辽西鸟等，亦有少量的长嘴鸟和大嘴鸟等，这些保存精美的古鸟化石为展示中生代鸟类的起源与演化提供了重要的藏品保证。

孔子鸟
Confuciusornis sp.
标本　古鸟化石
时代　早白垩世
产地　辽宁北票四合屯
体长　0.3 米
征集时间　1997 年

许氏禄丰龙
Lufengosaurus huenei
标本　恐龙化石骨架
时代　早侏罗世
产地　云南禄丰
体长　5 米
采集时间　1999 年

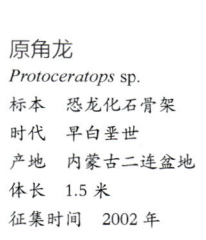

原角龙
Protoceratops sp.
标本　恐龙化石骨架
时代　早白垩世
产地　内蒙古二连盆地
体长　1.5 米
征集时间　2002 年

（五）古哺乳动物

馆藏古哺乳动物化石标本主要是以原北疆博物院桑志华于20世纪30年代中期采集的一批化石为基础，这批化石主要以山西榆社、甘肃庆阳、河北阳原泥河湾、内蒙古萨拉乌苏四个地点为主，这批标本为古生物学研究提供了有力的证据。1998年新馆建立后，我馆又补充了甘肃新近纪哺乳动物化石标本、我国更新世晚期具有代表性的东北第四纪猛犸象动物群化石标本等。在这些新征集的标本中有铲齿象、维曼嵌齿象、小梅特兽、巨鬣狗、松花江猛犸象、福氏（垂鼻）三趾马等，特别是三趾马化石标本，我们共征集到甘肃和政、陕西府谷地区三趾马化石标本共计15件，主要有头骨11件，其中有渭河（古）三趾马、平齿三趾马、福氏（垂鼻）三趾马、贾氏三趾马、腔脊三趾马头骨化石。北疆博物院时期收藏的三趾马动物群化石，属于我国北方三趾马动物群中时代偏晚（距今9百万—5百万年）时期，新征集和采集的部分标本主要是较早期（距今12.5百万—9百万年）的三趾马动物群的化石，填补了我馆该时期收藏的空白。到目前为止我馆现有馆藏三趾马化石标本共有6个亚属13个种。我馆三趾马化石标本不但数量多，而且种类也很丰富，在中国三趾马化石研究中占有重要地位。

此外，在甘肃、陕西和黑龙江等地征集和采集的化石不但保存完整而且种类丰富。这批标本除了头骨、牙齿、脊椎、肢骨外，还征集到了一批珍稀的完整骨架，目前我馆收藏的哺乳动物完整化石骨架共25具。这批完整化石骨架在填补我馆馆藏空缺的同时，为我馆古生物陈列展览增添了活力，提高了古生物陈列展览的可视性。

巴氏似剑齿
Homotherium palanderi
描述　头骨带下颌
时代　中新世晚期
产地　甘肃和政东乡

贾氏三趾马
Hipparion chiai
描述　头骨
时代　中新世晚期
产地　甘肃和政

平齿三趾马（左）
Hipparion platyodus
描述　完整骨架
时代　中新世晚期
产地　陕西府谷

普氏野马（右）
Equus przewalskyi
描述　完整骨架
时代　更新世晚期
产地　黑龙江青冈

猛犸象、披毛犀动物群

三趾马动物群

二、古人类篇

随着中华人民共和国的成立,中国古人类学和史前考古学翻开了崭新篇章。天津自然博物馆人继承发扬北疆科学精神,多年来南征北考,采集和发掘了许多珍贵的史前考古藏品,突破了北疆博物院旧藏囿于中国北方地区的局限,藏品出土地涵盖至江浙、云贵等地的多处重要遗址,标本包括灵长类(含人类)化石及旧、新石器时代人工制品等,总计近千件。

禄丰古猿是发现于中国的古猿化石,生存的地质时代为晚中新世,距今约 800 万年前。1985 年 3 月 21 日,天津自然博物馆古生物组在云南发掘到几件古生物化石,其中就包括这件禄丰古猿桡骨(近端一段)。当时我国发现的禄丰古猿肢骨标本极少,桡骨标本属于首次发现,至今为止还未有其他新的发现,国内仅此一件。该化石标本的发现,填补了肘关节化石的部分空白,具有重要的研究意义。

禄丰古猿
Lufengpithecus lufengensis
描述　桡骨(近端一段)
时代　中新世晚期
产地　云南禄丰石灰坝

三、岩石矿物篇

岩石矿物标本是天津自然博物馆藏品的重要组成部分，共计 2000 余件（套）。在原有北疆博物院时期岩矿藏品的基础上采、征集到的陨石、南极石、大港岩芯标本以及新矿物大青山矿和黄河矿等，均具有重要的科研、收藏、展示价值。

南极石—闪长玢岩
采集地　南极

岩石上生长着低等植物——枝状地衣。该标本是 2007 年 10 月—2008 年 4 月我国第 24 次南极科考采集，由雪龙号极地考察船带回中国。2014 年 3 月 26 日南开大学生科院石福臣教授赠予天津自然博物馆，2014 年 10 月 15 日中国地质调查局天津地调中心王惠初研究员鉴定为闪长玢岩

南丹陨石
采集地　广西南丹

陨石是人类认识太阳系及其形成与演化过程的珍稀实物标本。据文献记载，南丹陨石于 1516 年（明朝正德十一年）陨落，量大面宽，是非常罕见的"天外来客"。该标本 2004 年 11 月 19 日由广西自然博物馆赠予天津自然博物馆

大港岩芯标本
采集地　天津大港马棚口

该套沉积物柱状岩芯标本是 2013 年 12 月 13 日在天津市大港区子牙新河河堤边通过钻井取芯钻取，是渤海湾西岸 2 万多年来沉积环境演化和海陆变迁历史的实物见证

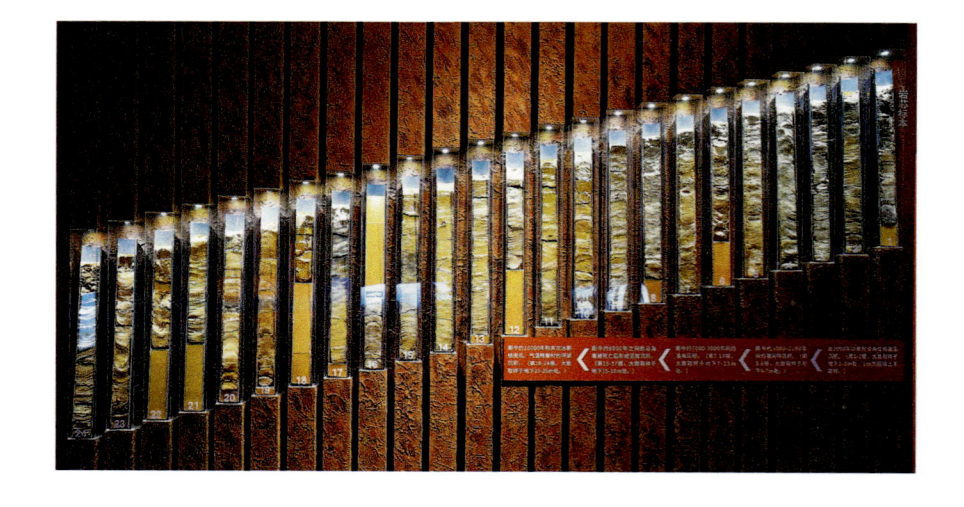

四、动物篇

中华人民共和国成立以来，天津自然博物馆的业务人员在历任馆长的带领下，先后开展动物标本采征集近 200 次，足迹遍布全国各地。共收集海洋无脊椎、昆虫、鱼类、两栖爬行以及鸟兽类标本 13 万件，这些标本中有许多珍、稀、奇的标本，包括阳彩臂金龟、鹦鹉螺、文昌鱼、中华鲟、白鲟，水中兽类儒艮（美人鱼）、扬子鳄、小温鲸、金雕、白尾海雕以及大熊猫等。从标本类型上说，既有生态标本，又有假剥制标本，还有浸制标本、骨骼标本、动物角以及卵和鸟巢等。极大地丰富了藏品，同时为科研科普奠定了坚实基础。

（一）无脊椎动物

1949 年后天津自然博物馆为丰富馆藏进行了多次野外采集，对渤海、黄海、南海等海域实地考察；并通过多种渠道征集贝类、珊瑚等标本用于陈列，为展览增添绚丽的色彩。

黄金宝贝
Cypraea aurantium (Gmelin)
壳长　90mm

宝贝科种类多，数量大。但黄金宝贝，现只有少量栖息在印度洋—太平洋的珊瑚礁外侧，依然奉为珍品，具有较高收藏价值

龙宫翁戎螺
Entemnotrochus rumphii (Schepman)
壳宽　200mm

龙宫翁戎螺是翁戎螺中个体最大的一种，其圆锥的贝壳上有鲜艳的火焰状花纹。该种是翁戎螺中的稀有种，有"贝类之王"的美誉。分布于我国东海、南海；日本、印度尼西亚、菲律宾

（二）昆虫

中华人民共和国成立后，天津自然博物馆的业务人员分批次对中国南部广大地区进行了调查和采集，增加了海南、广西、四川、福建等地区的标本10万余件。这些标本保存完好，与北疆博物院时期的标本遥相呼应，弥补了我馆昆虫标本在中国南方地区的空白，具有很高的科研价值和观赏价值。

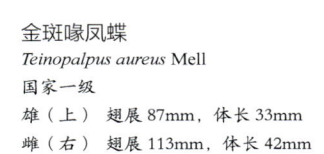

金斑喙凤蝶
Teinopalpus aureus Mell
国家一级
雄（上）　翅展87mm，体长33mm
雌（右）　翅展113mm，体长42mm

漆刺肩同蝽
Acanthosoma acutangulata Liu
采集时间　1977年6月22日
采集地点　湖北神农架松柏
采集人　刘胜利
副模

长角瘤虻
Hybomitra longicorna Wang
采集时间　1963年6月25日
采集地点　四川宝兴硗碛
采集人　熊江
正模

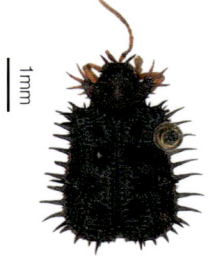

五刺叉趾铁甲
Dactylispa (*Tr.*) *quinquespina* T'an
采集时间　1958年5月23日
采集地点　云南西双版纳勐康
采集人　程汉华
正模

160　　　百年辉煌

（三）鱼类

　　1949年后的鱼类标本主要来自于野外采集，涉及区域主要有黑龙江、吉林、辽宁、广西、京津冀地区等，以北方为主。另有一部分来自于征集，其中不乏来自南海的珊瑚礁区鱼类。在馆藏鱼类标本中，有国家一级重点保护物种中华鲟，国家二级重点保护物种姥鲨、噬人鲨、胭脂鱼、莫氏海马、小眼金线鲃 5 种。

小眼金线鲃
Sinocyclocheilus microphthalmus
国家二级；模式标本

中华鲟
Acipenser sinensis
国家一级；CITES 附录 Ⅱ

噬人鲨
Carcharodon carcharias
国家二级；CITES 附录 Ⅱ

（四）两栖爬行标本

1949 年后的两栖动物标本主要来自从 20 世纪 50 年代至 80 年代的多次采集活动。采集地点除天津周边的郊县之外，还有四川、贵州、广西、福建、海南和新疆等地。其中有国家二级保护动物 4 种：大鲵、山溪鲵、红瘰疣螈和峨眉髭蟾。

1949 年后的爬行动物标本除了从天津、河北、四川、贵州、云南、广西、广东、福建、海南和新疆等地采集的之外，还有一些为新馆布展征集的剥制标本，以龟鳖类为主。标本中有扬子鳄、四爪陆龟、玳瑁、棱皮龟、斑鳖、鳄蜥和圆鼻巨蜥等 10 种国家一级保护动物；平胸龟、黄缘闭壳龟、山瑞鳖、大壁虎、蟒蛇等 14 种国家二级保护动物。

蟒蛇骨骼
Python bivittatus
国家二级；CITES 附录 II

大鲵
Andrias davidianus
国家二级；CITES 附录 I

斑鳖
Rafetus swinhoei
国家一级；CITES 附录 II

（五）鸟类

1949 年后的鸟类标本来源多样，覆盖广泛，种类丰富。除天津本地物种外，还有在黑龙江、河北、甘肃、陕西、贵州、四川、江西、福建、浙江、广西、海南等地采集、征集或接受捐赠的标本，其中包括国家一级重点保护物种 42 种，国家二级重点保护物种 101 种。一些物种的野外数量已非常稀少，如青头潜鸭、白鹤已被世界自然保护联盟（IUCN）红色名录列为极度濒危物种（CR）。

除常规的生态标本外，还从各地采征集了丰富的鸟巢鸟卵标本和部分骨骼标本，在丰富馆藏和展示类型的同时，也更加全面地体现了鸟类生态的多样性。

鸟巢鸟卵标本

白鹇
Lophura nycthemera
国家二级

白琵鹭
Platalea leucorodia
国家二级；CITES 附录 II

下篇／天津自然博物馆

灰鹤
Grus grus
国家二级

金雕
Aquila chrysaetos
国家一级

东方白鹳骨骼

东方白鹳
Ciconia boyciana
国家一级

（六）兽类

　　1949年后的兽类标本有263种，800余件，以形态标本为主，另有少量小型啮齿类动物的假剥制标本和大型哺乳动物的骨骼。除了在甘肃、青海、天津等地采集的标本，还有一定数量的捐赠标本，来自北京、天津和哈尔滨等地的动物园、救助站和外国机构。其中包括大熊猫、东北虎、藏羚、亚洲象、川金丝猴、梅花鹿等国家一级保护动物，以及小熊猫、赤狐、雪兔、狼、北山羊等国家二级保护动物。

　　小象"米杜拉"，被誉为友谊的使者。它是1972年6月，斯里兰卡总理访华的时候，以斯里兰卡儿童的名义向中国儿童赠送的。在斯里兰卡的僧伽罗文中，"米杜拉"是"朋友"的意思。1979年，米杜拉来到天津动物园，2008年病逝后，被捐赠给了自然博物馆。

亚洲象
Elephas maximus
"米杜拉"
国家一级；CITES 附录 I

藏羚
Pantholops hodgsonii
国家一级；CITES 附录 I

东北虎
Panthera tigris altaica
国家一级；CITES 附录 I

大熊猫
Ailuropoda melanoleuca
国家一级；CITES 附录 I

川金丝猴
Rhinopithecus roxellanae
国家一级；CITES 附录 I

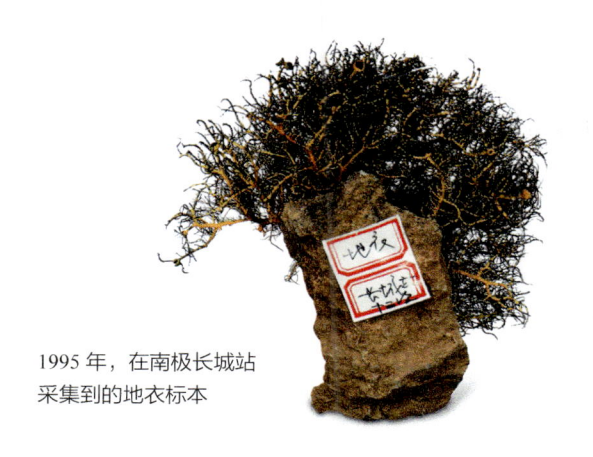

1995年，在南极长城站采集到的地衣标本

征集的灵芝标本
Ganoderma lucidum (Curt.:Fr.) Karst

鳞叶藓
Taxiphyllum taxirameum (Mitt.) Fleisch.
　　国内分布于长江流域各省。国外分布于亚洲东南部和日本。常生于阴湿土壤或岩面薄土上，也生于树干基部，常成大片群落。全草药用，止血敛疮。该标本采于天津蓟县八仙山

五、植物篇

　　70年来，从白雪皑皑的长白山到葱茏郁翠的尖峰岭，从景色秀美的武夷山到巍峨磅礴的昆仑山，我们的植物工作者在辽阔的绿色植物王国中兢兢业业，披荆斩棘，先后采、征集到植物标本3万余件。从地衣、苔藓，到蕨类，再到种子植物，类群齐全，尤其是种子植物标本收藏就由原来北疆博物院时期的150科增加到了202科，植物区系地理分布涵盖了寒温带针阔叶混交林、温带落叶阔叶林、亚热带常绿阔叶林、热带雨林等生态系统。

（一）菌物地衣标本

　　中华人民共和国成立之后，通过采集、征集和交换的方式，天津自然博物馆共收集到真菌地衣标本159号。其中，真菌152号（多孔菌64号，伞菌60号，其他真菌28号），地衣7号。采集地有天津八仙山、四川峨眉山、云南勐宋、福建武夷山、海南尖峰岭、西沙永兴岛、南极长城站。其中，最主要的采集集中在2006—2007年间的八仙山，共采集真菌标本128号，地衣标本4号。

（二）苔藓标本

　　天津自然博物馆成立后，新增馆藏苔藓植物标本500余件，这些标本主要来源于我馆工作人员20世纪60年代赴河北蓟县，以及七八十年代赴新疆、福建武夷山的采集活动。这些标本虽然数量不多，但极大地丰富了馆藏苔藓植物标本的收藏范围。

下篇／天津自然博物馆

（三）蕨类标本

天津自然博物馆成立后，加强了中国南部地区，如四川峨眉山、云南玉龙雪山、福建武夷山和贵州荔波等地标本的采集和征集工作，从这些地区采集的蕨类标本共计 905 件，虽然数量不多，但种类却占据了整个馆藏蕨类标本种类的 52%。这其中增加了一些仅产于热带和亚热带的科属如瘤足蕨科、凤尾蕨科、桫椤科等。

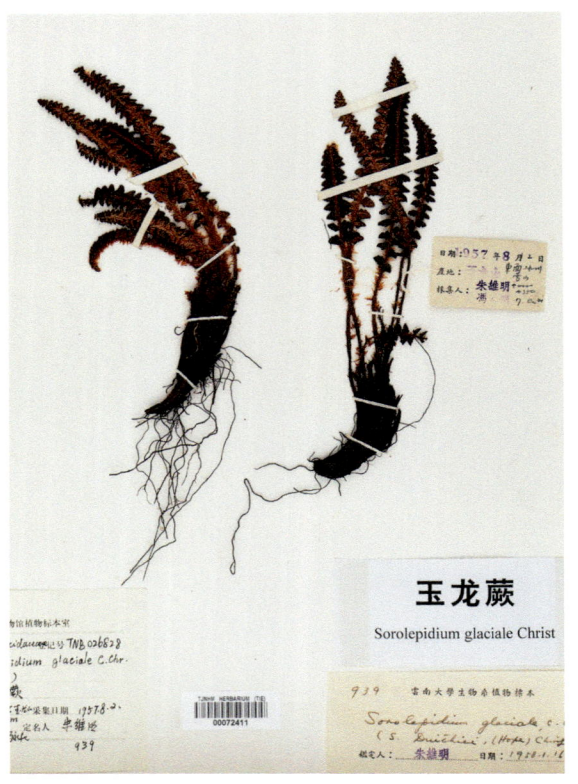

玉龙蕨
Sorolepidium glaciale Christ
　　主要分布于西藏、云南及四川三省毗邻的海拔 4000—4500 米的高山上，为稀有植物。该标本由云南大学植物学家朱维明 1957 年采于云南丽江玉龙雪山，后由云南大学捐赠而来

桫椤
Alsophila spinulosa (Wall. ex Hook.) R. M. Tryon
　　国家二级野生保护植物。桫椤科植物是现今发现的唯一的木本蕨类植物。中生代曾在地球上广泛分布，因此有"蕨类植物之王"赞誉。对重现恐龙生活时期的古生态环境，研究恐龙兴衰、地质变迁具有重要参考价值，有"活化石"之称。

（四）种子植物标本

1949年以后，通过采集、征集和交换的方式，增加种子标本收藏近3万件。这里有专项科学考察采集所得，如20世纪五六十年代赴青岛和山西东南部采集，70年代赴西沙群岛、80年代赴福建武夷山等地采集，90年代初赴西藏采集；也有为植物展览专门搜集的标本，如南下海南岛、北上长白山、东赴青岛海滨，西至甘肃民勤、青海西宁等地，采集或征集的代表不同生态类群的植物标本。从1975年起到80年代初期，为充实馆藏地区性标本，突出地方特点，收藏了天津植物标本152科、657属、1035种约4300件，并建立了天津植物专柜，为《天津植物志》的编写提供了大量的凭证标本。进入21世纪后，专业人员还在天津八仙山自然保护区、天津地区湿地考察中采集植物标本，补充部分标本种类空白。此外，还有从四川大学、贵州等单位或地区征集而来的植物标本。

西藏锦鸡儿
Caragana spinifera Kom.

产自西藏、青海，生于山坡灌丛、山前。该标本是我馆李欣1992年5月随中国科学院植物研究所古植物组前往西藏珠穆朗玛峰自然保护区进行考察时在定日县至吉隆县途中采集

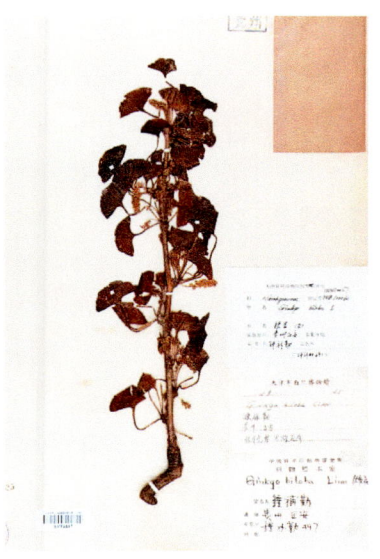

银杏
Ginkgo biloba L.

银杏为裸子植物的典型代表，第三纪孑遗植物，被称为"活化石"

该标本由天津自然博物馆从中国科学院植物标本馆征集而来，由钟补勤于90年代采自贵州正安，此标本为银杏雄株，雄球花明显

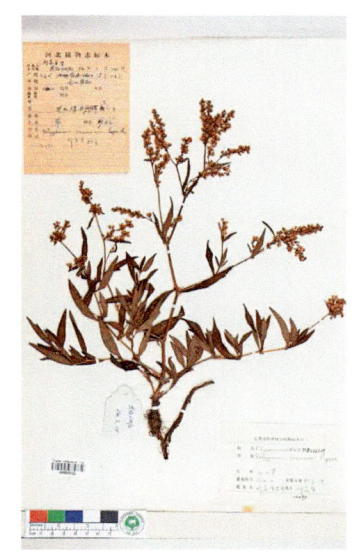

白山蓼
Polygonum ocreatum L.

多年生草本。产自吉林及内蒙古东部，在蒙古、俄罗斯也有分布。生于山坡草地、山谷湿地，海拔1400—2500米处

该标本为刘家宜等人1984年7月24日在海拔2000米的吉林省长白山高山草甸采集

管理保护 日趋完善

藏品是博物馆活动的基本保证。高质有效地对藏品进行管理与保护是博物馆进行科学研究、策划陈列展览和开展宣传教育等工作的前提。七十年来，天津自然博物馆在藏品管理和保护养护方面做了大量细致的工作，并取得了显著的成绩。

一、规范藏品管理

（一）藏品接收建账

1952 年，天津自然博物馆成立，在人员、物质条件均不齐备的情况下，当时的主要工作就是恢复、整理和清理家底。遵照"各按系统，自上而下，原封不动，先接后管"的方针，我馆开始接收原北疆博物院的工作。12 月 1 日，完成标本清册，办理完毕移交手续。据当时统计，有化石 12225 件，动物标本 145311 件，植物标本 61659 件，另有图书 15752 册。标本具体情况尚不十分清楚，有待进一步整理。

天津自然博物馆立足于当时的情况，聘请了中国科学院古脊椎动物研究室、动物标本室、昆虫研究室、植物研究室的专家林镕、杨钟健、郑作新、寿振黄、陈世骧等人来馆实地考察，了解馆藏标本情况。经过调研后，专家们对我馆的标本整理工作给出了指导性的意见。1953 年起，我馆有序开始了细致的藏品整理排架，建账建卡工作。1956 年，文化部《关于博物馆事业十二年远景规划》中要求：1958 年以前各博物馆彻底完成清理藏品工作，在此基础上，同时完成对有研究参考价值的藏品的分类编目工作；五年内做到妥善保管，取用方便，库无积压，随到随编。从 1953—1956 年，我馆依次完成了脊椎动物、高等植物、昆虫等类群的草账，至 1957 年除个别种类外都做出了草账。

1958 年，用时 3 个月整理标本 21 万件，建立总账，库房卡、分类卡及标本卡，基本上做到了保管妥善、取用方便。

1962 年在清理核资的基础上，通过清点库房标本，对馆藏情况作了进一步的核查：藏品总数 28 万件，其中接收原北疆博物院藏品 23 万件，新采集标本 5 万件。

（二）逐步建章立制

健全的规章制度，是顺利开展日常藏品整理工作的重要保证。1958年4月15日，市文化局制定了天津历史博物馆、天津市艺术博物馆、天津自然博物馆保管工作办法，规定了藏品的入藏、编目、提取、流转、注销和统计办法，使得保管工作开始有章可循。

1963年，我馆邀请裴文中先生鉴定标本，他为工作人员讲授了"怎样进行藏品定级"。裴文中先生曾讲道："研究古生物的，最先发现的泥河湾三门马，他当时发现三门马这个新种时用了几个标本，其中一个保存很好的是正模式标本，其他几个是副模式标本，发表材料时绘了图，照了相，也有测量记录，定为新种的这些模式标本都应称作一级。"

1964年9月15日，萧采瑜馆长在我馆座谈会上作了关于标本鉴选工作的报告。报告中指出："模式与级不一定相同，模式这是科学上的问题，一二级是保管制度的问题，这两者又有联系，也有区别。一个'新种'是根据'正模'这个标本描述的，因此这个标本就宝贵，就有价值。一级和二级是保管问题，这与科学性有联系，也有区别。如果是非常稀有，不为'模式'，如古生物的二号剑齿虎头骨，从科学上看不是个'新种'，也就是三级品，但因为这个种在我国比较稀少，可以定为一级。"

1965年8月，中国科学院古脊椎动物与古人类研究所、北京自然博物馆馆长杨钟健教授来我馆参观座谈

1979年5月，中国科学院古脊椎动物与古人类研究所裴文中先生来我馆参观座谈

裴文中先生和萧采瑜馆长关于标本定级标准和方法的讲话，对当时的标本鉴定、整理和定级工作起到了重要的指导作用，使我馆保管工作逐步走向科学化和规范化，解决了当时藏品整理分级工作上的认识模糊和无章可循的混乱情况。

1964年，我馆制定了《天津自然博物馆关于藏品分级登账手续和账册卡片的格式》，规定了藏品分级的标准，藏品卡片及账册的格式。根据这个标准，从馆藏哺乳动物化石、无脊椎动物、昆虫、苔藓植物、种子植物标本中鉴选出一、二级标本1200余件。我馆又制定了《天津自然博物馆藏品保管暂行办法》，具体规定了藏品的接收、登记、编目、提取、注销、统计等管理手续和办法。自此，我馆的藏品保管和分级工作开始有章可循并逐步纳入轨道。特别是关于藏品分级标准至今仍然沿用。循此原则，我们多年来尽力做到"妥善保管，科学分类，合理使用，取用方便。"

1985年，天津自然博物馆实行了按学科、门类包干负责的办法，将馆内所有藏品，按学科分为动物、植物、古生物及古人类等专业组，每个组又按门类分为若干大类。业务人员既负责科研科普，也负责所管藏品的整理和保养。库房管理制度和藏品管理条例也进行了相应的补充和修改。这些制度涉及到人员进出库登记制度、标本进出库制度、标本提取和注销制度、标本库及钥匙封存制度、标本分级管理制度，等等。

《天津自然博物馆保管工作条例（试行）》和《天津自然博物馆一级标本鉴选标准》（1985年）

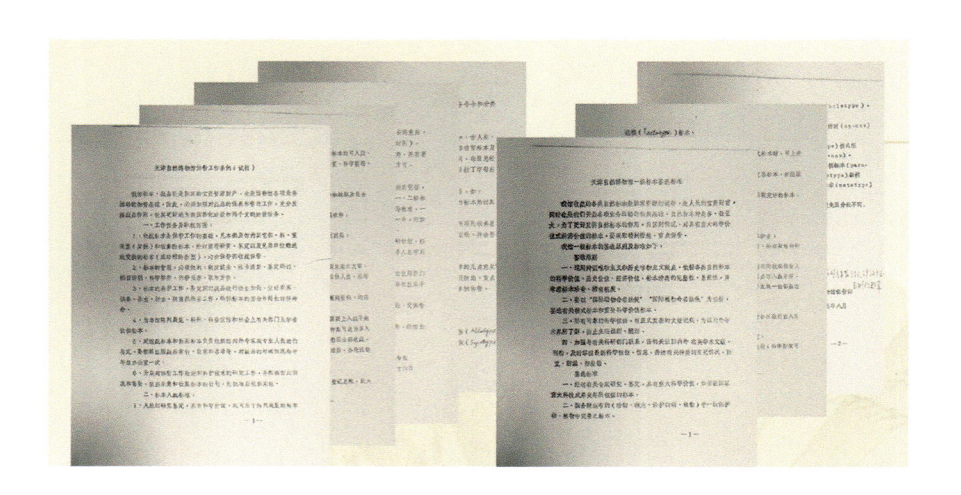

为了加强对藏品的统一管理，1988 年，天津自然博物馆建立了总账工作室，由专人负责入藏标本建账工作。同时，开展了古生物、古人类、动物、植物以及岩矿标本的统一编号工作，要求每件标本建立顺序卡和分类卡，并进一步完善馆藏标本的建档工作。同年，根据文化局"关于清理文物图书工作"的指示，天津自然博物馆用了一年的时间对馆藏图书资料做了彻底清查登账，基本摸清了馆藏图书资料情况。之后，还补充鉴选了古生物、古人类、动植物一二级标本 100 余件。

2014 年 1 月 25 日天津自然博物馆文化中心场馆正式开放。随之，我馆的各项规章制度的修订也全序启动。2019 年，随着机构改革调整，天津自然博物馆全面启动了规章制度的调整、完善、补充、修订工作，与藏品相关的各项规章制度也相应地进行了调整和修改，于 2020 年正式实施。

（三）藏品数字化建设

为更有效地管理、保护和利用好藏品，天津自然博物馆业务人员有重点有顺序地开展了藏品管理的数字化建设项目。

1998 年启动了藏品信息计算机管理项目，业务人员开始将藏品信息录入电脑，截至 2010 年前，完成了古生物、植物和部分动物藏品的信息录入。

2010—2013 年期间，天津自然博物馆准备迁建天津文化中心，业务人员对藏品重新进行了核对盘点，同时继续开展了未完成的藏品总账工作，先后完成了古生物和部分植物的总账。

2013—2015 年，我馆参与了国家科技部"国家标本平台建设"子项目"天津自然博物馆植物标本数字化与信息共享"项目。我馆与中国科学院植物研究所合作，将馆藏的 7 万件植物标本数字化并上传至国家标本平台。在项目的实施过程中，专业人员克服了人员少、标本历史长、手写拉丁名不易识别等困难，经过三年时间努力，于 2016 年

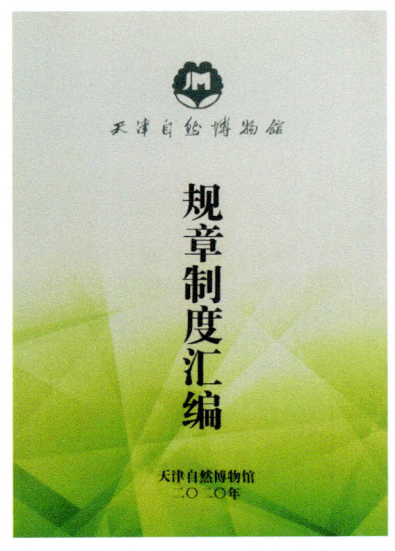

《天津自然博物馆规章制度汇编》
（2020 年）

第一次全国可移动文物普查获奖奖牌

通过审核。该项工作促进了我馆标本管理和保护建设，发挥标本作用，拓展了面向公众科普的渠道。

2014—2015年期间，天津自然博物馆参与了第一次全国可移动文物普查工作。为保证能够按时并保质保量地完成这项工作，全馆职工团结一心，齐心协力，加班加点，先后成立了"一普"办公室和领导小组，组织了多次馆内业务人员的相关培训，并抽调馆内员工、充实"一普"工作队伍，确保按时按质完成全馆38万余件（号）藏品和账务的梳理与照片拍摄，并上交国家文物局信息中心。之后，又根据国家文物局的要求和我馆的实际情况，对藏品及相关信息进行了调整，最终共采集藏品362859件（号）。我馆获得"第一次全国可移动文物普查先进集体"荣誉称号。

2017—2018年期间，天津自然博物馆启动了藏品数字信息管理系统建设项目，依托新一代数据库程序设计语言及条码识别技术，搭建天津自然博物馆第二代藏品数字信息管理平台，完成了馆藏一二级标本的数字信息录入及珍稀标本出入库自动化识别登记全流程管理，为进一步全面提升藏品管理自动化水平打下基础。

2018年，我馆又参与了国家科技基础标本平台"省级数字标本馆"项目首批试点，主持"天津数字植物标本馆"项目，对我馆和全国标本馆收藏的1.4万件天津地区植物标本审核鉴定，建立网上可查询、检索植物标本数据库。截至2021年底，已完成全部数字化标本审核，1451种物种描述和3500余张生态图片上线，初步打造了天津植物分类学研究和科普的网上平台。

由于新馆迁建及改陈，再加上北疆博物院旧址重新开放，天津自然博物

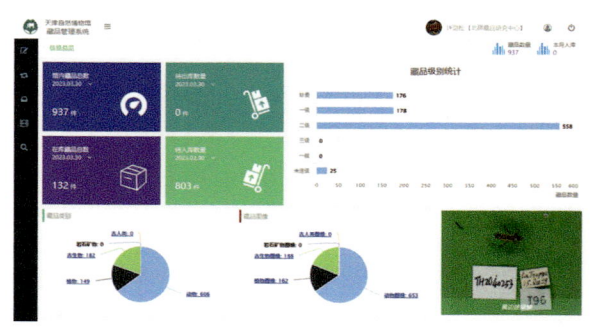

天津自然博物馆藏品数字信息管理系统

天津数字植物标本馆

2023 年　披毛犀头骨化石标本三维扫描

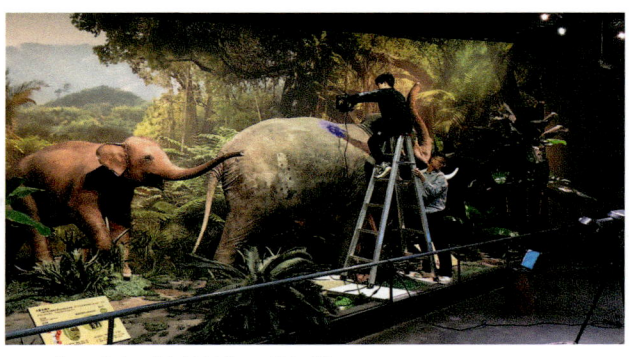

2023 年　大象"米杜拉"三维扫描

2024 年 7 月，《寻梦巨龙》沉浸式数字展

馆的藏品位置的其他的信息也相应地出现了变更。之后的几年中，业务人员重新对藏品进行了整理排架统计和信息核对修改等工作。2021 年底，天津自然博物馆完成了近 40 万件（号）藏品总账工作并打印装订成册。2022 年我馆首次推出了两款数字藏品：亚洲象米杜拉和似锯齿似剑齿虎化石；2023 年我馆完成馆藏 400 余件精品标本的二维影像采集及 100 件珍贵标本三维影像采集、扫描和建模等工作，并陆续在我馆网站向观众进行展示。2024 年 7 月，我馆与上海睿宏文化传播公司联合打造 600 平米的《寻梦巨龙》沉浸式数字展。数字展由科普体验区、数字交互长廊、主 Show 数字剧场、尾厅组成。数字展以中国巨型恐龙的演化为展示内容，由国内顶尖科学家担任顾问，通过 8 只最大体长达 38 米的巨型恐龙的表现，展示了最新发现与科研成果。展览融合了科学家与数字艺术家的创意，以科技赋能，应用数字建模、互动技术、AI 算法和先进的大空间影像技术表现出壮丽的视觉效果，结合全景声声场设计，营造震撼的沉浸式体验，2024 年 9 月份正式推出。这个展览既是中国首个巨型恐龙演化的沉浸式数字展，也是中国首个自然类博物馆的沉浸式数字空间。

二、动物标本制作

生物标本是自然博物馆的收藏、科研及传播生物学知识等各项工作无可替代的物质基础。每一件标本从采集征集到制作养护等皆凝聚了博物馆几代人的心血、智慧和劳动；不仅记录了它们自身的信息，也记录了博物馆几代人不懈努力的轨迹。

动物标本从采集（征集）、制作到后期养护需经过一系列复杂的处理，如剥皮、制作、防腐等工艺。其制作水平是衡量一个博物馆软实力的重要标志之一。动物标本制作不仅要求制作者具备很强的动手能力、动物解剖学的专业知识、较强的绘画和造型能力，还要了解制作材料的性能及皮张处理的专业技能。我馆的历代标本制作人员勤于钻研，刻苦磨炼，练就了扎实的标本制作基本功，也为天津自然博物馆的标本制作质量和制作水平在我国同行业内始终名列前茅奠定了坚实的基础。

（一）沿用传统：20 世纪 90 年代前的标本制作

1956 年前馆内收藏的标本大多由外国人制作，主要制作方法参考了国外的假体制作法和填充法，代表性标本为梅花鹿、东北虎及盘羊头等，大多保存在北疆博物院。该阶段的标本制作中由于使用天然材料、天然防腐药物等，故被认为是传统的制作法。

在 20 世纪 50 年代初期，天津自然博物馆组建了动物标本制作队伍。他们怀着第一代博物馆人的责任和愿望，从无到有，刻苦钻研，克服条件艰苦、设备简陋等各种困难，书写着第一代技术队伍的历史。在技术手段中沿用了传统的标本制作方法、制作材料和制作工艺，出色地完成了大量的任务。如：我馆 1959 年的大型动物陈列中，全部使用了他们制作的动物标本。之后，标本技术人员又制作了许多鸟类和兽类标本，如 1959 年制作的小鳁鲸、1963 年制作的长颈鹿、1973 年制作的亚洲象等，这些标本无不浸透着第一代标本技术工作者的心血。

1970 年后，标本技术队伍不断发展壮大，技术力量也日渐雄厚，随着南海采集，技术人员完成了相关的南海生物标本的制作，同时也为其他兄弟博物馆、保护中心制作了大量标本。标本制作技术也从单一地沿用，开始新的探索和尝试，如空心假体标本试制、小型鱼类骨架标本的透明染色，标本义眼新材料研究等等。在 90 年代后期的皮张鞣制环节采用了酒精等防腐药物替代了明矾和食盐，塑造动物五官时也在石膏中加入了榆树皮粉。这个时期制作的代表性标本有亚洲象、长颈鹿、鲸、犀牛、金钱豹、蟒蛇、金雕、天鹅等。

由于天津自然博物馆在标本制作中取得的突出成绩，1981 年中国自然科学博物馆协会将技术专业委员会挂靠在我馆，由时任天津自然博物馆馆长的博物馆学专家黑延昌馆长担任第一任技术研究会主任。

1977年　制作鸟类标本

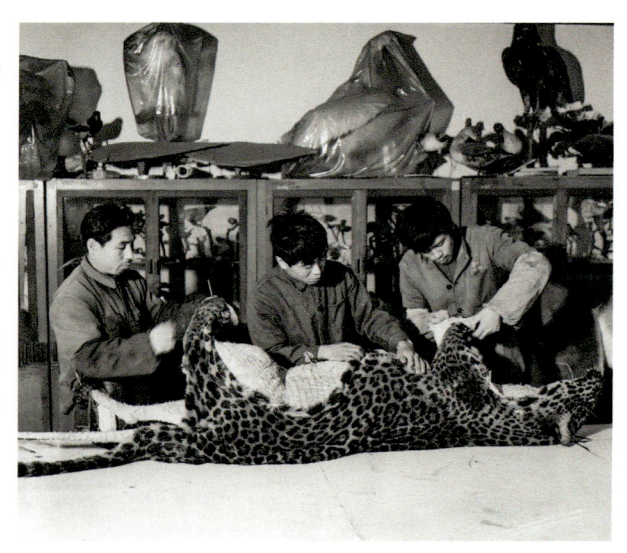

1979年　制作美洲豹标本

（二）继承发展：现代动物标本制作

现代动物标本制作技术在我国系统地传授和推广，是由中国自然博物馆学会组织实施的。1990年6月，自然博物馆协会技术专业委员会在天津举办了首次现代剥制技术培训交流会。2000年10月，自然博物馆学会技术委员会在天津举办了"第六届全国动物剥制技术研讨会"，并同时举办了两期技术培训。为切实加强标本技术的交流发展，技术委员会创办的《中国标本技术通讯》刊物于2000年11月创刊。

2006年，第八届全国博物馆动物标本技术培训班在大连举行，芬兰Istidsmuseet博物馆馆长、剥制标本制作专家艾瑞克教授在此次培训会上向学员讲授了动物标本剥制术的起源、沿革和发展现状以及国际标本技术理念、动物标本技术和博物馆展示手段的有机结合。并结合现场实际操作讲授雕塑法制作哺乳动物标本的过程，演示水獭、松鼠和环颈雉标本制作过程，使参会学员们了解到国际先进标本技术工艺。

此后，雕塑法制作标本技术正式引入天津自然博物馆，制作材料也采用现代工业材料（树脂、液体聚氨酯等），皮张采用现代的鞣皮制革工艺，这种制作工艺的优点是在正常环境下制作的标本能够基本不变形、不开裂。该阶段的代表标本为麋鹿、鸵鸟、东方白鹳、绿头鸭、朱鹮等，这些采用新技术制作

1981年 制作长颈鹿标本

1984年 制作小熊猫标本

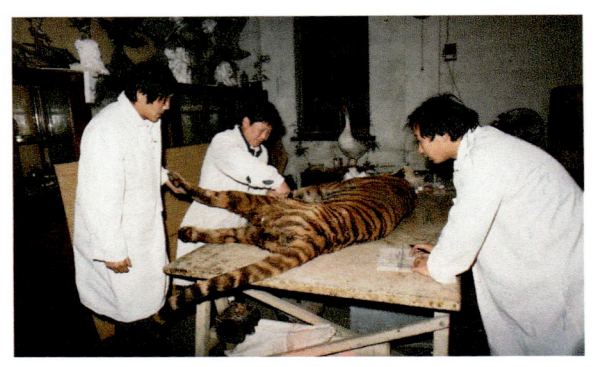

1986年 测量东北虎准备制作

1999年 制作大熊猫标本

2003年 制作的标本假体

2004年 修复姥鲨标本

的标本大多都应用于天津自然博物馆的陈列展览中。

历经几代标本技术工作者的不懈努力，制作完成了大量的动物标本，几乎包括了脊椎动物的所有类型，如陆生最高动物——长颈鹿，海洋最大的哺乳动物——鲸，以及亚洲象、东北虎、雪豹、天鹅、丹顶鹤、太平鸟等。这些标

2017年 第十二届全国动物标本修复与养护培训现场演示

本的制作工艺、水平、质量皆在当时已达到很高的水准。可以说，天津自然博物馆在标本制作领域有着自己的特点和风格，如：严格按照标本制作程序制作标本的优良传统，着意于标本神态塑造的鲜明特点，以及保证制作高品位标本的精良做工的基本要求等。

作为中国自然博物馆协会技术专业委员会主任单位，天津自然博物馆又先后于2012、2016、2017年等多次举办"全国动物标本修复与养护"培训班。尤其是2017年的"第十二届全国动物标本修复与养护"培训班，秉承"集百家之所长，融百家之所思"的理念，以"制作与养护"为主题，通过为期5天的培训，扩展了动物标本制作领域、增强了从业人员的业务知识、了解了国内外标本业现状、提高了自身的标本制作水平。同时，还特别举办了"第一届标

2017年 "鸟类天地·永恒之美"标本大赛获奖作品

《一眼瞬间》　　　　　《凝》

下篇 / 天津自然博物馆

本制作展示——鸟类天地·永恒之美"标本大赛，我馆5名专业技术人员参赛并获奖。评选综合考虑了专家和观众的意见，赛后还在我馆一层展厅科普创客中心向观众展出。

另外，针对一些皮张受损的鸟类和兽类，我们根据实际情况将其制作成骨骼标本，如：小天鹅、东方白鹳、雀鹰、东北虎、蛮羊等。而针对一些受损更为严重的动物，我们则尽可能地制作局部标本，包括局部骨骼标本和局部生态标本等，相信这些标本在未来的展览和宣传教育活动中能够充分发挥作用。

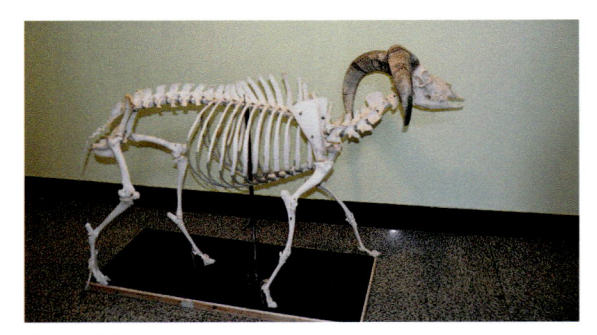

蛮羊骨骼标本

尝试制作的透明骨骼标本——变色龙

（三）创新利用：标本维护与修复

标本的日常维护可以更好地为科研科普提供支撑。工作人员每年要对标本库的温度、湿度、光照等进行监测，定期对展厅、库房进行消杀，对标本进行查虫、除尘。尤其对于开放式展览的标本，要加大检查频率和细致程度。要分辨不同时代、不同材料制作的标本，进行重点部位的特殊检查和专门处理。

除了以上这些，还有一类极其重要的工作，就是对已损坏的标本进行修复。根据标本的受损程度、受损部位、制作方法、制作材料等情况，有针对

展厅标本查虫

浸制标本维护

展厅消杀　　　　　　　　　　　　　　　库房消杀

性地制定修复方案。对于一些百年的老标本、老标本台，本着修旧如旧的原则，选择与其当时制作相同或相近的材料和方法，尽量展现标本的原貌与其制作的时代特点。对于开裂严重的较新标本，没有皮毛遮盖的、开裂严重的，例如河马，我们研究采用弹性材料填充整平，以翻模倒模的方式来处理，取得了较好的修复效果。

多年来，技术人员维护修复各类标本万余件，尤其是完成许多大型标本的修复制作，如姥鲨、小鳁鲸、东方旗鱼、蝠鲼、角马、东北虎等的修复。为了更好地展示标本的特征，尽可能地还原其生活状态，技术人员对每一件标本都会仔细研究，确定其制作方法和当时使用的材料，制定修复方案，并不断地采用不同的材料进行尝试，在确保标本质量前提下力求达到标本最佳状态。如：东方旗鱼标本的修复，此标本在馆已超过半个世纪，80%以上都有不同程度的损坏和腐蚀。修复过程中，我们在喙部枪头状的上颚部分采用实木材质打磨

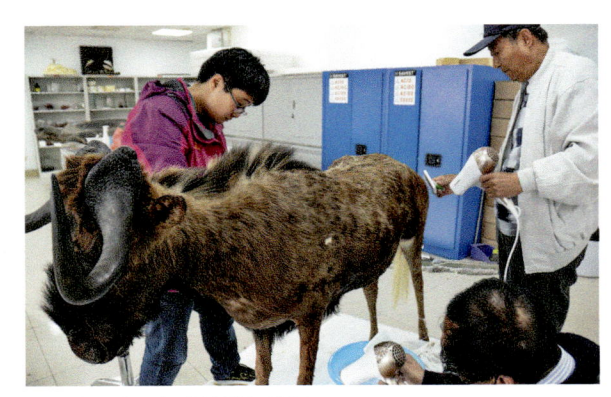

2016年　东方旗鱼修复　　　　　　　　　2017年　角马标本清洗与修复

下篇 / 天津自然博物馆

2017年　海龟修复

2021年　布氏鲸骨架修复装架

2022年　蝠鲼修复

成型并安装；在鱼鳍和鱼尾部分采用材质与之相似的透明聚氨酯乙烯酸酯（PUV）材料装饰材料，按照鱼鳍的生长方向和形状与原本的生态骨架连接，形成复原；身体上的破损部分，则用塑钢土、原子灰以及弹性填缝剂填充，并且在未完全风干的情况下塑造出鱼身表面的肌理质感，经过多次打磨修整后按照活体的标准重新上色。最后进行全面修整并装架。

2022年12月23日，中央电视台科教频道《创新进行时》栏目以《博物馆"保卫战"》介绍了天津自然博物馆文物标本保护工作。节目中，工作人员以故事的形式讲述了在文物标本保护方面采取的一些创新方法，让观众了解到自然博物馆人如何利用技术创新来保护文物标本、延长文物标本的"寿命"。

天津自然博物馆的动物标本技术制作人员，经过一代代传承，一代代探索，最终走出了自己独特的标本制作及修复的发展道路。在不远的未来，他们将会制作出更多、更完美的动物标本，为天津自然博物馆的展览及其科研提供良好的保障，创造出灿烂的明天和辉煌。

三、化石加固修复

化石标本保护技术包含了化石发掘、修复、装架和化石模型制作等多项内容，是天津自然博物馆标本保护技术的又一领域。这些技术手段有机地融合在一起方能使化石标本得到很好的保护，以满足自然博物馆对化石保藏、研究、展览、宣传教育等职能的需求，最大限度发挥标本自身的价值。

化石标本的发掘、修复、装架与模型复制技

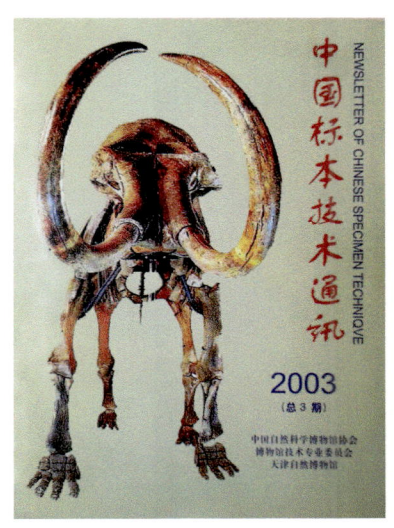

培训班专刊　　　　　　2003 年　首届全国"化石修复"培训班

术要求技术人员对古生物的形态特征、生活习性有一定了解，不仅要掌握化石发掘、修复和模型制作等本专业领域的技术，还要具备美术、金工、电焊等多种技能。这些技术通过师承、实践以及外出学习等形式得到了不断的发展和发扬，并在我国博物馆事业发展过程中发挥了重要的作用。

（一）加强交流，多方学习交流技术

天津自然博物馆从成立之初，就一直重视化石标本技术及其队伍建设。坚持理论与实践相结合，在实践中学习技术，将技术更好地运用于实践。

早在 20 世纪 50 年代，我馆就派人员参加了周口店举办的化石发掘培训班。50 年代末，化石标本技术团队迎来了中华人民共和国成立后的首个成果爆发期：1958 年秋，技术人员赴云南禄丰盆地发掘我馆历史上的第一具恐龙化石——巨型禄丰龙，同时期还发掘出了完整的鹦鹉嘴龙化石和恐龙蛋等化石标本。之后，又相继多次赴野外进行古生物化石发掘工作，如滦县古生物化石发掘、蓟县古象牙化石发掘等。

为了培养专业的化石模型技术人员，天津自然博物馆于 1993 年聘请中国科学院古脊椎动物与古人类研究所技术专家傅华林亲临我馆，指导专业人员复制古哺乳化石模型，当时采用的石膏复制模型技术，使我馆技术人员掌握了复制模型技术的要领。

2019年　赴中国科学院古脊椎动物与古人类研究所
学习化石修复

2019年　中国科学院古脊椎动物与古人类研究所人员
来馆指导大型化石的复制

2002年10月15—19日，首届全国"化石修复"培训班在北京自然博物馆举办。这次会议由中国自然科学博物馆协会主办、北京自然博物馆和博物馆技术委员会主任单位天津自然博物馆承办。这是我国首次举办化石模型技术培训班，培训内容包括了发掘、运输、修复、装架、着色、复制等各个方面，介绍了新技术、新工艺、新材料在化石技术中的应用，探讨了模型技术的发展方向。孙景云馆长带领技术人员参加了此次培训会，并与参会人员进行了广泛的交流学习。此次会议，还出版了专刊《中国标本技术通讯》（第三期）。

之后，我馆又多次邀请中国科学院古脊椎动物与古人类研究所资深技术专家莅临指导，如：2016年来馆指导标本的加固修复，2019年来馆指导大型化石的复制等等。同时，我们也不间断地派专业技术人员赴中国科学院古脊动物与古人类研究所学习各种化石修复、翻模等技术，在实践中不断提高自己的水平。

（二）巩固成果，积极承担各类项目

化石装架与模型复制技术的提高，始终伴随着馆内展览展示需求而不断发展进步。无论是化石装架方面由最初的非拆装型技术，经过工艺技术的调整和改进，发展为可拆装型技术；还是模型复制方面由最初工艺复杂的纯石膏模具，到硅橡胶材料制作内模、石膏制作外模，再到现今的玻璃钢材料制作外模……各种技术手段的改进和新材料的引入，大大提升了模具整体的强度，减轻了模具的重量，同时也提高了化石模型复制和装架等的工作效率。这些工艺技术的改进为展览展示奠定了基础，也使技术人员积累了丰富的经验，培养

马门溪龙装架

象牙修复

三趾马化石修复

模型上色

了过硬的技术实力，成为新一代博物馆化石标本技术队伍中的精英。

基于陈列展览的需要，70年代技术人员就先后完成了自贡峨眉龙、许氏禄丰龙、多背棘沱江龙、披毛犀、黄河象等古生物标本的装架。之后，又先后完成了马门溪龙、禽龙、巨型禄丰龙、将军庙单嵴龙、亚洲古似鸟龙、原角龙、棘鼻青岛龙、满洲龙、三角龙、铲齿象、猛犸象、东北野牛、古长颈鹿等古生物标本的装架。同时，先后为我馆的古生物专题展提供了技术支撑和服务，如："中国侏罗纪恐龙真迹汇报展"（1994年）、"恐龙科技世界科普展"（1995年）、"恐龙·古象·珍稀动物展"（1997年）、"中国恐龙蛋特展"（2000年），等等。

截至目前，天津自然博物馆文化中心场馆的基本陈列中共展出近30具古生物骨架，这些大型骨架化石模型中无不闪耀着我馆技术人员的奋斗光芒。另外，还有14具可拆装的骨架散件，随时为临时展览做好准备。2016年，北疆博物院旧址开放，技术人员对即将展出的标本进行了全面的清洁、加固和修复。2018—2022年间，先后完成了北疆博物院科考历程展及即将布展的工商学院21号楼（神甫楼）等展览所需化石标本的加固修复及石器复制。

随着天津自然博物馆标本制作与修复保护技术提高，先后还为众多兄弟单位及社会提供了技术服务和支持，如：为中国科学院古脊椎动物与古人类研究所复制禄丰古猿桡骨化石（1995年）、庆阳出土石片（2009年）；为安徽省地质博物馆修复鹦鹉嘴龙、剑齿虎、乳齿象、马来鳄等古生物化石标本200余件（2006—2007年）；为内蒙古萨拉乌苏文保所装架披毛犀骨架、野驴骨架，复制石器10余件（2006年）；为广东省博物馆复制巨型山东龙、古似鸟龙、古长颈鹿、铲齿象、三趾马、披毛犀等化石骨架七具（2007年）；为山东省天宇自然博物馆复制巨型山东龙和青岛龙骨架（2009年）；为鄂尔多斯青铜器博物馆复制萨拉乌苏出土的石核、石叶、刮削器等模型16件（2011年）；为宁夏水洞沟遗址博物院复制水洞沟出土的石核、长石片、刮削器、尖状器等模型8件（2011年）；为河北阳原泥河湾保护区复制了中国羚羊、直立犬、三门马、中华长鼻三趾马、山东绵羊等化石模型（2012年）；为重庆自然博物馆复制巨型山东龙骨架（2014年）；为甘肃庆阳复制石器模型（2018年）；为山西自然博物馆复制古哺乳头骨化石模型（2024年），等等。

（三）拓宽思维，勇于探索发展新路

20世纪末21世纪初，随着时代的发展和人们精神文化需求的提高，天津自然博物馆的各种展览不断走上历史舞台，先后赴全国各地进行巡回展出。其中，"中国恐龙主题展览"是最受欢迎的展览之一。于2000—2004年间，先后在连云港、青岛、温州、保定、中山等地进行展出。同时，于2003—2004年间，还踏出国门，远赴韩国汉城、春城、釜山、大邱、高阳市巡回展出13个月，此后还曾赴欧洲展出。技术人员不辞辛劳地为该展览提供着技术支持。此外技术人员还肩负着古生物标本的日常维护、加固和修复工作，定期对展厅、库房的古生物标本进行检查、维护。

新时代，新理念，新要求。随着人类科技的发展，博物馆藏品数字化保护及复制的理念和技

展厅多背棘沱江龙装架改造

为 3D 打印出来的北京猿人头盖骨上色

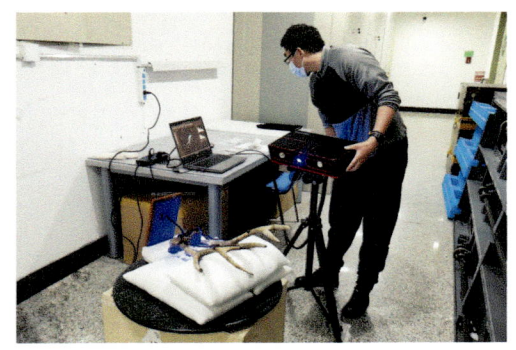

对古哺乳动物进行 3D 数字扫描

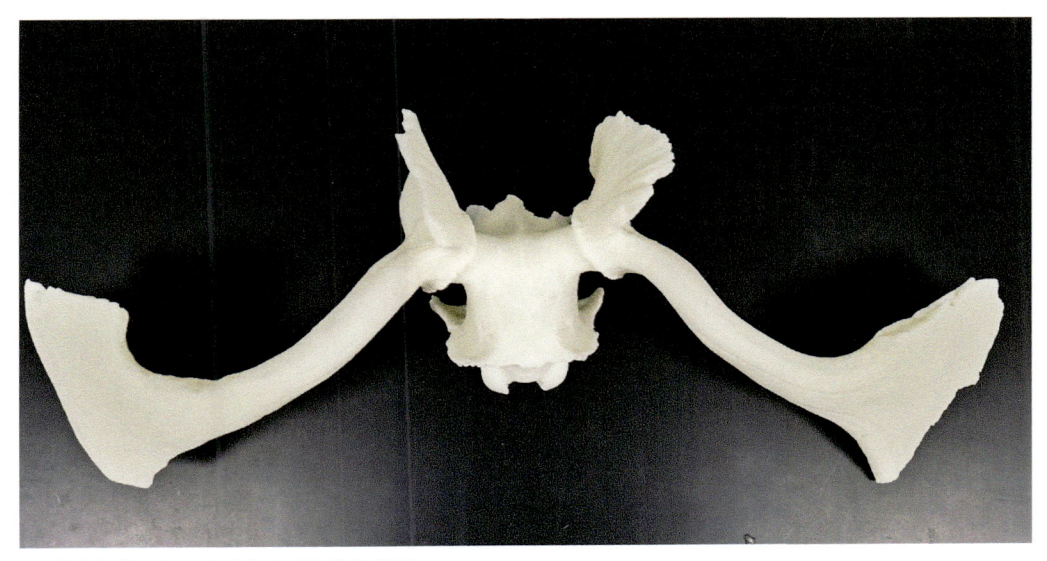

3D 数字扫描后打印出来的古哺乳动物骨骼

在展厅向观众演示和讲解化石模型翻制过程

为体验化石修复的孩子们介绍操作方法

下篇 / 天津自然博物馆

术水平也不断进步，尤其是 3D 数字扫描和复制技术的出现为博物馆标本及模型制作工作带来新的灵感。自 2018 年起，天津自然博物馆依托高精度三维数字激光扫描及打印技术，分批次对原北疆博物院珍藏的珍稀古哺乳动物和北京猿人头盖骨化石模型进行了非接触式三维数字扫描建模及复制，这是一次全新并具突破性的尝试，为那些用传统翻模方法复制可能威胁到文物本体安全的珍贵脆弱藏品的有效利用提供了新的思路和良好范例，也为标本的数字化展示利用和文创产品的开发等开拓了广阔前景。

一代又一代的标本技术工作者传承着技艺，也传承着开拓进取、勇于创新的精神。"让文物活起来""让观众动起手来""用心、用情讲好展品背后的故事"……我们的标本技术队伍一次又一次走向历史舞台，将古生物化石标本的发掘、修复、翻模、装架等故事讲给孩子们听，讲给观众们听……

为更好地践行全域科普、讲述博物馆背后的故事，技术人员充分抓住标本技术的核心，结合体验式科普，和观众一起探究和感受这项博物馆背后的工作。他们和宣教部人员共同开发适合中小学生参与的系列恐龙装架活动，并先后完成博物馆奇妙夜活动所需的 18 套恐龙胸像模具、21 根岩芯标本，等等。

四、藏品预防保护

藏品得以有效地保护，除了规范的管理制度外，藏品库的建设是必要的前提。建馆之初就同步建立了保管库房，并不断更新。在 1998 年原址重建时，专门建立了独立的标本楼，设置了古生物库、动物标本库、浸制标本库、植物和昆虫库和精品库等。2014 年文化中心建设之际，新建了低温冷冻室，配备了恒温恒湿系统并逐步完善。

文物的预防性保护是指博物馆环境的监测和控制、为文物保护而开发的各种保存设备、新材料的研究和应用技术，及其他不涉及文物本体的保护工作等，其目的是在采取不干涉文物本体、不改变文物现状的措施条件下，为文物创造适宜的博物馆保存和展出环境，以延长文物寿命。我国的文物预防性保护概念从"十一五"时期正式提出，到现在已经成为文博领域的广泛共识。特别是"十三五"以来，国家一系列关于文物保护的政策措施的出台，将馆藏文物预防性保护的地位不断提升，已经纳入了博物馆文物保护的基本职能。天津自然博物馆积极响应国家号召，针对我馆的实际情况，先后启动并开展了"天津自然博物馆馆藏可移动文物预防性保护""北疆博物院珍贵藏品预防性保护和数字化保护""天津自然博物馆馆藏历史档案的修复及数字化"等工作。

（一）天津自然博物馆馆藏可移动文物预防性保护

天津自然博物馆是国内首家将预防性保护概念作为馆藏标本/文物保护理念的自然博物馆。2015年天津自然博物馆向国家文物局申报了《天津自然博物馆可移动文物预防性保护方案》（一期）并得到了批复。由于是第一家自然博物馆，方案先后经历了多次修改、专家论证，于2017年8月正式开始实施，2018年7月通过专家验收。

一期项目完成了三大工作任务。一是完成了在线监测系统平台建设，主要用来监测部分库房文物标本的保存环境，方便快捷地了解其环境状况，从而

国家文物局批复

安装环境监测设备

为标本定制囊匣测量数据

项目验收

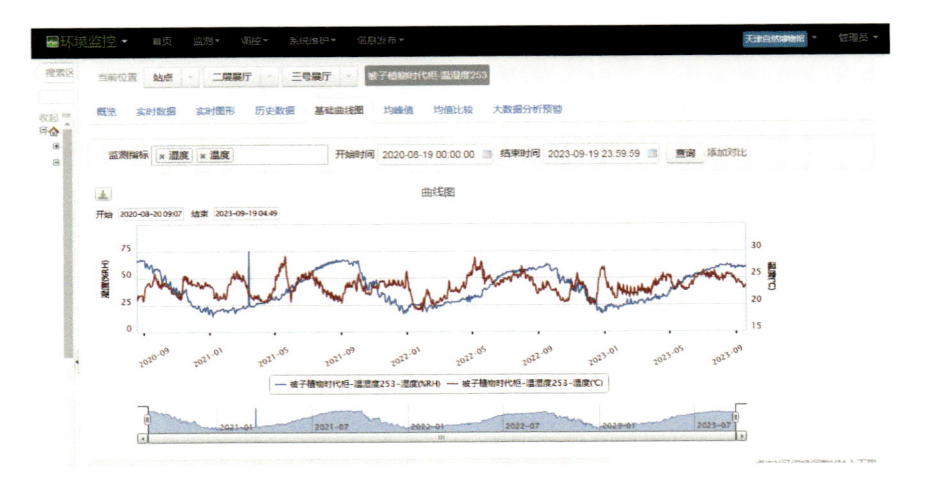

环境在线监测系统监测的某点位的温湿度

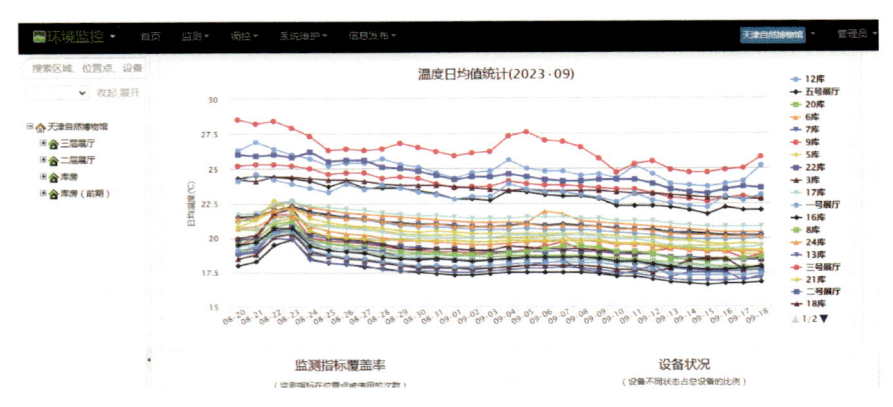

环境在线监测系统监测的日温度总览

及时地进行调控。同时，使用手持设备对未布设在线监测系统的区域进行人工监测。二是给部分库房增加恒湿机，为部分展柜配置调湿器，给标本/文物修复室配备洁净屏，基本实现了部分标本/文物保存微环境的主动调控。三是为重点标本/文物定制了专用标本柜和囊匣，提升了文物标本保存的安全性。

一期项目取得了预期效果，但由于资金有限，项目覆盖面较少，仅部分藏品得到了有效保护。为此，天津自然博物馆于 2019 年再次向国家文物局申报了《天津自然博物馆可移动文物预防性保护方案（二期）》并得到立项，项目于 2020 年 11 月通过专家验收。此次项目主要包括：一是在一期环境监测系统平台的基础上，增加监测设备，实现对全部文物标本库房、展厅和重点展柜全覆盖；二是改造海洋厅展柜，显著提升展柜恒湿效果；三是为重要北疆博物院时期的纸质文献资料增加无酸纸囊匣；四是配置重型储藏柜保存现有重要化石。通过二期项目的实施，天津自然博物馆的友谊路馆区已形成了较为完整的预防性保护体系，极大提升了天津自然博物馆馆藏文物标本的预防性保护水平。

鉴于《天津自然博物馆可移动文物预防性保护》一、二期项目主要是针对天津自然博物馆友谊路馆区进行，没有涉及北疆博物院。作为天津自然博物馆的前身，中国北方最早的自然博物馆，北疆博物院收藏有大量的重要珍贵的藏品，具有重要的历史和研究价值。由于条件所限，北疆博物院的藏品急需保护。2022年《北疆博物院可移动文物预防性保护方案》获得国家文物局批复并立项，2023年在北疆博物院建立环境分布式智能监控装备和系统，实施馆藏文物保存小环境和微环境的调控；为文物配备储藏柜架、恒湿净化储存柜等装置，全面提升了北疆博物院馆藏文物预防性保护能力，实现了我馆预防性保护工作全覆盖。

二期项目配置的文物囊匣

改造后的二层海洋厅鱼类恒温恒湿展柜

下篇 / 天津自然博物馆

（二）北疆博物院珍贵藏品预防性保护和数字化保护

为全面贯彻落实"保护为主，抢救第一，合理利用，加强管理"、"让文物活起来"的文物工作方针和国务院《关于加强文化遗产保护工作的通知》精神，根据《国家"十三五"时期文化发展规划纲要》的要求，天津自然博物

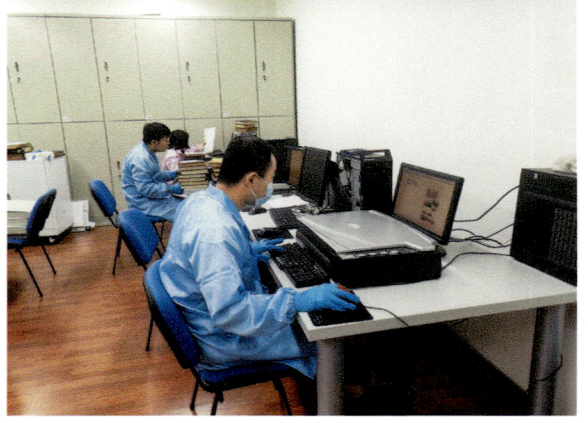

北疆博物院预防性保护　　　　　　　　　　　北疆博物院藏品数字化保护项目

馆拟对北疆博物院时期珍藏的 14000 余册珍贵纸质文献与 5000 余件（套）文物资料进行预防性保护。该项目于 2019 年启动，着手编制保护方案并向国家文物局进行申请，2020 年 8 月正式开始实施。本项目针对北疆博物院纸质藏品的两个文物库房，建立库房保存环境监测系统，以便精准监测和调控。主要包括运用多种手段调控库房文物保存环境，如配备手持式环境检测仪器、购置博物馆保存环境监测设备、为珍贵文物配备微环境湿度相对稳定的平稳囊匣和基于环境友好型的无酸纸包装盒（囊匣）等，实施有效的"稳定、洁净"调控，完善北疆博物院纸质藏品的环境监控管理机制，从而全面提升馆藏文物的预防性保护水平。

信息数字化时代，数字资源加工已成为博物馆馆藏资源建设的重要组成部分。文献数字化加工，既能保护珍稀古籍文献，亦能提高博物馆的公共文化服务水平。为适应时代进步和技术发展的新形势，更好地发挥天津自然博物馆文化传播与文化传承的社会使命。2021 年 7 月，天津自然博物馆又启动了北疆博物院珍贵藏品的数字化保护，对北疆博物院 51 期院刊、1.4 万册图书、1000 余件纸质照片、1200 余件桑志华手稿及书信、400 余张玻璃底片、200 余件印版以及 20 件铜版画和年画全面数字化，并完成建档编目工作。同时，在数字化基础上，建立北疆博物院珍贵图书及文物资料数字信息管理系统，实现北疆博物院珍贵图书、论文集、文物资料的信息的电子数据网上查询及阅览。该项目的实施是为了更好地保护和利用北疆博物院的珍贵文本资源，项目要求以保护为前提，科学运作，高质量高标准实施，将为北疆珍贵藏品的科学保护、合理利用、深入研究打下坚实基础。

（三）天津自然博物馆馆藏历史档案的修复及数字化

档案工作存史资政育人，习近平总书记指出："档案工作是维护党和国家历史真实面貌、保障人民群众根本利益的重要事业。经验得以总结，规律得以认识，历史得以延续，各项事业得以发展，都离不开档案。"

天津自然博物馆自 1914 年建馆至今，留存大量历史档案，这些档案是最原始、最真实的历史资料，具有重要的保存、利用和研究价值。但随着时间的推移，档案出现纸张老化破损、字迹褪色等问题，加大了档案保护和利用的难度。天津自然博物馆于 2021 年 3 月启动首批馆藏档案整理修复及数字化项目，对馆内 1952—1981 年 118 卷业务档案进行整理修复、数字化扫描及录入工作，初步建立了档案数字化数据库。此次档案整理修复及数字化工作不仅实现了馆藏历史档案的规范整理、著录和有效保护，也大大推动了档案资料的利用，让多年尘封在库房中的档案历史活了起来，同时也推动了天津自然博物馆馆史的研究。

在顺利完成首批馆藏历史档案整理修复及数字化工作的基础上，天津自然博物馆将进一步认真落实习近平新时代档案工作精神，围绕四个"好"和两个"服务"的目标任务，继续开展馆内20世纪50年代至90年代约400卷档案整理修复、数字化工作，以及大量馆藏珍贵历史照片的数字化工作，加快推进档案整理、保护和信息化建设，推动档案工作更好地服务天津自然博物馆发展。

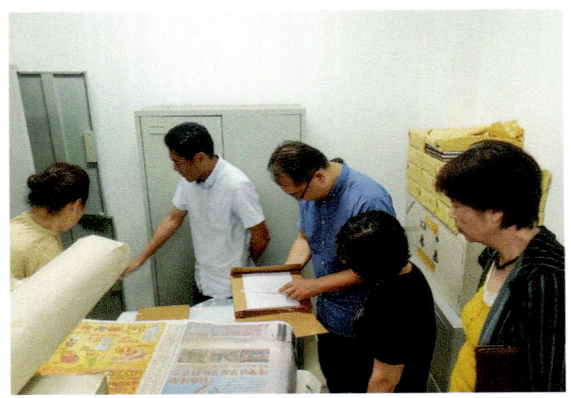

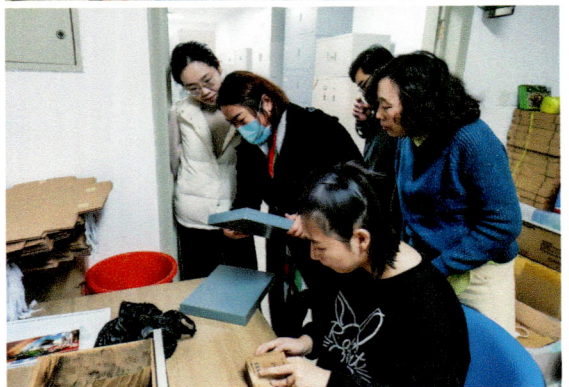

历史档案的修复及数字化工作

藏品至上。自然博物馆的每一件藏品都蕴藏着大量知识信息，诸如形态、分类、地理分布等，成为一个个信息源，众多信息汇集在一起，使自然博物馆成为信息资源的宝库。保护藏品的实质是保持藏品的历史价值、艺术价值和科学价值。1952年至今，天津自然博物馆在风风雨雨中走过了70余年，一代代博物馆人始终把藏品视为自己的生命一样，珍惜着、爱护着、保护着。

随着生态文明建设理念的推进和自然博物馆事业的发展，人们对自然博物馆藏品的认识也不断发展，从传统的藏品收藏保护到现代的藏品的内涵挖掘，馆藏资源不断与现代化展览展示技术相结合，展示着缤纷多彩的生命世界，展示着人与自然的和谐共生。回顾历史，展望未来，任重道远。新一代的自然博物馆人在生态文明建设的洪流中，将以雄健的步伐加速前进！

陈列展览 日新月异

天津自然博物馆历经北疆博物院、天津市人民科学馆、天津市自然博物馆、天津自然博物馆等若干历史发展阶段，几度更名易址。百余年来，陈列展览不断更新换代，推陈出新，从陈列面积、展览数量到观众人数及规模均不断增加与扩大。

一、基本陈列推陈出新

中华人民共和国成立后，北疆博物院由私立津沽大学代管。1952年在北疆博物院的基础上成立天津市人民科学馆。陈列展览使用了北疆博物院时期采集的标本，在北疆博物院一层和二层共设立四间陈列室，分别展示古生物及矿物岩石，华北及天津地区脊椎动物，动物进化陈列及农业病害虫陈列。后期又经过多次修改，完善陈列内容。陈列展览在考虑馆藏情况及观众对象和需求的基础上，通过解剖图、分布图、生态画、图表结合标本客观反映生物界的规律，尽最大努力帮助广大群众客观地认识历史与自然的发展规律。

（一）初入马厩

1959年天津市政府正式将马场道272号（现马场道206号）交由天津市自然博物馆使用。天津市自然博物馆第一次自主设计和组织制作大型基本陈列。由于时间紧迫，采取审查、设计、修缮、制作、征集等多措并举的方式，仅用三个多月的时间就完成陈列展览，整体面积达到3000多平米。基本陈列分为两大展厅，即"古生物馆"和"动物馆"，古生物馆的陈列通过古代生物发展的历程说明物种的客观存在及其演化规律；动物馆的陈列通过展示不同动物的形态结构与生活方式，反映动物与环境的关系，以说明动物演化的客观规律。展览采用了图表、模型、油画、水粉画、布景箱、大型景观、生态布置，黑白照片等丰富多彩的表现形式，尤其是"大型布景箱"的采用，在当时国内自然博物馆的展览中极为罕见；同时，展览打破以往观众不能触摸标本的规矩，特设一个展区，让观众触摸藏品，使整体展览更具亲切感。

1960年新增"利用改造"和"植物陈列"两个展览。1961—1962年间对基本陈列进行改造，并邀请中国科学院研究员贾兰坡、裴文中两位专家对古生物陈列内容进行审查，裴文中先生还对古哺乳类及古人类陈列品及标签逐件进行审查，中国地质博物馆胡承志先生也提出了宝贵意见；南开大学顾昌栋教授

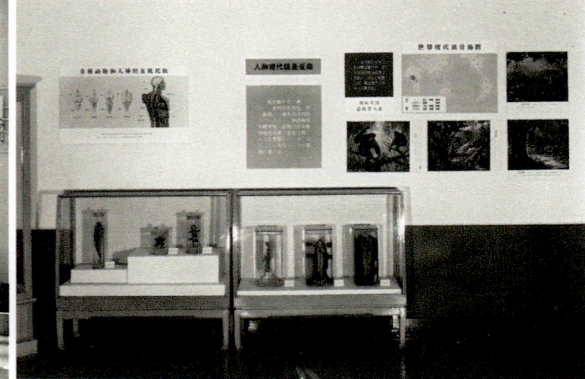

人类的起源展览

和我馆萧采瑜馆长对动物陈列进行审查。改造后的陈列于1963年5月1日开放。由于展览场地是由马厩改造而成，一些狭小空间没有达到最优展示效果。之后，我馆业务人员结合实际，充分发挥实干精神，精心设计和制作，先后多次调整展览内容，充实标本，配合国家生产生活需要，面向社会普及科学知识，先后推出了"地震知识展""人类的起源展览"等多项与人民生产生活密切相关的展览。

（二）马厩新颜

1974年天津市自然博物馆正式更名为天津自然博物馆，经市政府批准，在原址基础上进行展室改建。陈列展览秉承以馆藏的古生物、古人类化石及现代动植物标本为证据阐明生物进化的历史和规律，向观众展示千变万化和多姿多彩生物世界的理念，围绕主题突出科学性，并创新和突破形式设计。逐步完成了古人类陈列、古生物陈列、动物陈列、植物展览、珍稀动物展览的改建工作。我馆人员在有限条件下进行了大胆尝试，注重展厅气氛的创造和色彩的协调，力争展品布置呈现艺术效果。展线中增加了电动图表、电动模型、彩色照片、幻灯片；在植物厅中尝试运用流水生态布置、感应灯光布置，在高山流水瀑布的生态环境中养殖活的鲤鱼和水草等；在古人类序厅塑造溶洞，力图达到科学充实的内容和新颖活泼的形式相统一，使观众能身临其境，在学到知识的同时得到美的享受。

改建后的天津自然博物馆展厅外景（1979年）

20 世纪 80—90 年代的古人类展览

20 世纪 80—90 年代的动物展览

20 世纪 80—90 年代的植物展览

20 世纪 80—90 年代的古生物展览

（三）海贝含珠

为更好地保护天津市珍藏的自然科学文化遗产和弘扬自然科学知识，1997 年，天津市政府投资原址翻建。天津自然博物馆新馆改扩建工程于 1997 年 7 月开工，1998 年 10 月 28 日正式对外开放。天津自然博物馆从此翻开了崭新的一页。

天津自然博物馆"海贝含珠"馆采用中国传统文化"天圆地方"之说，设计圆形中心展厅，采用半虚半实、透明半球体造型。陈列设计转变观念，大胆创新，采用国际上流行的主题单元式陈列，分为序厅、古生物一厅、古生物二厅、水生生物厅、两栖爬行厅、动物生态厅、世界昆虫厅、海洋贝类厅，另设有热带植物园及电教厅。展览集中表现物种多样性、生态多样性，突出物种与环境的关系，强调人与自然的和谐。新馆摆脱了传统自然史博物馆以专业学科的分类作为展示脉络的展示手段，把动物与环境结合，另外展线走向灵活随意，不设固定路线，多个出入口，观众可从不同角度、不同切入点参观，产生不同的感受。新馆陈列强调景观设计，采取以生态环境为主的布展方式，物、景相互衬托，互为装饰，使观众犹如置身于自然环境之中，真正做到一步一景，路转峰回，千姿百态，目不暇接。引进活体鱼类和两栖类动物进行展出，是新馆陈列的又一创新点，观众宛如畅游海底，徜徉在形形色色的海洋生物中间。展览获得 1998 年度全国陈列展览十大精品奖。

2003 年，一层展厅提升改造，在国内率先推出动静结合的"海洋世界"，"动"即活体生物展示及表演；

1997 年 7 月 4 日新馆开工奠基仪式全馆合影

"静"即馆藏珍稀海洋动物标本展示,让观众真正体验到寓教于乐,寓乐于教的参观乐趣。展览分为四个板块:热带雨林观赏区、海洋珊瑚鱼类观赏区、海底隧道观赏区和零距离触摸区。以"海洋环境"为主题,以自然生态为表现形式,展示活体鱼类及其他海洋生物,近 200 平方米的"海洋科普墙",有海洋之最、鱼类吉尼斯、海底花园、海星掠影、海兽广角等内容,以标本镶嵌在科普墙上的形式,介绍海洋世界中的科学趣闻和知识,运用声、光、电等高科技手段,配合极富感染力的"美人鱼"表演,把绚丽多彩的海洋世界呈现在观众面前。

天津自然博物馆"海贝含珠"新馆鸟瞰

1998年度十大陈列展览精品奖获奖证书

2007年6月，环球健康与教育基金会主席肯尼斯·贝林捐赠140件动物标本，随后天津自然博物馆用于筹建了"走进世界野生动物——肯尼斯·贝林捐赠标本专题展"暨贝林厅于2009年8月对公众开放。展览设计四个部分：狂野奔放的非洲原野、深邃迷离的美洲丛林、自然野性的欧亚大陆和古老的澳洲大陆。热带森林、热带草原以及热带荒漠动物群，通过植被的过渡，形成三个大场景，重点突出非洲稀树草原，展示其宽阔的视野，狂野奔放的动物，分为雨季、旱季及迁徙等场面。美洲部分以温带森林动物为主，以大景观展示，突出森林动物的深邃迷离。欧亚部分分若干个小景观，精致、小巧、深远，展示不同种类的动物与环境的协调。通过标本的排列组合营造故事，增加了标本可阅读性和趣味性，同时一改标本固定死板的说教式，使其"活起来"，使观众更容易理解展览背后的含义。

龙台

昆虫厅

珍稀贝类厅

生态厅

两栖爬行动物厅

古生物厅

6 米直径的观赏水族箱

夜色丛林

海底隧道及美人鱼

王者风范

（四）美丽天鹅

　　随着物质文明进一步繁荣，人们对精神文化生活提出更高的需求，博物馆作为社会文化传承与建设的载体，发挥着越来越重要的作用。2013 年，在各级领导的关怀下，天津自然博物馆迁建至天津文化中心，与天津博物馆、天津美术馆、天津图书馆、中华剧院、天津大剧院、天津科技馆形成文化新地标。

　　2014 年 1 月 25 日，天津自然博物馆新馆在天津市文化中心正式向公众开放。新馆外形形似天鹅，整体展览新颖独特，以文化中心整体为背景，以休闲为主的室外生态景观区，把陈列从室内延展到室外。展览以"家园"为主题，分别在二、三层设置"家园·生命"和"家园·生态"主题单元，概括揭示人类赖以生存的地球"家园"亿万年来的演化和发展，引入叙述情节手法，讲述"家园"正在发生的故事，运用探索与发现的视角，借鉴国际上自然史博物馆最新理念，将自然、自然史和自然与人类三重内容融为一体，引发观众对生物多样性及重要性的思考，增进对自然环境的兴趣与责任感。文化中心新馆"家园·生命"基本陈列再次获得"全国博物馆十大陈列展览精品奖"，天津自然博物馆迎来了新的飞跃。

　　二层展区"家园·生命"，以生命的演化为主线，由"远古家园"和"现代家园"两大部分内容组成，采用古今结合的主题单元展示方式，展出古生物化石、岩矿及现生动植物标本近万件。依托新的地球观和最新科学研究成果，展示地球家园38亿年来生命世界由单细胞到多细胞、由简单到复杂、由低等到高等的发生、发展，乃至到现在波澜壮阔、跌宕起伏的演化历程。为了充分发挥在构建现代公共文化服务体系中的重要作用，更好地践行生态文明理念，并有效地服务于观众和社会，从开馆以来，我馆不断地创新理念，拓宽视野，先后对二层"家园·生命"的海洋展区和鸟类展区进行改陈。在海洋展区新增加虾、蟹、棘皮动物等无脊椎动物标本、充实了珊瑚和鱼类标本，同时还设立了红树林植物展区。在鸟类展区调整了陆禽和猛禽的位置，新增加企鹅标本，丰富了鸟巢和鸟卵的内容。2022年，完善了人类演化展区的互动项目，同时还对二层展区所有多媒体项目进行了提升改造。

　　三层"家园·生态"展区，即"环球动物之旅"，展示了肯尼斯·贝林先生为我馆捐赠的近300件珍贵的世界野生动物标本。该展区在设计理念上突出生态系统，形式上以大场景、大景观来体现，展示生态系统的多样性。传达保护生物及其栖息地，保护生物多样性及保护生态系统的理念。

"家园·生命"基本陈列获得第十二届（2014年度）全国博物馆十大陈列展览精品推介精品奖

家园·生命

岩石矿物展区

珊瑚展区

古无脊椎动物展区

恐龙展区

百年辉煌

家园·生命 Home·Life

海洋生物展区 　植物展区 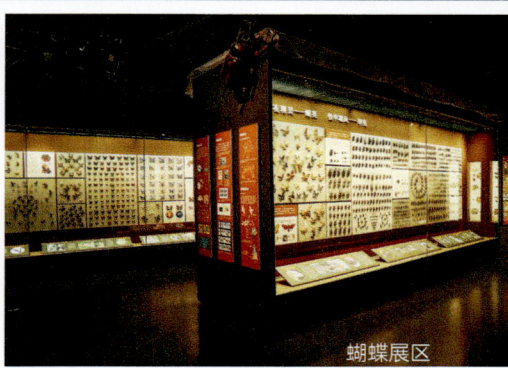　蝴蝶展区

哺乳动物展区 　古哺乳动物展区 　鸟类展区

下篇 / 天津自然博物馆

改陈后的人类演化展区互动展项　　改陈后的贝类展区　　改陈后的虾蟹展区

改陈后的序厅

环境

生存竞争

自然

家园·生命　Home·Life

家园·生态

非洲大象

澳洲古老动物

非洲羚羊家族

百年辉煌

北美景观

欧亚地带——秦岭金丝猴群

南美洲犰狳

下篇 / 天津自然博物馆

（五）北疆博物院"建筑群"

北疆博物院"建筑群"包括北楼、陈列室、南楼、桑志华旧居和工商学院 21 号楼（神甫楼）。

一）北楼和陈列室复原陈列

2015 年天津自然博物馆启动北疆博物院北楼和陈列室修复项目，依据留存的照片、文字档案、展柜、展具等历史资料，原汁原味再现当年的陈列室。2016 年"回眸百年　致敬科学——北疆博物院复原陈列"正式对外开放。2017 年，该展览荣获第十四届全国博物馆十大陈列展览精品推介精品奖。

陈列室一层为古生物陈列室，展出地质学、古生物学、史前学和人种学藏品；二层为现生生物陈列室，展出现生动物学与植物学藏品。同时，将原标本库房与研究工作区域全方位对公众开放。北楼一层增加历史人文展区，包含 70 余幅照片、100 余件实物及图文展板等，该展区分为三部分：北疆博物院的创建、桑志华的科学考察、北疆博物院学术研究，通过观展，公众能全面、形象、深入地了解北疆博物院。二层设置了古生物和昆虫展区，在展区的一角还呈现了古生物研究情景；三层设置了鸟兽展区和珍品展区。不仅使百年前桑志华采集的各类标本及科考用具，得以与公众近距离接触，同时也将博物馆人的工作以及藏品背后的故事呈现出来，让观众一起感受和体验。

2020 年基于开放式库房中展品及楼体保护存在的问题，北楼二、三层进行再次改陈，结合原始资料，本着原汁原味复原理念，充分利用北疆博物院老展柜，并与展品有机结合，恢复了北楼二、三层老库房；同时，为充分展示北疆博物院在史前考古学史上的重要地位，2021 年北楼一层改设史前史展室。

"回眸百年　致敬科学——北疆博物院复原陈列"荣获第十四届（2016 年度）全国博物馆十大陈列展览精品推介精品奖

陈列室一层古生物陈列室

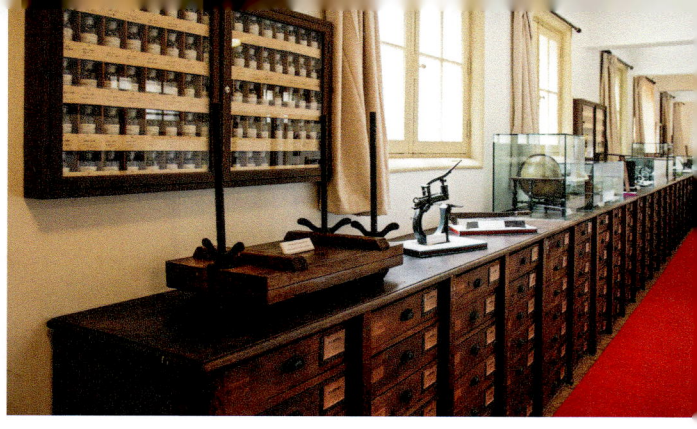

北楼一层人文展区矿物标本柜

陈列室二层动植物陈列室

北楼二层古生物研究区（2016—2020）

北楼二层古生物与昆虫展区（2016—2020）

北楼三层鸟兽展区（2016—2020）

陈列室三层珍品展区（2016—2020）

北楼一层史前考古展区（2021—今）

北楼二层昆虫和植物展区（2021—今）

北楼三层动物展区（2021—今）

陈列室三层及"百年珍蕴——北疆博物院藏精品文献展"（2024）

二）南楼复原及科考历程陈列

　　南楼是北疆博物院的重要组成部分，其主要功能是藏品收藏（库房）、科学研究（实验室）和图书阅览（图书室），是桑志华在北疆博物院组织进行藏品管理和科学研究的重要场所。2018年天津自然博物馆启动了南楼复原及科学考察历程展陈项目。

　　秉承着"尊重历史、挖掘记忆、传承精神、呈现精品"的宗旨，在复原当年的实验室、图书室和局部藏品库区等功能区的基础上，特别设计"唤醒历史记忆　塑造科学精神——北疆博物院旧址（南楼）复原陈列"，以行程5万公里的科学考察史为主线，突出展示甘肃庆阳、内蒙萨拉乌苏等五大地区的化石挖掘与考古发现，以及在中国北方腹地进行的动植物采集与科考历程。深度挖掘科学考察背后的艰辛与执着，通过全景式的展现方式，诠释百年前的科学家不畏艰辛、勇于探索、严谨求实、忘我工作的科学精神，展现北疆博物院在中外自然科学领域的重要历史地位和巨大影响。该展览于2019年荣获第十六届（2018年度）全国博物馆十大陈列展览精品推介优胜奖。

图书室

古生物研究室

昆虫实验室

动物实验室

"唤醒历史记忆 塑造科学精神——北疆博物院旧址（南楼）复原陈列"荣获第十六届（2018年度）全国博物馆十大陈列展览精品推介优胜奖。

三）桑志华旧居陈列

2021年天津自然博物馆启动了桑志华旧居的修缮与展陈项目。在保持旧居楼原有建筑风貌及历史信息的基础上，结合旧居楼可利用的展示墙面和展示点位进行内容和场景设计，既满足历史建筑展示、桑志华和德日进与北疆博物院内容展示，又丰富观众的观感体验。

一层桑志华与北疆博物院展室

一层"北疆咖啡室"

一层桑志华与北疆博物院展室

  2021年12月24日,"珠联璧合 相得益彰——桑志华 德日进与北疆博物院"展正式对外开放。首层为桑志华与北疆博物院,介绍了桑志华来华,并筹建、经营、管理并发展北疆博物院的过程和艰辛;二层为德日进和北疆博物院,体现德日进为北疆博物院以及科学事业做出的卓越贡献。此外,首层设计多功能复合空间"北疆咖啡室",兼有历史场景复原、游客接待等功能。二层设计"桑志华工作室",主要展示北疆博物院这一科学殿堂当年在国内外各界产生的重要影响和巨大吸引力。过厅等处保留原有旧居壁炉、旋转楼梯、雕花墙面等欧式元素,结合相关历史考证信息进行部分复原,同时增加

二层德日进与北疆博物院展室

二层"桑志华工作室"

辅助性展示内容，让各展室空间的展示形成一种呼应和联动，通过不同的展示手段，将历史场景与展示内容相结合，形成一种沉浸式、全景式的展示效果。该展览于2023年荣获第四届（2023年度）天津市博物馆优秀原创陈列展览优秀奖。

四）工商学院21号楼（神甫楼）

天津自然博物馆在启动桑志华旧居展览的同时就启动了神甫楼的展览，目前已经完成交接，文字大纲已经完成并经过专家初步论证。

"珠联璧合 相得益彰——桑志华 德日进与北疆博物院陈列"荣获第四届（2023年度）天津市博物馆优秀原创陈列展览优秀奖。

神甫楼外观和展览初步设计方案

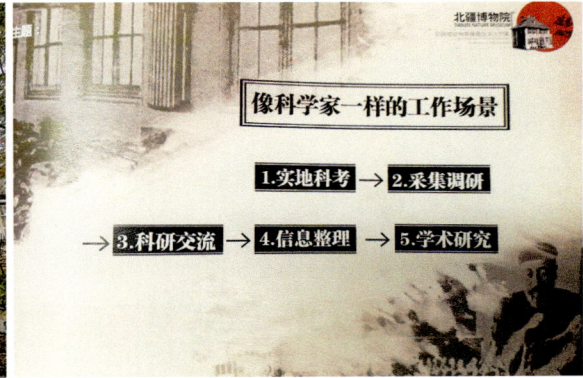

下篇 / 天津自然博物馆

213

二、专题展览焕发异彩

专题展览通常指针对某一主题开展和制作的临时性中小型展览,是对基本陈列展览的有效补充。专题展览通常设计制作周期短,内容灵活多样,既可配合生产活动,反映当时的科技发展状况,也可根据不同人群设计针对性展览,发挥自然博物馆的宣传教育功能。

(一)马厩临展丰富多样

天津自然博物馆在完成马厩的基本陈列并不断完善的过程中,结合实际,推出了各种各样的中小型专题展览。展览内容因时而变,"黄河展览会""预防地震展览""毛泽东思想万人宣传队";普及农业生产知识的"植物保护展览""预防病虫害展览""天津环境保护展览""家庭养花知识展览";探究自然科学知识的"优生优育知识展""预防艾滋病知识展览""生物的进化展览""蝴蝶展览";面向青少年的"青春期教育展览""少男少女展览"。

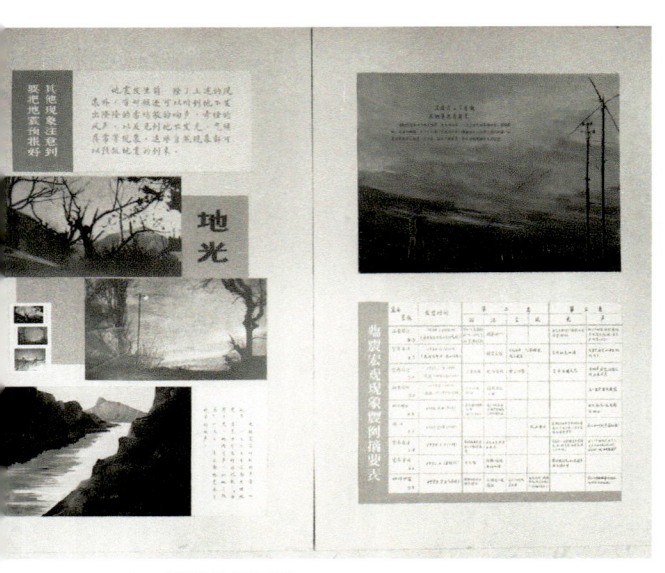

1975年 预防地震展览　　　　　　1982年 蝴蝶展览

1983 年　家庭养花知识展览

1983 年　天津环境保护展览

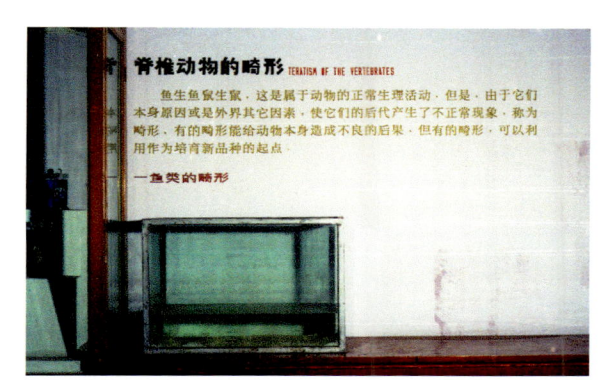

1985 年　奇异动物展览

1986 年　南极向你招手——南极考察展览

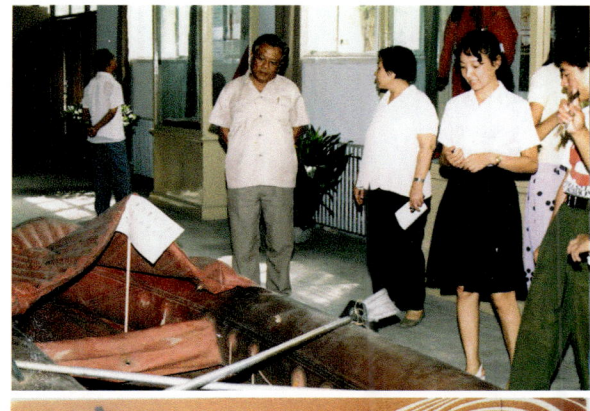

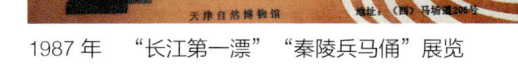

1987 年　"长江第一漂""秦陵兵马俑"展览

下篇 / 天津自然博物馆

1990年 "美哉中华，爱我中华"美术摄影展

1991年 "青春期教育展览"开幕

（二）海贝含珠再添新彩

　　1998年新馆建成后，为了丰富人民群众的生活，天津自然博物馆留出了更多的空间用于专题临展。天津自然博物馆独立或者联合其他单位创新思路，开拓创新，设计策划并不断地推出多姿多彩的专题展览：澳门自然与人文风光展、"告别愚昧"科普漫画展、庆澳门回归——南极考察珍藏展、中国恐龙蛋化石特展、爱鸟护鸟专题展、"'失而复得'的珍禽——朱鹮"展览、我们在一起——地震知识展等。展览内容紧跟时事、关注社会，更深层次地挖掘和探寻展品背后的故事，并尽可能地展示给观众。

1999年 澳门自然与人文风光展

1999 年　"告别愚昧"科普漫画展

1999 年　庆澳门回归——"南极考察"珍藏展

2000 年　中国恐龙蛋化石特展

2000 年　地球在呼唤特展

2001 年　庆祝建党 80 周年"老年手绘艺术"展览

下篇／天津自然博物馆

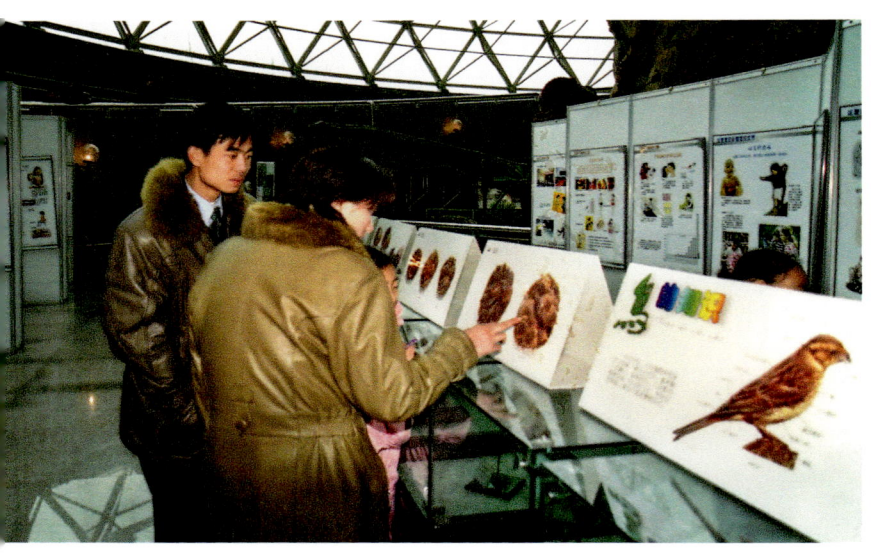

2002 年　爱鸟护鸟专题展

2008 年　我们在一起——地震知识展

218　　　百年辉煌

2007年 "牵手福娃"特展

2008年 "走进奥运"展

2009年 "'失而复得'的珍禽——朱鹮"展

2010年 "永远的达尔文"展

下篇 / 天津自然博物馆

（三）天鹅展翅迎风翱翔

2014 年，形似天鹅的天津自然博物馆新馆在天津市文化中心正式向公众开放。多个临展厅的设立使专题展览又上一个新的台阶。

一）生肖特展，新春祝福

生肖特展是天津自然博物馆每年春节送给观众的祝福和问候。"喜气羊羊""金猴报春""金鸡报晓""金犬旺新春""金猪送瑞""福鼠闹春""牛气冲天""虎虎生威""瑞兔绘春"展，2014 年至 2023 年以来的连续 9 年的生肖特展，将民俗文化知识与自然科学知识相结合，在新春之际给观众呈现一道盛宴。

二）绿色生态，勇毅践行

南海是中国南疆一颗灿璨耀眼的明珠，其历史之悠久、景色之瑰丽、资源之丰富历来为世人所称道。2016 年 6 月 8 日世界海洋日之际，天津自然博物馆推出大型特展——"美丽富饶的南海"，向广大观众介绍南海的基本情况，展现其美丽的景观及丰富的人文自然资源。

"新丝绸之路经济带"和"21 世纪海上丝绸之路"的"一带一路合作倡议"被提出后，天津自然博物馆结合社会热点，于 2016 年底推出了"丝绸之路　自然大观"特展，以展示丝绸之路共建国家和城市的自然生态和自然遗产，讲述丝绸之路上不同地域生活与文化的交流和融合过程，增进公众对当前国家提出"一带一路"政策的关注和理解，切实感受这一倡议构想的现实意义。

"喜气羊羊"展

"金鸡报晓"展

"瑞兔绘春"展

2016年　"美丽富饶的南海"展

2016年　"丝绸之路 自然大观"展

为纪念改革开放40周年，深入贯彻习近平生态文明思想，落实"绿水青山就是金山银山"的生态理念，天津自然博物馆于2018年12月推出了"生态天津"专题展览。展览运用了多种展示形式，动静结合、宏观与微观兼顾。

水是生命之源，故纵观人类文明，多伴河流而生。海河流域面积广阔，为华北地区第一大河。我们的祖先居海河畔，饮海河水，食海河鱼。多年来承海河之恩，得以繁衍生息。如今，生活已然日新月异，但对自己母亲河里的游鱼，我们是否还能做到如数家珍呢？2021年12月28日，天津自然博物馆推出了"海河原生鱼"展览，带观众一起重温孩童时给我们带来无限欢乐的水中精灵。

本草，既包含植物的根、茎、叶，也有动物、矿物等。这些树叶、石头，摇身一变，变成火锅中的香料、香囊中的药草、抑或是节日时分的情感寄托。自然界赋予了人类丰富的资源，神奇的本草也藏着无限趣味。2023年元旦之际，天津自然博物馆推出了"本草健康"展，该展览是对党的二十大报告强调的促进中医药传承创新发展，推进文化自信自强的落实和践行。中医药凭借博大精深的文化内涵，将继续树立和不断坚定属于中国的文化自信，有效助力"健康中国"战略，并成为中西文化交流间一张闪亮的"国家名片"。2023年5月，该展览入选2023年度"弘扬中华优秀传统文化，培育社会主义核心价值观"主题展览推介名单（全国80项）。

2023年国庆之际，天津自然博物馆推出"进击的牙齿"展，打破传统生物演化主题展览中以系统演化为主的策展思路，聚焦牙齿这一看似简单实则纷繁复杂的生物结构，以小见大地从牙齿的功能形态这一独特视角去剖析脊椎动物牙齿的前世今生，展现它们在生态系统中的重要作用，这一主题展览属国内首次推出。展览分为"小牙齿，大乾坤"、"源起之谜"、"进击之路"、"牙海拾趣"、"集大成之牙"和"万物灵长之牙"六个单元。展出化石、活体、剥制标本、干制标本，及模型百余件。此外，展览还联合天津市口腔医院打造了以牙齿健康为主题的互动环节，设计了多项宣传牙齿保

2018年 "生态天津"展

2021年 "海河原生鱼"展

2023年 "本草健康"展

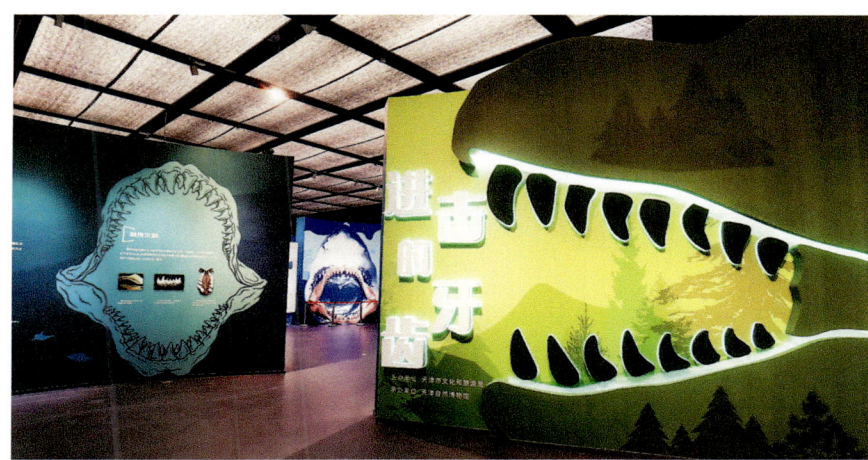

2023年 "进击的牙齿"展

下篇 / 天津自然博物馆

健的互动展项。

"重新发现恐龙"展是天津自然博物馆为迎接 2024 年农历龙年而特别策划，旨在向观众介绍恐龙研究领域的新变革、新发现和新认识。整体营造沉浸式观展体验，在中央龙池打造了"中华人民共和国的第一只恐龙——棘鼻青岛龙"骨架造景，突出介绍近年来我国古生物学家对棘鼻青岛龙头冠的新发现和新认识。围绕中央龙池，展览选择了十余种具有代表性的恐龙属种，通过化石、骨骼模型、复原模型、现生动物标本、3D 数字模型和多媒体视频等形式深入浅出地展示它们如何改变了人类对恐龙的传统认知。同时，设置了"隔空 3D

2024 年 "重新发现恐龙"展

恐龙模型互动体验区""和巨型山东龙大腿骨比身高""中国恐龙地图"等互动展项，极大提高了展览的参与性。

三）百年北疆，活化创新

百年北疆，历史丰富。天津自然博物馆以"让文物活起来"精神为指导，组织专业人员对北疆博物院的历史及藏品进行发掘、整理和研究，先后推出了"天物藏珍 博雅相传——北疆博物院的建立与发展""科学与艺术——北疆博物院藏植物科学画展""'石'破天惊——纪念中国第一件旧石器发现 100 周年""百年珍蕴——北疆博物院藏精品文献展"等展览并及时与公众见面。

2015 年 7 月，天津自然博物馆推出了特展"天物藏珍 博雅相传——北疆博物院的建立与发展"，让观众们了解天津自然博物馆前身北疆博物院的发展历程。

植物科学画是一类独特而珍贵的藏品，是以科学记录为目的而描绘植物形态特征的画，既具有重要科学价值又具有艺术审美价值，是科学和艺术的完美融合。2019 年 11 月 12 日，天津自然博物馆首次挑选了近百件由北疆博物院专业人员手绘的精品植物科学画，推出了原创展览"科学与艺术——北疆博物院藏植物科学画展"并与观众见面。该展览现在已经成为我馆一个独具特色的展览，先后赴全国各地进行巡展。

2020 年 6 月 4 日，恰逢天津自然博物馆前身北疆博物院创始人桑志华在甘肃庆阳发现中国第一件有确切地层记录的旧石器时代石制品 100 周年。百年前桑志华在庆阳的这项发现揭开了中国旧石器时代考古学及相关学科的序幕，萨拉乌苏、水洞沟、泥河湾、周口店……一处又一处闻名遐迩的古人类和旧石器时代遗址在神州大地上不断涌现，使全世界对人类起源的探索一度聚焦于中国。值此时机，天津自然博物馆推出了主题特展"'石'破天惊——纪念中国第一件旧石器发现 100 周年"。

2024 年 4 月 25 日，在中法建交 60 周年、天津自然博物馆（北疆博物院）创建 110 周年之际，以北疆 1.4 万余册文献数字化项目为基础，天津自然博物馆对这批珍贵的文献资料进行整理、梳理、研究，以中西文明交流互鉴为视角，以历史文献为载体，推出了"百年珍蕴——北疆博物院藏精品文献展"，全面展示了北疆博物院藏文献的类别、历史价值、科学价值，以及 20 世纪初中西科学文化的交流与互促。

2019年 科学与艺术——北疆博物院藏植物科学画展

2015 年 "天物藏珍 博雅相传——北疆博物院的建立与发展"展

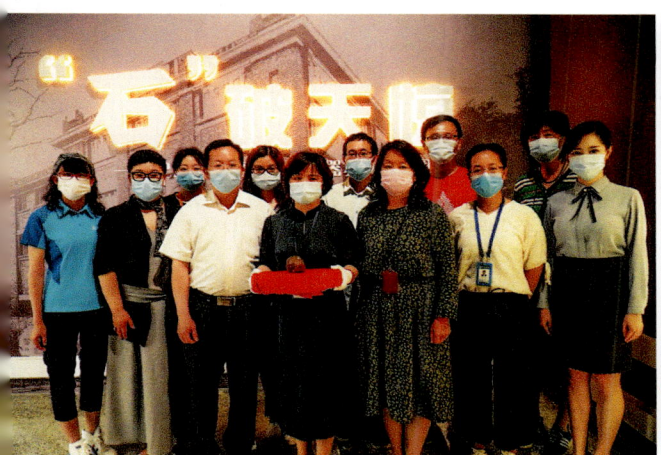

2020 年 "'石'破天惊——纪念中国第一件旧石器发现 100 周年"展

2024 年 百年珍蕴——北疆博物院藏精品文献展

下篇 / 天津自然博物馆

四）红旗飘飘，踔厉奋进

不忘初心、牢记使命；坚定理想信念，增强党性修养。"同心聚力 同谋新蓝图——学习十九大精神主题展""铸魂——延安时期的从严治党""红心向党 绿动津门——庆祝中国共产党成立100周年""时代的精神 永远的雷锋""走进科学家 逐梦新时代""喜迎二十大 科学传精神——科学家精神主题展"等充满正能量的主题特展也成为新时代天津自然博物馆的一道亮丽风景线。

系列主题展

五）特色主题，异彩纷呈

一代代天津自然博物馆人不忘初心，结合实际积极选取不同的主题，深度挖掘，先后推出"防震减灾专题展""时光胶囊——精品虫珀主题大展""葫芦主题特展""天外来客——陨石主题展""笔间飞羽——卢济珍鸟类科学绘画展""翰墨诗书　鳞豸毛羽——诗词中的动物百态"等展览持之以恒地为公众提供着展览及科普宣传服务。

2017 年　防震减灾专题展

2018 年　时光胶囊——精品虫珀主题大展

2019 年　葫芦主题特展

2019年　天外来客——陨石主题展

2021年　笔间飞羽——卢济珍鸟类科学绘画展

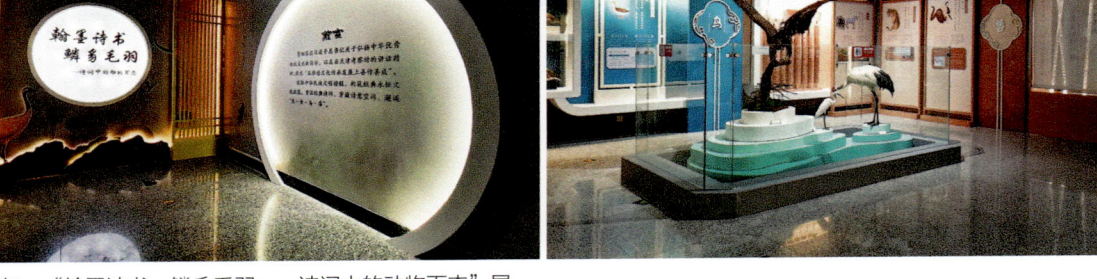

2024年　"翰墨诗书　鳞豸毛羽——诗词中的动物百态"展

只有宏伟、漂亮的馆舍并不是博物馆，有了精美的展览吸引观众才算是博物馆，再加上特色鲜明的博物馆文化才是优秀的博物馆。基本陈列是博物馆的主体陈列，代表着博物馆的性质、体现着博物馆的形象，所展出的藏品大多是我馆藏品的精品。临时展览选题灵活，时效性和专题性更强，能够紧跟时代节奏与前进步伐，满足观众日益增长的多样化文化需求，是基本陈列的重要补充。天津自然博物馆百年陈列展览的历史，正是一个博物馆文化逐渐发展、走向繁荣的过程。回首历年天津自然博物馆的展陈更迭与探索之路，基本陈列稳扎稳打，结合时代要求和科学发展推陈出新，在理念、内容和形式上不断突破和创新，形成了自身独特的文化品牌！

巡回展览 蒸蒸日上

有着百年历史积淀的天津自然博物馆，其建馆时间、藏品数量、陈列展览、科普宣教等方面的社会影响力广为人知。专题巡回展览作为展览中的重要组成部分，成绩斐然。回顾天津自然博物馆历经七十余年、艰辛曲折的巡回展览发展之路，抒发前人之情，激励后人之愿，以期更好地传播自然科学知识，传播生态文明理念，弘扬科学文化精神，发挥公共教育职能。

一、分类选题，探索巡展之路

中华人民共和国成立初期，北疆博物院被天津市人民政府接收，历经更迭变迁，最终更名天津自然博物馆。虽然当时的物质条件十分艰苦，但那时的博物馆人在做好建章立制、对外开放、藏品保管等基础工作的同时，克服重重困难，陆续举办了"水稻耕种技术展览""天津郊区农业生产展览""防治地下害虫展览""天津市养猪饲料利用及工具改革展览""天津鸟类展览""生物进化展览""植树造林绿化祖国展览""预防地震展览""解放台湾展览会"等几十个巡回展览。从展览内容上看，除传统的自然博物馆展示题材外，还涉及了农业、环境保护及政治人文等题材。这些展览都在天津市内巡回展出，市区公园和文化馆主要展出生物进化和分类题材类展览，天津郊县及周边县城主要展示支农兴农题材类展览。

当时的天津市行政区域划分是市内六区、四个郊区和五个县。按 20 世纪 50 年代初至 70 年代末的物质条件和交通状况，虽然展览的辐射范围仅在市区和郊县，但从展览的数量及展出频次上，对于当时的工作人员可谓工作量巨大，但他们的工作效率却极高。这种敬业精神令人赞叹不已。当时的展览制作，没有电脑、打印机、喷绘机等设备，文字大纲全部由创作人员手写，展板制作靠木匠手工打制，文字内容、图表内容均靠美工人员手工完成……巡回展出时，大多用拖拉机、农用车甚至平板车运输，偶尔赴偏远郊县可以"奢侈"地用一下汽车。随展人员经历了舟车劳累，还要进行繁重的布展撤展工作，工作艰辛却收获满满。

1981 年，是我馆巡展工作值得铭记的一年。此时，正值改革开放初期，乘着这一春风，我馆的展览首次走出了津门甚至国门。这一年，"畸形动物展"赴上海自然博物馆展出，"中国恐龙展"赴日本展出。

20 世纪 80 年代中期，我馆巡回展览开始集中向外省市博物馆进军。其中最具代表性的"优生优育知识展"，首展在我馆亮相后，随后成功赴南京、镇江、

20 世纪 60 年代，我馆农村文化工作队到西郊和南郊八个公社 44 个生产队开展宣传工作

1976 年　讲解员讲解"人类的起源"展览 　　　　1977 年　业务人员正在制作展板

"农业学大寨"展览及其 1976—1977 年间在天津各区县的巡回展出

1979 年 人民公园"西沙动植物标本展览"

1982 年 和平区文化宫"珍禽益鸟展览"

无锡、常州、哈尔滨、沈阳、抚顺、本溪、锦州等地展出,受到接展单位和当地观众一致好评。20 世纪 90 年代中期,这个展览又重返故里,在区县文化馆、工矿企业亮相,当时天津的大型企业争相引进"优生优育知识展",如天津电机总厂、拖拉机制造厂、电焊条厂、电缆总厂、工商银行天津分行、麻纺厂、卷烟厂等。由此可见,紧贴社会热点,关注公众需求的展览,还需要科学有效的推广模式加持,这才是巡展成功的关键。

下篇 / 天津自然博物馆

1984 年 "优生优育知识展"在街头发放宣传资料和展出实景

二、展览超市，洞悉市场之需

世纪之交，我国的博物馆事业蓬勃发展，博物馆数量激增，场馆条件也大有改善。当时，国内综合类的自然科学类博物馆数量奇缺，能够正常开放的场馆全国不足十余家，有些地方还在筹划或建设状态。巨大的市场需求，与自然科学类博物馆的数量极不适应，这为我们开拓展览市场，填补市场空白，提供了难得的发展机遇。

天津自然博物馆通过科学决策，结合社会热点，了解公众需求，整合馆藏优势、技术优势、人才优势，策划设计推出一批内容丰富多样，集科学性、知识性、教育性、趣味性于一体的巡回展览，送到有需求的场馆，统称"展览超市"，包括以自然、人文为主题的七大系列 40 余个展览，内容既有自然科学类的"中国恐龙暨古动物展""珍奇贝类""世界蝴蝶""濒危动物""珍稀海洋动物""珊瑚""爱鸟护鸟""神奇的湿地""基因的故事"等，也有跨学科的"健康快车""人体奥秘""青春期教育""预防青少年犯罪""中华传统文化""中华传统美德"等专题展览。据统计，这些展览足迹遍及黑龙江省博物馆、大庆博物馆、北京自然博物馆、长春国际展览中心、沈阳科学宫、河北博物院、诸城恐龙博物馆、南京直立人陈列馆、温州博物馆、绍兴博物馆、福州科技馆、厦门科技馆、广东省博物馆、广西自然博物馆、兰州博物馆、乌海科技馆等。

20多省、市、县100余个场所，巡回展览覆盖超过200余万人次，创造了良好的社会效益，社会教育职能得到充分发挥，我馆的知名度大幅提升。

"展览超市"统计表

展览名称	地点（时间）
中国侏罗纪恐龙大展	台湾（1993）
优生优育知识	天津水上公园（1994）
形形色色的动物	天津文庙（1997）
世界蝴蝶	天津蓟县（1999）、保定（2000）、兰州（2000）、温州（2000）、乌海（2000）、广州（2001）、深圳（2001）、哈尔滨（2001）、新会（2001）、中山（2001）、诸城（2001）、长春（2002）、黑河（2003）、黄骅（2003）、绍兴（2003）、潍坊（2003）、广州（2004）、深圳（2004）、武汉（2004）
青春期教育	保定（2000）、连云港（2000）、广州（2001）、泸州（2001）、洛阳（2001）、濮阳（2001）、铁岭（2001）、长春（2002）、海宁（2003）、南通（2003）、厦门（2003）、潍坊（2003）、枝江（2003）
世界昆虫	安徽（2000）、泸州（2001）、自贡（2001）、太原（2011）
崇尚科学、反对愚昧——揭批法轮功	安徽（2000）、阜新（2001）、南宁（2001）、广州（2001）、天津（2001）、天津蓟县（2001）
古代动物	安徽（2000）
中国古生物展	中山（2001）、保定（2003）、顺德（2004）
中华传统文化大观	天津津南区（2002）
海底奇葩——珊瑚花	天津大港区（2003）、福州（2003）、绍兴（2003）、潍坊（2003）、广东（2010）、铜陵（2004）
人体奥秘特展	哈尔滨（2003）、晋城（2003）、厦门（2003）、青岛（2004）
神奇的湿地	福州（2003）
生物百科	珠海（2003）
恐龙时代	潍坊（2003）
生殖与健康	黄骅（2003）
生命起源与进化	铜陵（2004）
海洋动物	铜陵（2004）
极地科学考察	西安（2004）
中国大型恐龙猛犸象真迹展	大庆（2005）
鸟类珍品	天津蓟县独乐寺（1999）
预防艾滋病	天津水上公园（1994）、南通（2003）
珍稀动物	天津科技馆（1997）

续表

展览名称	地点（时间）
珍奇贝类	天津蓟县（1999）、保定（2000）、兰州（2000）、乌海（2000）、广州（2001）、哈尔滨（2001）、新会（2001）、郑州（2001）、中山（2001）、诸城（2001）、三门峡（2002）、长春（2002）、天津大港（2003）、福州（2003）、太原（2003）、太原（2011）
大型海洋动物	连云港（2000）、晋城（2003）
宇宙与生命	安徽（2000）、天津蓟县独乐寺（2001）、广州（2001）、泸州（2001）、温州（2001）、自贡（2001）、天津塘沽区（2002）、天津大港区（2003）、潍坊（2003）、武汉（2003）、广州（2004）、宁波（2004）
地球在呼唤	安徽（2000）、铁岭（2001）、诸城（2001）、郑州（2001）、天津塘沽区（2002）、长春（2002）、天津大港区（2003）
中国恐龙暨古动物展	连云港（2000）、青岛（2001）、韩国（2003—2004、2001）、韩国（2011）
天津地区鸟类展	天津（2001）
中华传统美德	天津津南区（2002）、宁波（2002）、三水（2003）、深圳（2003）、太原（2003）、乌兰察布（2003）、武汉（2003）、珠海（2003）、东莞（2004）、广州（2004）、盘锦（2004）
预防青少年犯罪	东莞（2003）、三水（2003）、厦门（2003）、萧山（2003）、珠海（2003）
党的光辉历程	安庆（2003）、偃师（2003）、盘锦（2004）
中华魂	偃师（2003）
百大考古发现	珠海（2003）
百大自然奇观	萧山（2003）
百大科学发明	嘉兴（2004）
百大科学发明	巩义（2004）
中国恐龙化石展览	荷兰（2007）
最后的巨人	法国（2010）

展览超市宣传册及折页

2004年，展览超市获得"优秀科普产品奖银奖"

展览超市宣传册及折页

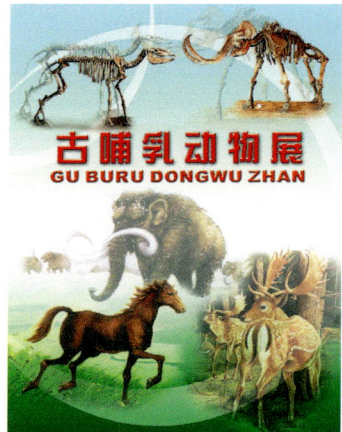

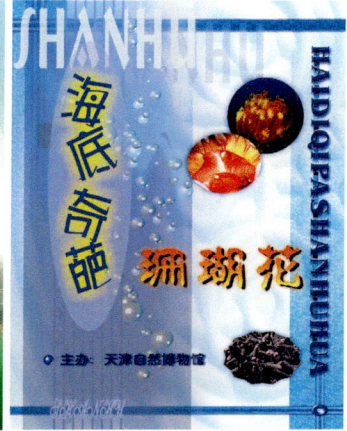

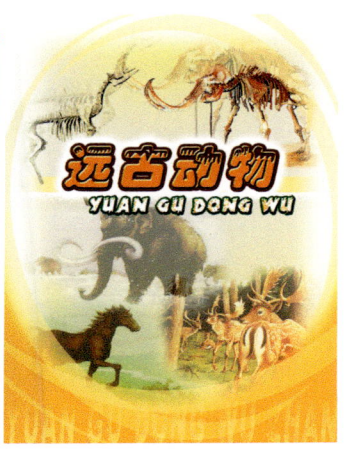

展览超市展览中的部分展板内容

1999年 蓟县独乐寺"鸟类蝴蝶贝类精品展"

2000年4月 我馆小鳁鲸和东方旗鱼等海洋动物标本在连云港自然生物馆展出

2001年 青岛博物馆"中国恐龙暨古动物展"

2009年 山西太原动物园"昆虫大世界展"

1993年 "中国侏罗纪恐龙大展"赴台湾展出

238 百年辉煌

2004年，我馆"展览超市"参展中国首届科普产品博览会，获得"优秀科普产品奖银奖"。

这些展览中，尤为醒目的是1993年在台湾自然科学博物馆的"中国侏罗纪恐龙大展"。该展览受到了中国文物交流中心的鼎力支持，这是中国大陆的古生物标本首次在台湾展出，展期6个月，观众达20余万人次。展览促进了两岸的科学文化交流，充分展现了我馆古生物化石藏品的雄厚实力。

三、走出国门，搭建友谊之桥

在世纪交替之际，天津自然博物馆迎来了新的机遇和挑战。天津自然博物馆的巡展走出国门，正式走上了国际舞台。

2002年底，"中国恐龙暨古动物展"在结束了青岛、连云港、温州等地的巡展后，踏出国门，远赴韩国首尔、大邱、釜山、高阳等地进行为期一年多的巡展。2003年1月，该展览首展在首尔国际会展中心开展后，创下单日接待30000人次的纪录，当地政府增加警力维持持续多天的大流量参观群众的交通秩序。2011年该展览再次赴韩国高阳、大邱等地展出。

2003年1月 "中国恐龙暨古动物展"首尔开幕式

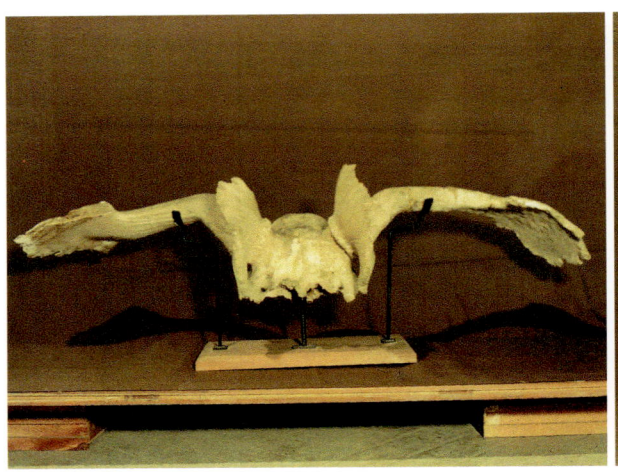

1981年 精选的赴日本参展的2件鹿角标本

2007年9月 "中国恐龙暨古动物展"在荷兰格罗宁根展出及现场布展

事实上，天津自然博物馆最早出国参展可以追溯到1981年，当时业务人员精选了4件古生物化石与其他博物馆一起策划完成"中国恐龙展"，并赴日本展出。

2007年9月，天津自然博物馆和重庆自然博物馆联合推出"中国恐龙暨古动物展"赴荷兰的格罗宁根进行展出，实现了从亚洲到欧洲的跨越。展览中我馆精选了鹦鹉嘴龙、山东龙、棘鼻青岛龙及数枚恐龙蛋等，共计33件标本。

2010年4月13日，由法国、中国、美国、加拿大、阿根廷、比利时等国家联合举办的"最后的巨人"大型恐龙展在法国巴黎国家自然历史博物馆正式开幕，展期10个月。天津自然博物馆精心挑选了满洲龙、棘鼻青岛龙、原角龙及两组恐龙蛋共5件（套）珍贵的化石标

240　　　百年辉煌

2010 年　"最后的巨人"展出现场 　　　　　　　　　2012 年 2 月　大邱展示场景

2010 年　法国布展现场电视媒体正在采访布展人员 　　2010 年　中法布展人员合影

本参加此次国际性的"恐龙盛会"，与来自美国、加拿大、摩洛哥等国的巨型恐龙汇聚在法国展出。天津自然博物馆作为亚洲唯一参加此次国际性恐龙大展的博物馆，充分展现了馆藏实力与国际影响力。"最后的巨人"是天津自然博物馆自建馆以来首次与国际知名大馆合作举办展览，也是继赴荷兰展出之后，第二次走进欧洲。本次参展使我馆成功进入了法国主流社会的视野，对扩大国际知名度，增进中法两国的文化交流和友好往来都具有重要意义。

展览开放期间，中国展台前吸引了大量观众驻足，成为了最受观众欢迎的展台之一。天津自然博物馆参展的 5 件（套）标本各具特色，满洲龙体长达 8 米、是我国境内发现的第一种恐龙化石，棘鼻青岛龙体重达 1.5 吨，是我国首次发现完整的恐龙化石，且具有顶饰，原角龙体长不足 1 米、生存于 7060 万—8350 万年前，还有第一批被人类发掘到的恐龙蛋。法国观众看后曾赞叹道："看到中国展出的恐龙化石，非常震撼，展示了千万年前地球原始风貌。"同时，我馆的展出也获得主办方的一致称赞，称其"保存完整，跨越地质年代长，科研价值高，极具地域特点"。

四、生态巡展，共谱时代之歌

2012年11月，党的十八大从新的历史起点出发，做出"大力推进生态文明建设"的战略决策，从10个方面绘出生态文明建设的宏伟蓝图。2015年5月，中共中央、国务院发布了《关于加快推进生态文明建设的意见》；10月，"增强生态文明建设"首度被写入国家五年规划。2018年5月，习近平总书记在全国生态环境保护大会上强调要大力推进生态文明建设。

2014年，天津自然博物馆迁建天津市文化中心。"传播生态环保理念 助力生态文明建设""推动文物活化利用 推进文明交流互鉴""让文物活起来 把故事讲精彩"，在网络技术飞速发展、生态理念深度传播的新时代下，传统的展板配标本的展览模式已经难以吸引观众，沉浸式、交互式体验展已成为新的展览风向。

2014—2024年巡展统计表

展览名称	地点（年限）
名羊天下——羊年生肖特展	厦门科技馆（2015）
奇趣昆虫专题展	南京直立人遗址博物馆（2015）、桂林博物馆（2021）、中国闽台缘博物馆（2023）
会飞的花——世界珍稀蝴蝶展	天津武清绿博园（2015）、河北博物院（2016）、天水博物馆（2017）、天津武清区博物馆（2019）、国家自然博物馆（2020）、江西省博物馆（2023）
丝绸之路自然大观	中国科技馆（2017）、天水博物馆（2019）、长春市博物馆（2021）、浙江建德市博物馆（2021）、安徽省安庆博物馆（2022）
贝壳物语——珍稀海洋贝类展	天水博物馆（2018）、天津印象城（2019）、天津鼓楼博物馆（2021）、贵州省地质博物馆（2022）
科学与艺术的融合——北疆博物院植物科学画展	河北博物院（2020）、天津鼓楼博物馆（2021）、深圳博物馆（2021）、重庆自然博物馆（2022）、国家自然博物馆（2022）、天津李纯祠堂（2022）、南开大学（2024）、南通博物苑（2024）
北疆博物院科学考察历程展	黑龙江省博物馆（2020）、大连自然博物馆（2023）
恐龙时代	天津鼓楼博物馆（2021）
葫芦主题特展	广西自然博物馆（2020）
本草健康	重庆自然博物馆（2023）、国家自然博物馆（2024）

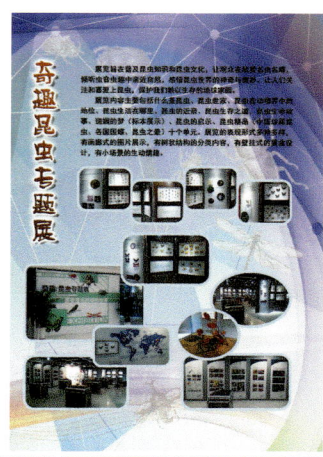

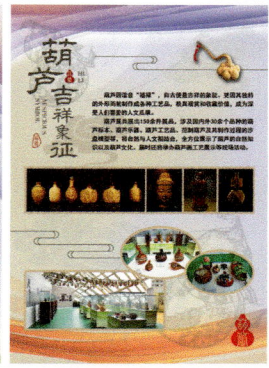

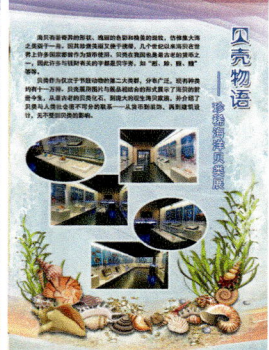

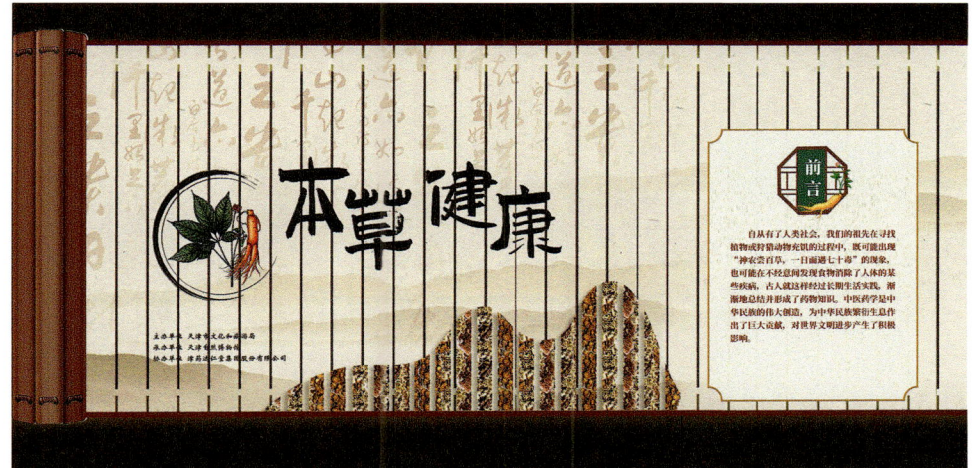

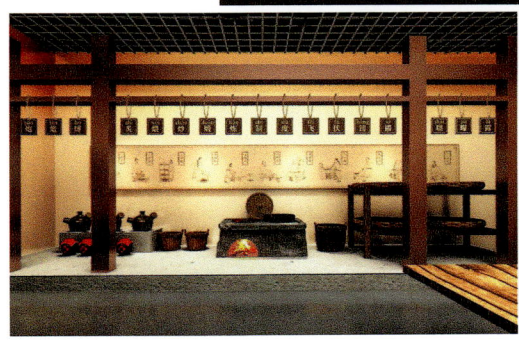

展览宣传册

下篇 / 天津自然博物馆

243

2016 年 "会飞的花——世界珍稀蝴蝶展"赴河北博物院展览现场与蝴蝶剧场

2019 年 "会飞的花——世界珍稀蝴蝶展"赴武清博物馆

为此，我们将原"会飞的花——世界珍稀蝴蝶展""虫趣——奇趣昆虫专题展""贝壳物语展"等展览在原有展览形式上，进行优化提升。展览配有相应内容的科普剧，由讲解员扮演动物角色着装现场表演；有效利用活体标本，采用蝴蝶活体放飞形式，活体贝壳可触摸形式，增加了展览趣味性、参与性、互动性，真正到达"寓教于乐，寓乐于教"的目的。

提升后的展览，结合接展单位所在地的实际情况，与我馆讨论协商后，又进行了在地性设计，融入新的元素和当地特色。这几个展览先后赴河北博物院、天水市博物馆、北京自然博物馆、桂林市博物馆、贵州省地质博物馆，以及天津市内多地进行展出，收到了良好的社会效益。

2018 年之后，结合我馆实际，我们推出了原创展览"北疆博物院科学考察历程展""科学与艺术的融合——北疆博物院植物科学画展""丝绸之路 自然大观""本草健康"等专题展，在我馆首展后先后赴天水、石家庄、长春、深圳、重庆、北京等地进行展览。

2021 年 "虫趣——世界珍稀昆虫主题展"赴桂林市博物馆

2018 年 "贝壳物语"展赴天水博物馆

2019 年 "贝壳物语"展在梅江南印象城展出

2021 年 "贝壳物语"展赴贵州省地质博物馆

2020 年 "北疆博物院科学考察历程展"赴哈尔滨博物馆

下篇 / 天津自然博物馆

245

2023 年 "北疆博物院科学考察历程展"赴大连自然博物馆

2021 年 "丝绸之路 自然大观"展赴长春市博物馆

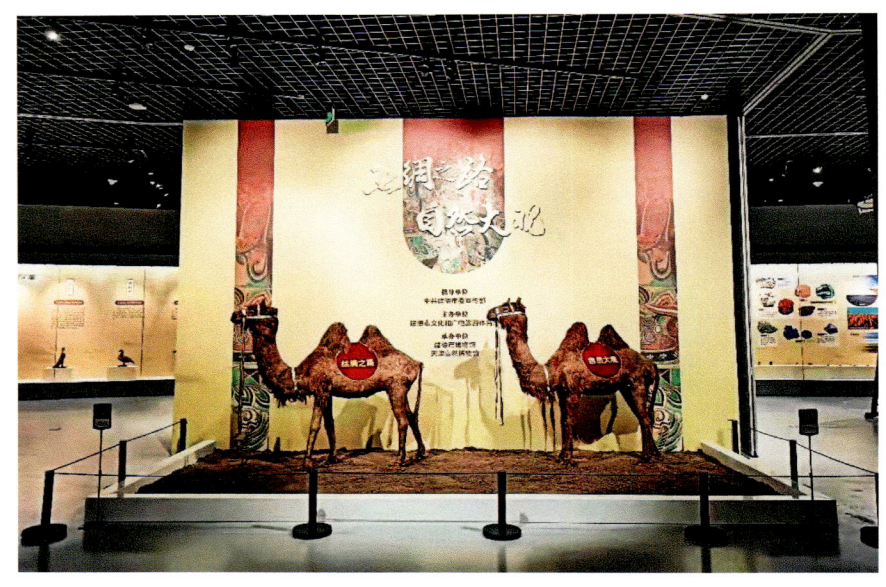

2021 年 "丝绸之路 自然大观"展赴建德博物馆

2022 年 "丝绸之路 自然大观"展赴安庆博物馆

  以画为媒，搭建时代共建新桥梁；以展为介，共谱生态合作新画卷。北疆植物科学画展，与各地的特色相结合，增加了科普讲堂、互动式体验等环节，采用了"百年嘉卉"（河北博物院）、"识草绘木"（深圳博物馆）、"慧眼识草木 笔笔总关情"（南开大学）等让人耳目一新的展览名称，取得了良好的展览效果和社会效益。

  "走出去引进来"，天津自然博物馆着力提高科普吸引力，扩大辐射范围，在推送原创展览的同时，也积极引进了"恐龙木乃伊——浓缩的生命""自然广西""从远古走来的渔猎文明""恋恋银风——南方少数民族银饰展""熊猫时代——揭秘熊猫的前世今生""水中精灵——长江水生生物专题展"等多个展览，并结合本馆本市的实际情况，对大纲内容进行了修改和完善，在增加馆际交流和合作的同时，也丰富了人民群众的生活。

2020 年 "百年嘉卉——北疆植物科学画展"赴河北博物院

2021 年 "识草绘木——北疆植物科学画展"赴深圳市博物馆

248 百年辉煌

2021年　"穿越时空的植物之美——北疆博物院藏植物科学画展"赴重庆自然博物馆

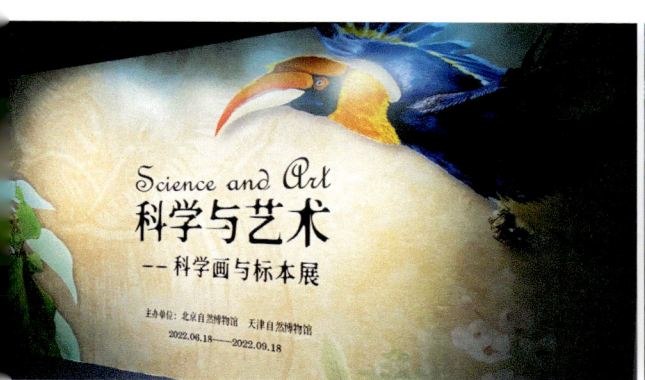

2022年　"科学与艺术——科学画与标本展"赴北京自然博物馆

2024年　"慧眼识草木　笔笔总关情"赴南开大学图书馆

2024年　"多识鸟兽草木之名　生物科学画联展"赴南通博物苑

下篇 / 天津自然博物馆

2021年　"恐龙木乃伊——浓缩的生命"展

2021年　从远古走来的渔猎文明——黑龙江鱼皮兽皮桦树皮历史文化展

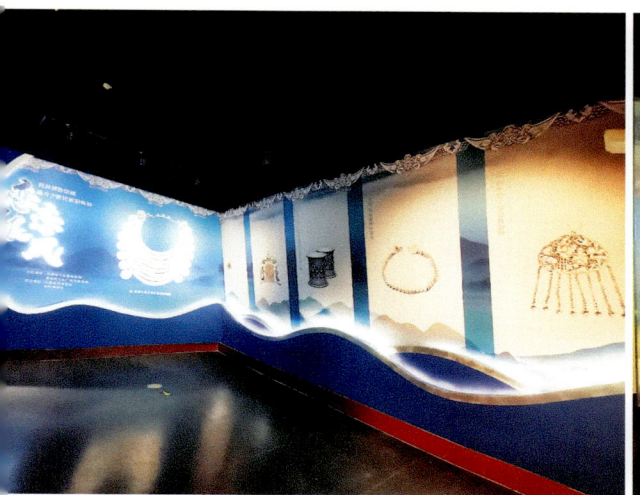

2022 年　恋恋银风——桂林市博物馆藏南方少数民族银饰展

2022 年　"熊猫时代——揭秘熊猫的前世今生"展

下篇 / 天津自然博物馆

2024年 水中精灵——长江水生生物专题展

　　展示宣传和社会服务是博物馆业务工作的中心环节。博物馆主要的功能在于为社会提供文化服务，而展览则是博物馆与社会大众之间沟通交流的重要纽带。天津自然博物馆始终坚持为社会服务、为公众服务的办展主旨，在专题巡展方面勇于打破学科限制，跨界开拓，小展览办出大影响。自新中国成立以来，我馆举办的展览始终秉承两条清晰的思路，一是始终立足自然科普场馆的功能和定位，服务国家战略，服务人民群众；二是追求品质，精雕细琢从我馆、本市到面向全国、走向世界。这两条思路的坚持，使我馆在充分利用自身资源和发挥自身优势的同时，也收获了较好的社会影响和经济效益。

宣传教育　形式多样

天津自然博物馆始终坚持博物馆为社会发展服务的公益性原则，以普及自然科学知识、传播自然科学理念为宗旨，充分发挥博物馆特色，为广大公众开展丰富多彩的科普教育活动。从建馆初期的"通过组织陈列帮助群众正确地认识历史与自然的发展规律"，到新时代"提高广大公众特别是青少年的科学素质、激发创新热情"，天津自然博物馆顺应时代需求，不断挖掘和拓展藏品功能，延伸展览内容，创新馆内外科普教育活动，为公众提供更加丰富优质的精神文化食粮，更好地满足人民日益增长的美好精神文化生活需要。

一、开拓群教工作

1952年天津市人民科学馆筹备委员会成立，以原北疆博物院为基础，开始向自然博物馆方向发展。1953年随着大型陈列对公众开放，我馆正式成立了群教工作机构，讲解员培训主要采取口授心传的方法。随着观众需求的增多，博物馆送讲解员到大学听课，增加专业知识，提高业务水平，逐渐可以融会贯通，运用自如，针对不同观众的需求可增可减，深入浅出，灵活机动，因人施讲。1954年我馆开始实行试讲和互相观摩的办法，有效地提高了讲解质量和水平。20世纪七八十年代开展直观教学活动，结合教学需要把课堂搬进陈列室，充分发挥博物馆陈列展览的优势，使书本知识更形象、更具体、更生动，成为学校课堂教学的延伸和补充。除编写普通讲解词外，讲解员们还配合中小学教学编写了《形形色色的植物》《形形色色的动物》《生物的演化》等专用讲解词，并根据幼儿特点准备了幼儿园讲解词。讲解中将挂图改为幻灯片，采用讲故事、诵诗歌等活泼多样的形式，和孩子们一起互动。这种直观教学活动既对学校教育起到辅助作用，也吸引了更多不同层次的观众来我馆参观。

讲解员通过熟悉陈列的主题和细节内容，独立撰写讲解词，结合清晰的吐字发音和自然的动作为观众进行生动的讲解，使观众来有所得。经过多年的摸索，天津自然博物馆形成了一套完善的讲解员培训、考核制度，多名讲解员在各级讲解员比赛中获得优异成绩。

紧跟时事，天津自然博物馆举办了各种小型专题展览并走出博物馆，深入学校、街道、工厂、农村普及科学知识。"生物进化流动展"在宝坻县、蓟县、三河县接待观众六万余人；农村文化工作队携"植物保护""天津市地下害虫""破除迷信"三个小型展览到北郊区、西郊区、南郊区开展宣传工作；"二化螟虫的防治""稻瘟病的防治展览"巡回展出的同时，我馆工作人员还

1965年11月，在南郊区北闸口公社开展防治病虫害的科学知识普及工作

1966年 春在东郊区举办了水稻育秧知识宣传工作

1975年10月，植物部陈瑞雪为九十中学生讲授课程

1978年2月，古生物部黄为龙为青少年科技参观团的师生讲解古生物知识

加入当地防治二化螟蛾的蹲点小组，参加灯诱灭蛾工作。博物馆派出的一支支小分队和工作组活跃在农业生产第一线，与农民同吃同住同劳动，他们常常每人一辆自行车携带展牌穿行在田间小路上，把展牌摆放在地头或农户大院里、炕头上，用拉洋片的方式，举起一张张展牌，认真地向农民解说防治病虫害的知识和新的农业技术。晚上辅导农民排练节目，送他们到区文化馆参加演出，或者用录音机把一组组的说唱节目录制下来，通过农村广播站有线广播播放，有力地推动了农村文艺工作的开展。既给当时的农村送去了科学文化知识，也带给他们一定的乐趣、生机和活力。1975年配合"预防地震展览"的开放，放映地震知识电影；唐山大地震之后，组织关于预防地震的小型展览巡回展出宣传防震减灾知识。1984年"优生优育知识展""蝴蝶展览""家庭养花知识展览""预防艾滋病知识展览""儿童健康与营养食品"等小型展览先后赴北京、河北、辽宁、黑龙江和江苏等地展出，群教部门和业务部门人员克服困难长途跋涉送展上门，并开展了相关科普活动，受到当地博物馆和文化管理部门的热情支持和一致好评，进一步开拓了宣传工作的广阔战线。

1999 年 8 月 26 日，第六届国际童声合唱大型演唱会现场及共栽友谊树

1999 年 3 月，《我眼中的自然博物馆》有奖征文颁奖 　　《大风车》栏目组鞠萍在我馆做节目

2000 年 2 月，"保护藏羚羊　省出压岁钱"主题活动 　　2000 年 10 月，天津自然博物馆成立老年爱绿组

　　在展览普及科学知识的同时，不断地采取行之有效的方法，开辟新的宣传教育活动。1956 年起，我馆先后举办"人类的起源""动物进化""昆虫的生活"等几十个专题讲座和报告会，以及"标本制作""植物鉴定""象的演化"等动植物培训班。为加强博物馆与社会的联系，1964 年试办了"博物馆通讯员"活动，1988 年组建了"天津自然博物馆之友协会"，1992 年被市政府批准为"天津市青少年教育基地"，2000 年组建了"天津自然博物馆老年爱绿组"。

　　20 世纪 50 年代至 90 年代初的几十年，天津自然博物馆的群教工作从无到有，从等到送，在普及科学知识进行宣传教育工作中，开辟了多种渠道，采取了诸多行之有效的方法，充分发挥博物馆的教育职能，使之成为青少年的第二课堂。

二、谱写科普新篇

作为"全国科普教育基地"，在新世纪的社会公共文化服务和宣传教育科普工作中，天津自然博物馆遵循以人民为中心的发展思想，为更好地满足人民日益增长的精神文化需求，始终坚持以阵地宣传为主线，做好基本陈列讲解的同时，积极探索科普教育的新途径，通过形式多样、内容新颖的科普教育活动拓宽视角、提升质量。讲解是科普教育工作的基石，多年来，我馆通过互相观摩、讲解评比、交流学习、专业培训、外展讲解、星级讲解员评定等灵活多样的方式从多维度提升讲解员业务水平，我馆先后有几十名讲解员在各级各类讲解比赛中取得优异成绩。

2020年天津自然博物馆入选中国科协2021—2025年第一批全国科普教育基地名单。被生态环境部、科技部授予我馆"全国生态环境科普基地"称号。此外，还荣获由科技部、中央宣传部、中国科协颁发的"全国科普工作先进集体"荣誉称号。2022年，我馆荣获全国全民科学素质纲要工作先进集体。科普项目"博物少年说"被评为2022年天津市博物馆青少年精神素养培养优秀案例"示范项目"。我馆书记、馆长张彩欣同志和副书记、副馆长赵晨同志分别于2023年和2021年获得由天津市科学技术协会授予的"天津科普大使"荣誉称号。

在国家文物局、天津市文化和旅游局、中国科协等单位指导下，天津自然博物馆举办了各类公益科普活动和丰富多彩的科普教育活动。通过这些活动的开展，带动、吸引更多的人一起来关注自然、保护环境，营造"人人参与、人人行动"的社会化环保氛围，从而推动整个社会的可持续发展。在科普教育的内容和形式上，我们找准契合点，利用科普日、科技周、博物馆日、地球日、环境日等主题日开展不同形式的科普主题教育活动，让低碳一词真正地走进民众的生活；关注社会热点，针对受教群体，组织专业性的科普互动讲座、访谈；开展一系列的助残、助学活动，让特殊群体的孩子们"亲近自然、放飞梦想"。

在培智育人方面，天津自然博物馆充分发挥青少年教育"第二课堂"的重要作用，不断开发各类主题的科普系列课程。科普课堂，旨在开阔青少年的知识视野，培养青少年敏锐的观察力，激发青少年的好奇心和想象力。科普课堂以主题明确、内容新颖、形式活泼、亲子互动为特色，突出知识性、实践性、

讲解员获得的各类荣誉

参与性、探索性、创造性，全面调动青少年视、听、嗅、触的全方位感官体验。我馆开设的每一项活动都紧紧围绕青少年的特点进行策划与实施，让青少年自己动手、亲身体验、与博物馆"互动"。通过内容形式多样的活动单和资源包为青少年营造一片兼具知识性与趣味性的园地，让青少年在"自然科普课堂"中了解自然界，萌发好奇、发出赞叹、探索家园。近年来以探究身边科学为主

下篇 / 天津自然博物馆

我和蝴蝶有个约会

小象故事会

小小研究员

"丝路画意"戈沙版画展特别活动

"好奇之秀"公益活动

"书香自博 你我共享"读书日特别活动

自然探索活动

自然科学小实验

线开发了如软体动物系列科普活动"贝多纷"、植物系列科普活动"植物趣多多"、人体系列科普活动"什么？为什么"，以及"餐桌上的大自然""非洲动物大冒险""昆虫的胜利""我是小小造纸家""假期也疯狂""蔚蓝的地球""十二生肖""会'飞'的哺乳动物"等系列自然探索课程共计十大种类，近百场主题活动。天津自然博物馆以微信公众平台和抖音、快手等直播平台为主要阵地推出了"自然公益微课堂"、"神奇的动物"双语科普播客活动、"一起聊聊吧"线上特色科普讲堂、"科学家的旅行箱"系列课程、世界文化和自然遗产日主题课程"小材大用"、"典藏万物"系列科普微课堂。线上课程形式多种多样，包括课程音视频、科学小实验、配套的学习单和教材等，吸引了众多观众的参与，不仅让孩子们在动手中学习到不同的知识，从实践中寻找乐趣，也让家长们受益匪浅。

创新服务内容和形式，多渠道开展线上公共文化服务。充分利用网络新媒体资源进行科普宣传，实现全媒体宣传。积极开发多种宣传途径，建立健全宣传机制，加强宣传硬件建设，我馆现有网站1个，微博1个，微信公众号1个，抖音1个，共拥有粉丝近百万人。与电视台、电台、网络媒体合作进行宣传，让更多未能走进博物馆的公众接触到自然科学知识，做到全民科普；适应时代需求在我馆网站、微信平台积极推出云展览；与多家知名网络平台签约合作，开展网络直播活动；开展网络爱护野生动物绘画比赛；积极建立自然博物馆与学校、社区的联系，通过连线等方式，先后将"自然微课堂"和各类科普小课程送到农村学校，学校再按年龄、年级或不同学科类别，提供给学生观看。

在做好科普教育活动的同时，天津自然博物馆科普宣教部还积极申报国家及省市级科普教育项目，开展相关课题的研究、分析、总结，先后申报完成天津市科技局"科普系列文艺作品的创作及演出项目"、环保部"中日合作环境教育基地项目"、中国科协"科技馆活动进校园"等科普教育项目，实现科研与科普对接，开辟了科普教育课题研究的新模式。

自然公益微课堂

天津自然博物馆网站

三、高质量品牌活动

百年来，天津自然博物馆始终致力于探索博物馆科普工作新途径，结合馆藏特色资源，推出一系列高质量科普活动，如集教学与娱乐为一体的"自然博物营地活动"、赋能自然知识新课堂的"科普讲堂"、创新科普讲解新形式的"科普情景剧"等，为市民特别是青少年营造一个寓教于乐的科学营地。充分挖掘藏品背后的故事，让文物活起来，突出自身优势，打造品牌效应。

（一）"自然博物冬夏令营"，集教学与娱乐为一体

自 1986 年起，我馆每年举办多种内容、多种形式的夏令营一至三期。针对孩子对大自然缺乏亲身感受的特点，把大自然作为教室，我馆专业人员做教师，组织师生到蓟县山区、水上公园、双林农场，以及烟台、长岛等地进行生物考察和标本采集制作。1992 年与天津市教学教研室联合举办"天津市首届优秀学生生物夏令营"，共有 260 余名学生参与活动。此次活动采取集体生活、半军事化的形式，开展了自然博物馆漫游、野外昆虫和植物标本采集和制作、模拟考古发掘、观看科技录像、篝火晚会等活动，结束时举办小型展览，展示孩子们采集、制作的标本和活动照片。

近年来，天津自然博物馆力求青少年营造一个寓教于乐的科学营地，充分运用博物馆的资源，不断推出内容丰富，形式多样的冬、夏令营。职业体验营、"科学萌想家·嘻游记"、"博物学家带你进厨房"、"寻龙高手·恐龙夏令营"、

1986年 "自然博物夏令营"在蓟县林区采集考察 　　1999年 "感受大自然"河西区红领巾坚强孩子冬令营

"冬日奇缘童子军与原始人的邂逅"冬令营 　　"科学萌想家 嘻游记"夏令营

夏令营外出观植物

特色冬令营　　活动宣传页

博物馆奇妙夜 装扮

博物馆奇妙夜 真假美猴王

"奇幻冬令营 雨林大探险"、"冬日奇缘童子军与原始人的邂逅"等。2014年率先开展博物馆奇妙夜活动，开发了以海洋、恐龙、昆虫、西游记等多个主题奇妙夜亲子活动，通过游戏环节的设置，让参与活动的小朋友动脑、动手、并通过团队合作解开重重谜团，在玩中学，积极答题闯关积累知识。

（二）"科普讲堂"，赋能自然知识新课堂

科普讲座是博物馆对外传播知识的重要形式之一。天津自然博物馆一直注重利用科普讲座服务社会，提升自我。一方面博物馆自己的工作人员积极踊跃上场，另一方面邀请相关专家学者来我馆科普宣传。尤其是2014年迁址文化中心场馆以来，我馆特设"自然科普讲堂"，以传播自然科学为宗旨，面向公众开展各类公益科普讲座。至今，先后举办各类讲座百余场，内容涉及生物科学、环境保护、天文地理、地质地层、技术科学、博物馆学等领域，极大地丰富了公众的业余生活。尤为突出的是2023年开展的12期"大咖来了"科普讲堂，让科学家走进博物馆，邀请中国科学院古脊椎动物与古人类研究所徐星研究员、邓涛研究员、高星研究员和南京地质古生物研究所冯伟民博士等各领域专家学者来馆为观众开展科普知识讲座，场场爆满，好评如潮。

"大咖来了"科普讲堂现已成为天津自然博物馆一张靓丽的科普名片，一次次把科学的种子撒播在青少年的心田……

1978 年　天津自然博物馆 王尚尊
人类起源科普讲座

1999 年　北京自然博物馆 甄朔南研究员
博物馆学科普讲座

2000 年　南开大学 卜文俊教授
科技周科普讲座

2006 年　天津自然博物馆 王凤琴副研究馆员
爱鸟周科普讲座

2008 年　北京麋鹿苑 郭耕副馆长
"畅想绿色未来　奥运城市之旅"

2018 年　天津自然博物馆 李国良研究员
"博物馆与藏品分类"

2020年　上海大学 安来顺教授
"我们城市生活中的自然博物馆"

2021年　中国科学院古脊椎动物与古人类研究所 邓涛研究员
"从泥河湾到扎达——揭秘披毛犀的起源之谜"

2022年　南开大学 黄春雨副教授
"传统文化与现代文化视角下的让文物活起来若干问题的思考"

2023年　中国科学院古脊椎动物与古人类研究所 徐星研究员
"探索恐龙王国奥秘的故事"

2023年　中国科学院古脊椎动物与古人类研究所 高星研究员
"人是怎样'变'出来的？"

2023年　科普作家、"玉米实验室"创始人 史军博士
"厨房里的植物学家"

2023年　中国科学院南京地质古生物研究所 冯伟民研究员
"生命曾如此辉煌"

2024年　沈阳师范大学古生物学院 孙革教授
"植食恐龙的'餐桌'与中国恐龙灭绝"

2024年　首都师范大学 任东教授
"恐龙时代的精灵——侏罗 - 白垩纪的昆虫"

2024年　华东师范大学 王小明教授
"生物多样性与自然教育"

（三）"科普情景剧"，创新科普讲解新形式

21 世纪以来，天津自然博物馆先后创作了《小猪三兄弟》《鸟儿的心声》《谁动了我的菜》《小恐龙成长记》《海洋欢歌》等多部科普剧。这些科普剧目将科普知识与表演艺术相融合，向公众传递儿童成长过程中的心理教育、环保教育等多种科学理念，向公众渗透自强自信、关爱他人、勇敢冒险等多种人文精神，深受青少年儿童及家长们的欢迎和喜爱，每年演出达 200 余场。

科普剧《足迹》以沙画形式讲述北疆博物院的发展和历史变迁。《鸟儿的心声》，以生动的形式、活泼的语言、有趣的剧情介绍了一对鸟类朋友的戏剧性遭遇，为鸟类保护知识在青少年中的传播起到了助推作用。爱鸟周期间，《鸟儿的心声》走入中小学校园，配合科普互动游戏、知识问答，以及宣传册的发放，向孩子们普及爱鸟护鸟知识，宣传保护鸟类的重要性，使更多的人参与到爱鸟护鸟行动中，该剧在全国科普场馆互动剧创作表演大赛中获优秀提名奖，荣获中国环境科学学会颁发的第二届 ERM 环保科普创新优秀奖。科普剧《欢乐的海洋》以小丑鱼找妈妈的故事为主线，讲述了鱼类对比认知、爱护海洋生物、保护海洋环境等内容。该剧在 2017 年的世界环境日首次演出就大放异彩。另外，我馆还同时推出两部现场科普实验剧《蜡虫也蜂狂》和《冰雪奇缘》，分别获得了天津市科学实验展演活动一等奖、优秀奖和全国科学实验展演汇演活动优秀奖。

科普剧《欢乐的海洋》

科普剧《鸟儿的心声》

科普剧《小恐龙成长记》

科普剧《小蝴蝶奇遇记》

天津市科学实验展演汇演及颁奖典礼

（四）"环球自然日"，开拓科普教育新特色

2012年起，天津自然博物馆就与环球健康与教育基金会合作举办"环球自然日——青少年自然科学知识挑战赛"，至今已十余载。挑战赛通过科学绘画、故事播讲、科学展演等多种形式，旨在全面激发中小学生对于自然科学的兴趣，提高青少年研究、分析和交往能力，展示学生对大自然的认识、调查与探究。活动连续举办场数多，学生参与面广、积极性高，每年都有全新的主题，取得了良好的社会效果，使学生在实践中丰富了自然环保知识，增强了生态环保意识和人与自然和谐共处的理念。

多年来，天津赛区约有5000组选手近万人参与活动，向总决赛输送了大量的优秀队伍，其中约有300组选手在历年总决赛中获得了一、二、三等奖。

2019年　颁奖仪式

参赛画稿 　　　　　　　　　　　　画作评选现场

参赛舞蹈表演 　　　　　　　　　　参赛作品讲解

环球自然日参赛作品

268　　　　百年辉煌

（五）"博物少年说"，传播自然文化新舞台

"博物少年说"致力于"精心科普、快乐讲解"，是天津自然博物馆的一个重要科普品牌活动，包括"小小讲解员""北疆博物少年说"等。自 2014 年创办以来，至今共开展 50 余期，总共招收学员千余名。

"小小讲解员"旨在让孩子们向观众讲解自然知识的过程中，敢于展示自己、表达自己，感受讲解和科普带来的乐趣。采用小班授课，一对一指导，针对式讲解教学，让孩子们学到自然科学知识的同时，将所学的内容消化活化并传播给观众，极大地提高了孩子们的信心。"北疆博物少年说"则立足于北疆博物院的历史、建筑、科考、展品等多方面馆藏资源，在为孩子们普及自然科普知识、提升讲解能力、纠正发音及仪态问题的同时，帮助孩子们提升自信心、表达能力、创造力、社交能力及团队合作能力等。

小小讲解员国庆特别活动"少年强　则国强"已连续开展五年，是孩子们为祖国奉上的特殊生日礼物。孩子们在这里，与珍稀国宝动物对话，用真挚的童语向"偶像"致敬，讲述孩子们心中的中国传统节日和我们伟大祖国的"国宝档案"。借助"小小讲解员带你逛自博""津娃带你游自博""小讲大课堂"等线上线下活动，小讲解员们以他们独特的视角讲述着珊瑚、贝类、霸王龙等内容和它们的自然故事，以纯真的思维向公众解读他们心目中的大自然。

小小讲解员

北疆博物少年说

"少年强　则国强"特别活动

"博物少年说活动"获奖证书

（六）"科普文艺演出"，突出科普宣传新亮点

　　天津自然博物馆科普宣教部工作人员创新思路、开拓思维，在天津市科技局的项目支持和相关专家的指导下，吸纳本市十几个专业院团、大中小学幼儿园等近百人，组建了科普文艺创作及演出团队，并特邀资深科普作家、青年文艺工作者作为顾问，指导科普文艺创作。团队充分发挥自然博物馆的优势，科普专家、科普志愿者与文艺创作表演团队携手，合作开发校外科普活动模块

儿童文艺表演

和以环保为主题的科普剧。演出运用了情景剧、相声、天津快板、歌曲、木偶剧等丰富多样的艺术形式，集趣味性、知识性、参与性、新颖性、科学性于一体，提升公众学习科普知识的兴趣，激发学生爱动物、爱家乡、爱地球的情感。

（七）"科普展览七进"，推进全域科普新实施

结合学校教育的特点，我馆制作了多种主题，形式多样的科普展览。科普巡展超市先后走进学校、社区、军营、网络、企业、机关、农村，做到"七进活动"常态化、特色化、多样化，使博物馆真正成为公众的科普教育中心。为搭建学校教育和社会教育相融合的合作平台，推进全域科普实施，近年来，天津自然博物馆总计与国内50余所中小学签署共建协议，先后走进校园近千次，把原创展览"走近科学家　筑梦新时代"送进学校使学生了解老一辈科学家的事迹，把"生物多样性之特殊的朋友""地球演化史"等自然科学知识课程搬进了课堂，既使学生了解自然科学、人文历史、社会文学、科学技术等方面的知识，也有益于民族精神、民族气节和优良道德的培养和传承。这些展览及配套的活动已成为学校社区等公众教育的有效补充，也是我馆在全域科普建设中的实际行动。

小学生走进博物馆

公益课程进校园

走进青少年活动中心

走进社区讲北疆

与新兴街道共建

科普大使进校园

科学家展览进校园

科普剧进校园

（八）"科普研学营"，贯彻生态环保新理念

　　为深入贯彻落实习近平总书记在京津冀协同发展座谈会上的重要讲话精神，2018年天津自然博物馆联合河北博物院、首都博物馆举办了"文化一体，绿色未来"京津冀研学活动；2019年，基于我馆北疆博物院的特色，与周口店遗址博物馆、河北阳原泥河湾博物馆联合举办了"挖掘历史　传承精神"京津冀研学活动，让孩子们感受到京津冀自然和人文的魅力，体验考古发掘的乐趣，了解文物保护利用的重大意义，领悟老一辈科学家"心之所善，九死未悔"的科学精神。2020年9月，在甘肃庆阳发掘出土第一件旧石器100周年之际，我们先后组织了两批次30人左右的研学队伍，赴国家级贫困县甘肃庆阳华池县中小学、庆阳市中小学等，开展"文化自然，科技强国"研学课程进校园活动，先后为当地7所学校及博物馆讲授课程50场，受益学生超过3000人。此外，"亲近自然　体验探索""文脉融享"等系列研学活动也不断地走进校园，走进博物馆，走向孩子们。

近年来，我馆又与天津市的老字号企业、科普基地、科技企业等联合开展各类活动，如"你的一天 水稻的一生"（国家粳稻中心）、"酸甜苦味鲜"五味研学（利达面粉厂、独流老醋厂、天津津药达仁堂、植物甜度科普、北塘海鲜）以及"谈天说地"蓟县科考营等，此外，在海底世界、文化中心、国家粳稻中心、国家天文台等地开展"共享自然""科学萌想家""小小研究员"等各类主题研学营，为青少年带来丰富的科普文化体验。

文化中心也是我们进行科普活动的天然植物园，我们已经搞了多场活动，在自然中带领孩子们认识我们身边的花草树木、昆虫飞鸟。我们青年专业人员还将文化中心的花草树木整理发布，图文并茂，发了《天津文化中心早春赏花指南TOP10》《天津文化中心秋天赏叶指南TOP10》微信文章，春赏花、秋赏叶，将旅游和科普结合。

"挖掘历史 传承精神"京津冀研学

"文脉融享"京津冀研学

"文化自然，科技强国"研学课程进校园

"典藏万物 探索自然"科普微课堂进校园

"亲近自然 体验探索"研学活动

"文化一体,绿色未来"京津冀研学

"谈天说地"科考营

天津文化中心认识植物

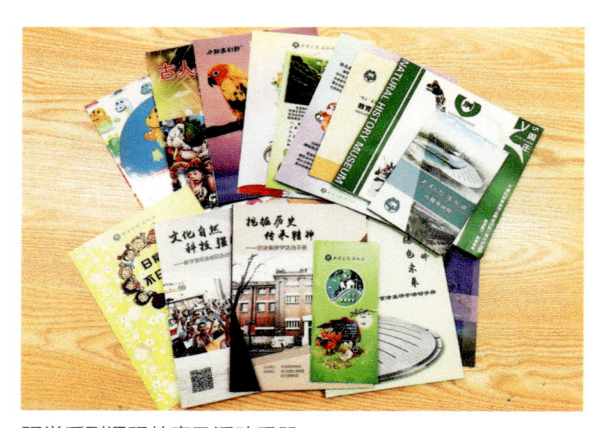

研学系列课程教案及活动手册

"文化自然,科技强国"京津冀研学活动总结

（九）"我是策展人"，践行文物利用新举措

习近平总书记2022年在给中国国家博物馆老专家的回信中强调要深化学术研究，创新展览展示，推动文物活化利用，推进文明交流互鉴，守护好、传承好、展示好中华文明优秀成果，为发展文博事业、为建设社会主义文化强国不断做出新贡献。

2022年暑期，我馆"小小讲解员"全面升级，邀请专家团队亲临指导，系统打造策展、布展、讲展一体化的全能型项目"我是策展人"特别活动，旨在从娃娃做起、守护好、传承好、展示好自然生态文化和成果，打造属于自己的"移动博物馆"，给孩子一次全面提升综合能力的机会。"我的展览我做主"，孩子们在我馆专业人员的指导下，从展览设计、大纲撰写，到知识归纳、展览制作，再到成品展示、展览讲解，均自己动手、展示自我。之后，还可以

"我是策展人"系列活动

孩子们筹备展览

将自己制作的展览带到学校讲给老师同学听，带回家里讲给亲朋好友听。将孩子们在自然博物馆中的视角从相对简单单一的"展厅参观讲解"延伸至复杂多面的"展览策划制作"，"从台前，到幕后，再到台前"，孩子们真正地"沉浸式体验"了一把展览及背后的故事。该活动虽然仅开展一期，却受到孩子们和家长们的一致好评。

　　形式多样的宣传教育工作为天津自然博物馆获评首批国家一级博物馆、全国爱国主义示范基地、全国科普教育基地、全国中小学环境教育社会实践基地、全国研学实践教育基地、全国生态环境科普基地、天津市环境教育基地等荣誉奠定了基础。在全面推动生态文明建设和天津全域科普的浪潮中，天津自然博物馆认真落实习近平总书记关于科技创新、科学普及工作的指示，把科学普及放在与科技创新同等重要的位置，立足博物馆丰富的馆藏资源，切实加大科学普及力度，认真践行"让文物活起来"、"用心用情讲好展品背后的故事"等理念，在增强公民保护动物、爱护环境的意识，树立"保护环境、人人有责"的思想，提升全民科学素质等方面尽力做好自己应做的事情。

科学研究 续谱新篇

1914 年，桑志华在北疆博物院开始了他在中国北方地区的科学考察之旅，拉开了中国古哺乳动物学、旧石器时代考古学和古人类学研究的序幕。110 年来，天津自然博物馆始终高度重视科学研究，紧随时代的步伐，科研工作不断迈向新的高度，取得丰硕成果。

一、专业研究承前启后

（一）前辈之基：初期的建档及其科学研究的开展

一）标本的建档和采集工作

1952 年，我馆在中国科学院古脊椎动物与古人类研究所专家们的指导下，开始全面接收原北疆博物院的藏品。从 1953—1957 年，依次完成脊椎动物、高等植物、昆虫等类群的草账。1958 年，用时 3 个月整理标本 21 万件，建立总账、库房卡、分类卡及标本卡。1962 年在清理核资的基础上，通过清点库外标本，再一次对馆藏情况作了核查，此时藏品总数共 28 万件，包括原北疆博物院藏品 23 万件，新采集标本 5 万件。

1963 年，邀请裴文中先生来馆鉴定标本，并讲授"怎样进行藏品定级"。在萧采瑜馆长和裴文中先生的指导下，我馆制定了《天津自然博物馆藏品保管暂行办法》和《天津自然博物馆关于藏品分级登帐手续和账册卡片的格式》，这为后期的科学研究和藏品保管工作奠定了坚实的基础。1973 年，在广州召开了"中国三志编写会议"，这给全国生物科学发展带来新的春天，天津自然博物馆也汇入了这个大潮。同年，我馆再次开始对藏品进行整理，并开始了大范围的采集工作和全面科学研究工作。

二）动植物研究全面铺开

我馆早期对现生动植物的研究涉及各个门类和学科，主要集中在昆虫学、鱼类学、鸟类学及植物学等。

萧采瑜教授是新中国成立后我馆首位馆长，也是南开大学生物系主任。他通晓英、德、日、俄、法、拉丁语等多种语言，是我国著名的半翅目昆虫专家，南开大学蝽象研究的创始者，中国盲蝽、缘蝽、姬蝽、猎蝽等科分类研究的开拓者，中国昆虫学发展的先驱之一。

萧采瑜一生都致力于昆虫分类学的研究。自1955年研究条件成熟后，萧采瑜充分利用中国科学院的标本收藏以及当时中苏生物考察队采自中国西南边疆的标本，从经济上重要且常见的缘蝽科昆虫着手开始研究，陆续发表该科分类学论文12篇，建立新属数个，发现一批新物种，并提出若干学术上的新见解。随后，萧采瑜继续开展姬蝽科、红蝽科、大红蝽科、扁蝽科、跷蝽科等类群的研究工作，尤其是在解决姬蝽分类等疑难问题上，更是取得了显著成绩。在萧先生的带领下，我馆昆虫研究工作，尤其是半翅目研究工作，如火如荼地开展着。由他主编的《中国蝽类昆虫鉴定手册》第一、二册分别于1977年和1981年出版，二册共计140余万字，记述了半翅目19科1700余种，覆盖了中国陆生半翅目中大部分的科以及这些科的大部分种类。书中附有数千幅插图和照片，还记载了一大批科学上的新物种和中国首次记录的种类。该书是中国规模最大、范围最广的半翅目昆虫分类研究专著。此书受到国际同行学者的普遍重视和一致好评，它的出版标志着中国半翅目昆虫研究已经上升到一个全新的高度，至今仍是半翅目研究鉴定工作的重要参考资料。

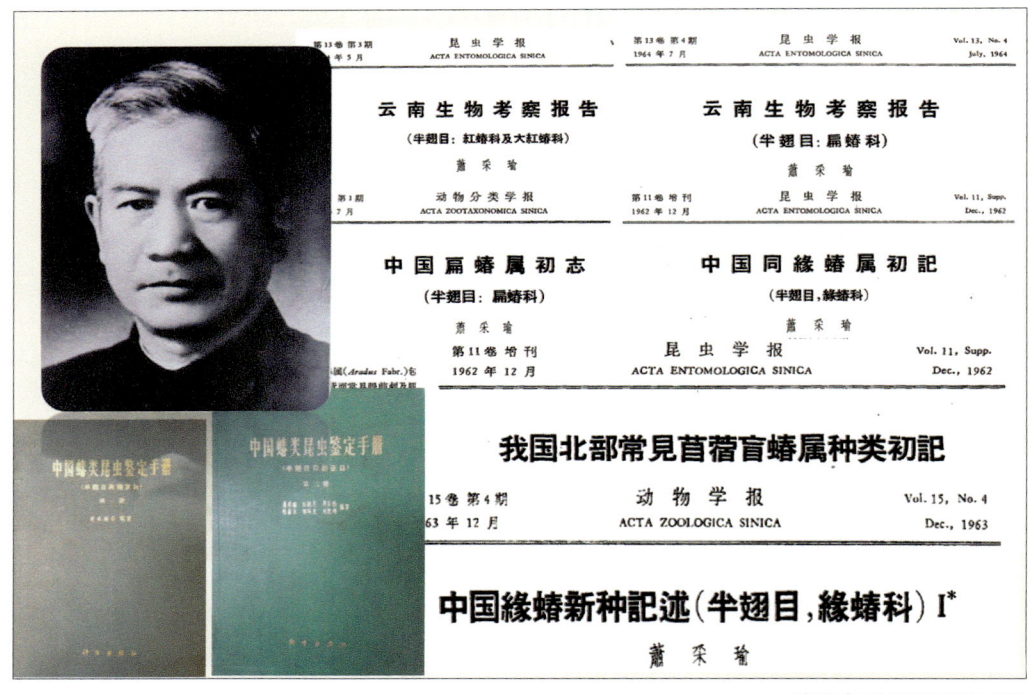

萧采瑜馆长及其研究成果

刘胜利副研究馆员从20世纪70年代开始就一直追随萧采瑜先生从事半翅目昆虫的研究，主要进行扁蝽科和同蝽科昆虫研究，先后发表了《鄂西神农架的同蝽》《中国同蝽科六新种》《中国短喙扁蝽亚科新种记述》《云南瘤蝽二新种》等论文。在萧先生主编的《中国蝽类昆虫鉴定手册》中，刘胜利承担了同蝽科、红蝽科和扁蝽科等类群的编研工作。其中第一册的同蝽科报道13新种，其中9新种的模式标本来自我馆馆藏标本；第二册中刘胜利撰写红蝽科和扁蝽科部分，共报道20新种。萧采瑜与刘胜利共同撰写瘤蝽科，报道6新种。另外，刘胜利先生还参与《西藏昆虫》《云南森林昆虫》等书的研究和编写工作。除半翅目研究外，刘胜利还对我国的竹节虫目昆虫进行了研究，其中3新种的正模标本保存在我馆。同时，在20世纪80年代，刘胜利、陈麟祥等人分别对天津的天牛、蝗虫、瓢虫、天敌昆虫、植食性金龟等类群进行了研究。

李国良研究馆员享受国务院特殊津贴待遇，致力于我国鱼类及淡水区系研究，先后定名发表了山东小公鱼 *Anchovieela shantungensis* Li、小眼金线鲃 *Sinocyclocheilus microphthalmns* Li 等新种。同时，他立足天津，向外辐射，展开了对整个河北地区的研究，于1985—1989年期间先后发表《天津淡水鱼类区系》《天津淡水鱼类区划及对资源保护利用的初步意见》《河北省淡水鱼类区系初探》等论文，填补了天津市和河北省淡水鱼类基础研究的空白。

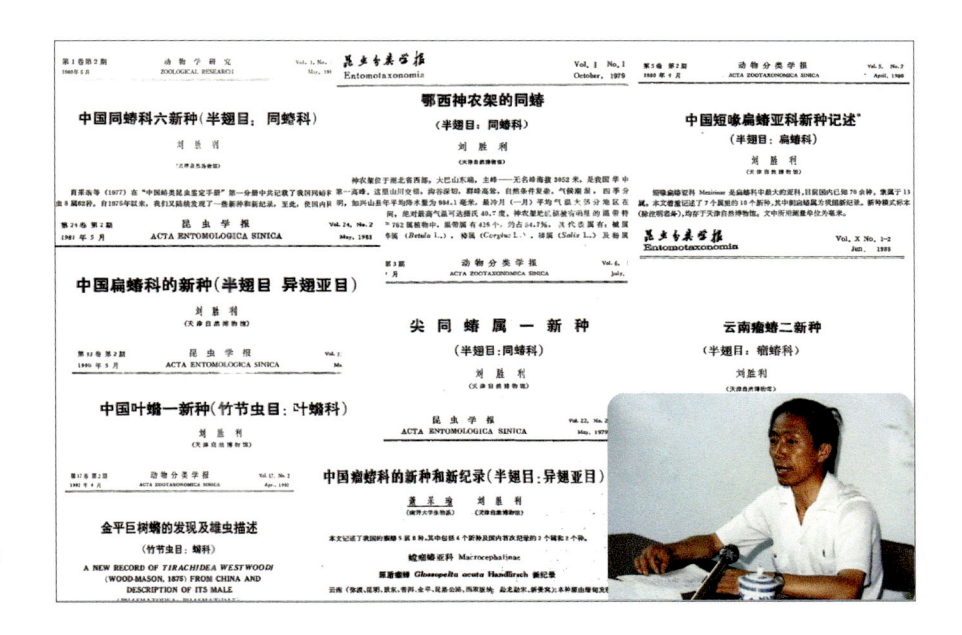

刘胜利副研究馆员及其研究成果

李国良研究馆员及其研究成果

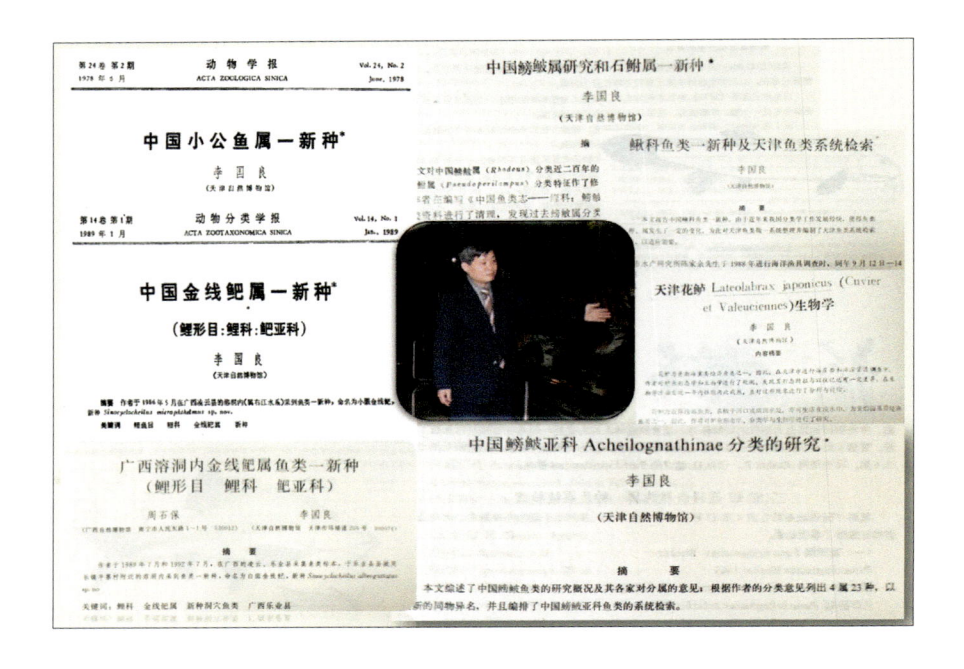

1989 年，他参与了南开大学出版的《鱼类生物学》（C. E. Bond 主编）的翻译工作。此后，李国良先后参与了《中国脊椎动物大全》（2000 年）、《河北动物志·鱼类》（2001 年）等著作的编写工作。论文《中国小公鱼属一新种》及《天津鱼类组成》获得天津文博图书学术讨论会一等奖。

陈锡欣研究馆员在我国著名的吸虫分类学家顾昌栋教授的指导和帮助下，与梁众等人与南开大学进行合作，通过对动物吸虫的采集、观察、对比、研究，先后发表了《前睾吸虫亚科的研究》、《东北虎体内的华支睾吸虫》、《天津常见蛇类的复殖吸虫》等多篇论文，发现了不少新种。

王学高研究馆员 20 世纪 90 年代初主要从事高原鼠兔的研究，先后发表了《高原鼠兔的繁殖空间及其护域行为的研究》《高原鼠兔繁殖生态的研究》等论文。2000 年，他与美国奥本大学的 F. Stephen Dobson 和亚利桑那州州立大学的 Andrew Smith T. 合作，对高原鼠兔交配机制和基因动力学进行了研究，并在 SCI 收录期刊《行为过程》杂志上发表。李百温研究馆员主要负责我馆的鸟兽标本，并围绕相关类群展开研究。20 世纪八九十年代，他对天津市的鸟兽进行了研究，先后发表了《天津地区珍禽及其保护》《天津地区主要经济鸟类及小型啮齿类调查》《天津地区兽类区系研究》《天津地区主要资源鸟类调查》等文章。

陈锡欣研究馆员及其研究成果

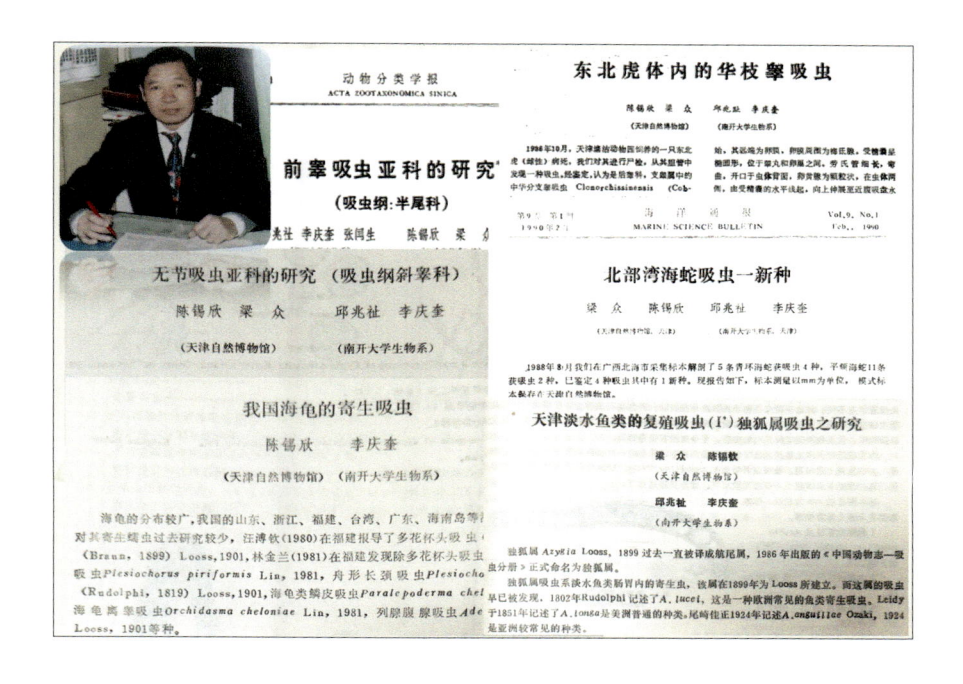

刘家宜研究馆员从事植物学方面的研究，享受国务院特殊津贴待遇，先后对中国香蒲属、达香蒲属、拉香蒲属植物进行了研究，发表了相关学术著作和论文。同时，立足于天津自然博物馆馆藏标本和天津市的植物情况，对天津古海岸与湿地植物资源进行调研，发表《天津植物区系的研究》《中国天津古海岸与湿地植物区系和植物资源开发利用与保护的研究》等多篇论文。1978—1986年期间，刘家宜参与《河北植物志》（1—3卷）的编研工作，并担任《河北植物志》编辑委员会委员，先后完成21科211种植物的编研。

从20世纪80年代开始，刘家宜教授着手编写《天津植物志》工作。1995年出版《天津植物名录》。2004年出版《天津植物志》，书中共收录150余科700余属1400余种天津植物，并配有1100余幅手绘植物图。全书近130万字，详尽介绍了天津市的自然概况、科、属、种等的特征记载及检索表，并有种的文献引证、产地、生境、分布等。《天津植物志》是对作者近40年来有关天津植物的调查研究结果的总结。2010年，在天津自然博物馆的大力支持下，她编研的《天津水生维管束植物》由天津科技出版社出版。书中共收录天津水生维管束植物28科45属75种。另外，她还参编了《河北中草药》《中国中草药学》等著作。

刘家宜研究馆员及其研究成果

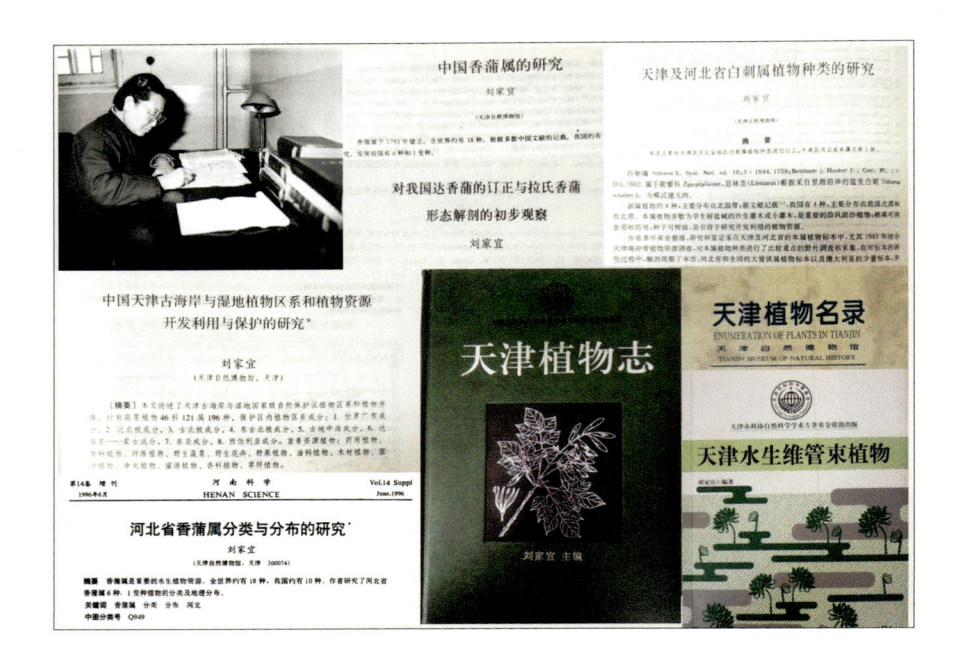

　　这一时期，植物部其他业务人员也都立足于我馆实际情况，对我馆收藏的植物标本进行了整理和研究。段澄云对馆藏的和天津市其他的珍稀濒危植物进行调查，发表《天津珍稀濒危植物的调查与分析》《馆藏珍稀濒危植物标本的初步研究》等文章；段澄云、王彩玲等分别就馆藏的杨柳科植物、藜科和苋科植物等进行了研究。

　　动植物的研究既相互独立，又密不可分。天津自然博物馆动植物部的专业人员常一起进行野外考察和采集，并就各自领域独立或合作开展研究。1982—1986年我馆的陈锡欣、李国良、刘家宜、李庆奎和梁众等同志承担"天津海岸线和海涂资源综合调查"课题的研究调查工作。历经四年多对天津海岸带（大港、塘沽、汉沽等地）的植物、底栖动物、浮游植物、浮游动物、鱼卵等潮间带生物等，以及与之相关的生态因子如水温、盐度、营养盐等进行了调查研究。编辑出版了《天津市海岸带和海涂资源综合调查报告》和《天津市海岸带植物资源调查报告》，这些成果为合理利用海洋生物资源、制定渔业规划和发展渔业生产等提供了基础数据。

《天津市海岸带和海涂资源综合调查报告》

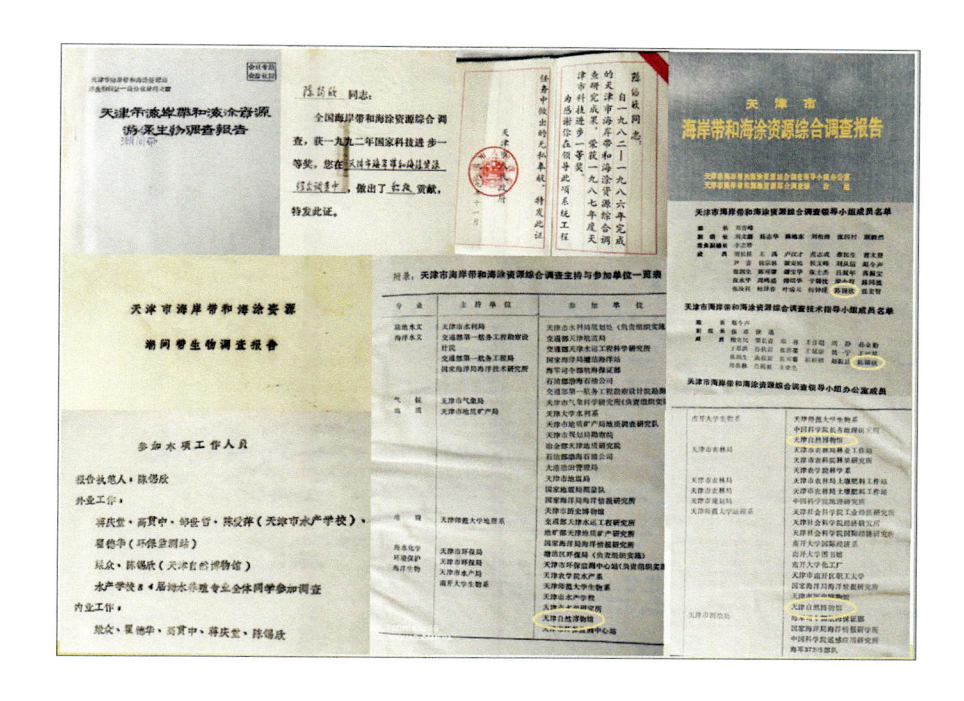

三）古生物研究逐层迈进

李玉清副研究馆员主要从事古哺乳动物化石的研究。她先后两次代表我馆参加了中德、中美的科研合作，即与联邦德国美茵兹大学合作的"中国乳齿象类化石研究"和与美国纽约自然历史博物馆合作的"中国山西榆社地区新第三纪地层及动物群"研究。

1980年，中国科学院古脊椎动物与古人类研究所与联邦德国马克斯·普朗克学会签订了一项古生物学科的合作计划，共同对欧亚新第三纪的哺乳动物进行研究。其中乳齿象类化石的研究项目是由联邦德国美茵兹大学古生物研究所所长托宾教授、中国科学院古脊椎动物与古人类研究所陈冠芳和天津自然博物馆李玉清三人组成的科研合作小组共同承担。李玉清负责中国乳齿象研究史和互棱齿象属两部分，重新整理并研究了"中国新第三纪和更新世早期的乳齿象化石"，建立了新属——中国乳齿象属 Sinomastodon。同时，她还探讨了中国乳齿象的迁移，以及与之相关的演化、古生物地层、古地理和古生态等问题。《中国乳齿象类化石研究》分别于1986年和1988年由德国慕尼黑美茵兹大学出版社出版专刊一、二两册（英文版）。该科研成果引起国际古生物界的瞩目，大大提升了天津自然博物馆的科研水平。

下篇／天津自然博物馆

李玉清副研究馆员及其研究成果

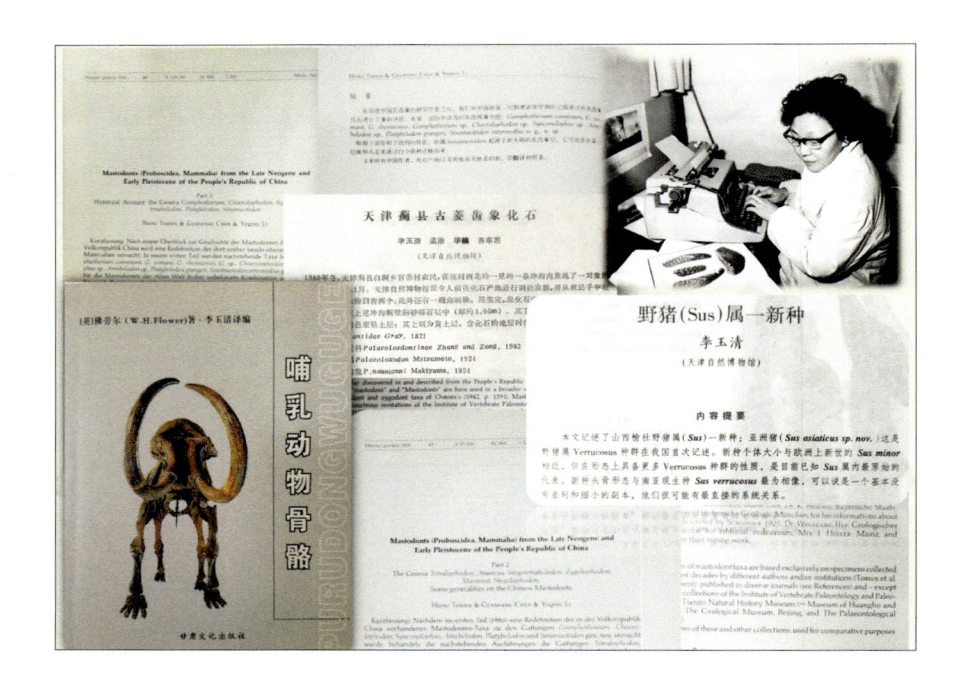

1987年起，中国科学院古脊椎动物与古人类研究所、天津自然博物馆和美国纽约自然历史博物馆等单位共同组织了对榆社盆地地质（包括古地磁测定）及哺乳动物化石全面系统的再研究。其中，猪类化石部分由李玉清承担，她以保存在天津自然博物馆和纽约自然历史博物馆的中国榆社地区的猪类化石为研究对象，共研究了猪科化石5属8种。2004年李玉清副研究员又编译出版了《哺乳动物骨骼》一书，为我国国内学者进行哺乳动物骨骼及相关的比较研究工作提供了基础资料。

黄为龙副研究馆员是我馆的古生物专家。他对天津自然博物馆馆藏的化石标本，尤其是脊椎动物标本进行了很多研究。20世纪80年代，先后发表了《河北阳原泥河湾大黑沟犀牛下颌骨发现的意义》《馆藏脊椎动物化石的特点》《中国鱼类化石的地史分布》等文章。20世纪70年代，中国科学院古脊椎动物与古人类研究所与我馆共同承担了国家科委下达的"1978—1985年基础科学发展规划（草案）地学——古生物分支学科""新第三纪动物群的研究及地层意义"等研究任务。1978年，古脊椎所邱占祥与我馆黄为龙、郭志慧对甘肃庆阳鬣狗科化石进行研究，于1979年发表了《甘肃庆阳上新世鬣狗科化石的研究》，订正了所有已知属种，建立了祖鬣狗属和3新种。祖鬣狗可能为现生鬣狗的直系祖先类型，该研究为了解鬣狗科的演化及分类提供了重要新资料。

黄为龙副研究馆员及其研究成果

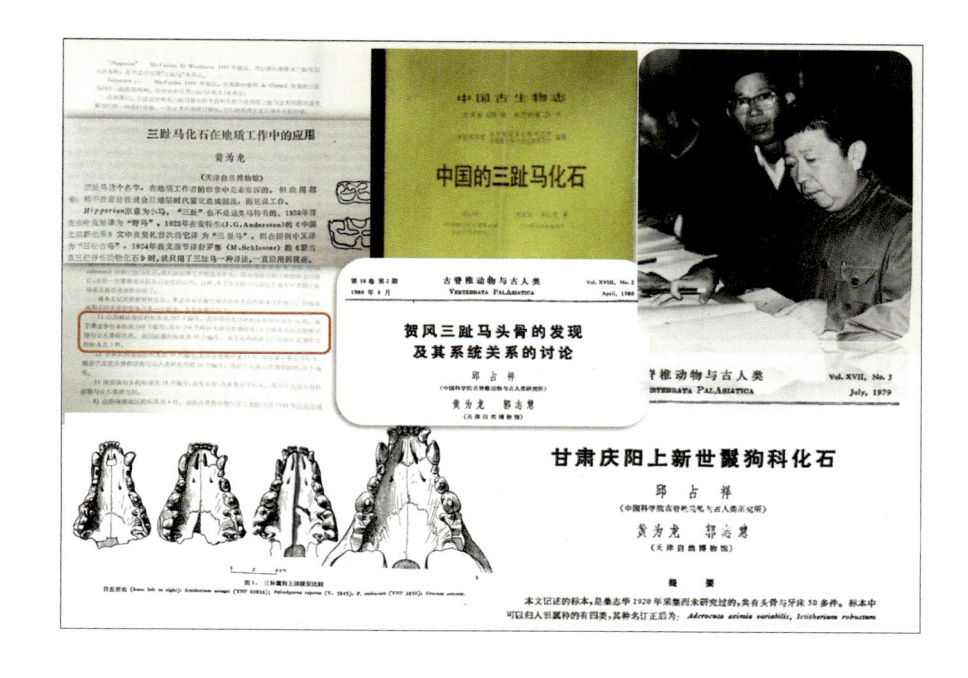

  1980 年开始，邱占祥、黄为龙、郭志慧三人开始对馆藏的山西榆社等地区的三趾马化石进行全面系统的研究。在全世界范围内，这一地质时期的三趾马化石较稀少。这项工作对我国已知种进行修订，建立 3 新亚属 5 新种，填补了国内三趾马化石研究的空白。1987 年三位作者联合出版了《中国古生物志》系列之一《中国的三趾马化石》，这是我国第一部系统研究三趾马化石的专著，1990 年荣获中国科学院自然科学二等奖。

  另外，郭志慧还对馆藏的中国大唇犀化石和野驴化石进行了研究；季楠对馆藏的爬行类化石进行研究后，发表了《原蜥脚类中的珍贵材料》《云南禄丰晚三迭世恐龙化石的鉴定》；王尚尊对馆藏的古人类及石器标本进行了研究，发表了《我国境内首次发现的古人类化石和石器》《河北泥河湾早更新世骨制品的初步观》。

（二）中坚力量：科学研究的全面铺开及广泛合作

  老一辈科研工作者为我馆的科研工作和事业倾心尽力，为进一步的研究奠定了坚实的基础。在他们的支持和帮助下，新的研究方向不断开拓，新的研究力量不断壮大。

一）动植物学研究

李庆奎研究馆员从 20 世纪 80 年代起就致力于渤海鱼类的复殖吸虫的研究，先后发表学术论文 60 余篇。除了对吸虫进行系统研究外，还涉及鱼类、鸟类、两爬等动物体内的寄生虫。《中国动物志》的编研是摸清我国动物资源家底的一项系统工程，是进一步研究物种多样性、探讨物种演化和系统发育的奠基石。从 20 世纪 90 年代中期开始，李庆奎参与了《中国动物志》无脊椎动物吸虫纲卷册的编研工作，目前已出版第 1 卷和第 3 卷，填补了我国吸虫纲研究的空白。1995 年，他参编了由申纪伟、邱兆祉主编的《黄渤海鱼类吸虫研究》一书。该书是我国第一部系统介绍整个黄渤海海域吸虫的专业书籍，书中记述了黄渤海鱼类吸虫 2 目 24 科 75 属 130 种。1999 年，他参编了由张剑英主编的《鱼类寄生虫与寄生虫病》一书。全书记述寄生虫 197 科 685 属。2000—2002 年期间，李庆奎与南开大学、台湾大学合作，参与了国家自然科学基金项目"中国海洋鱼类吸虫系统学研究"。2006 年，天津自然博物馆与天津蓟县八仙山国家级自然保护区合作开展了对该保护区生物资源的调查和研究。在李庆奎研究员的带领下，动植物部全体人员于 2006—2008 年期间对八仙山进行了连续 3 年的调查研究。2009 年，李庆奎主编的《天津八仙山国家级自然保护

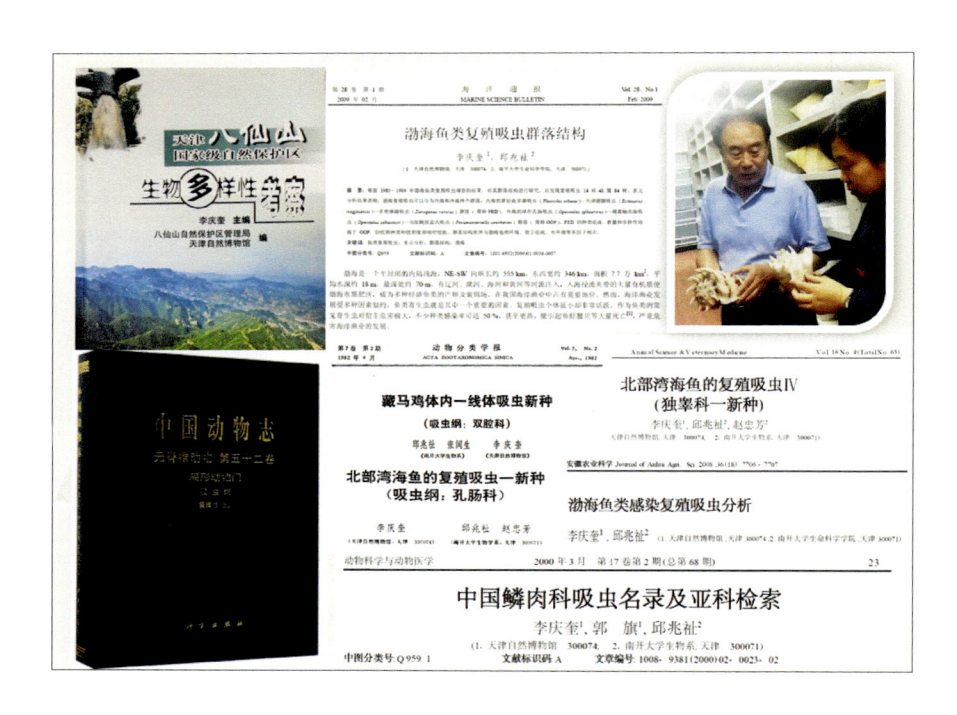

李庆奎研究馆员及其研究成果

区生物多样性调查》由天津科技出版社出版。该书记载各类动植物资源共 341 科 1843 种，并对八仙山地区的动植物资源及分布做了较为深入的分析和探讨。该书的出版为天津地区的动物植物研究奠定了重要基础。2009 年，在李庆奎的带领下，动植物部全体人员成功完成了《天津中新生态城生物多样性调查》并提交了调查报告，发表文章多篇。

  王凤琴研究馆员是我馆的鸟类专家，从 20 世纪末就开始对天津的鸟类进行研究，先后发表了《天津鸟类生态及分布》《天津地区鸟类组成及生物多样性分析》《天津七里海湿地保护区鸟类区系及生态分布》等文章。2006 年，她主编的《天津通志·鸟类志》由天津社会科学院出版社出版。全书共记载天津鸟类 389 种，提供鸟类照片 211 张。该志是天津第一部也是唯一一部把自然科学和社会科学融为一体的志书，是天津有史以来的第一部鸟类专志，总结概括了天津鸟类的历史、现状及发展。2008 年，王凤琴主编的《鸟类图志·天津野鸟欣赏》出版。全书从天津生态环境概况、野外观鸟、观鸟基本方法、天津主要观鸟点、野外拍鸟和鸟类识别等方面进行了论述。全书共记载天津鸟类 261 种，提供图片 300 余幅，还附录了天津市重点保护鸟类名录。这两本书的出版是作者对天津鸟类多年研究观察的结果，填补了天津地区鸟类研究方面的空白。2006 年至今，她先后主持（参加）了"全国沿海水鸟同步调查""天津大黄堡湿地自然保护区鸟类调查""天津宝坻青龙湾固沙林保护区鸟类调

王凤琴研究馆员及其研究成果

查""天津机场鸟类调查及机场鸟类展室设计""全国生物多样性鸟类监测""古海岸与七里海湿地国家级自然保护区鸟类调查""天津滨海湿地鸟类多样性调查与评估"等十多项调查研究项目。2021 年，王凤琴主著的《天津野鸟》由化学工业出版社出版，书中记录天津鸟类21目70科356种，给出每种鸟类的识别要点、生态特征、食性及最佳观测时间和观鸟地点。该书已成为天津市鸟类研究、生态环境保护等专业人员以及广大市民，尤其是观鸟爱好者的重要工具书。多年来，王凤琴还带领并指导我馆年轻的同志进行鸟类学相关的调查和研究工作，为我馆的人才建设贡献了不可磨灭的力量。

此外，还有很多业务人员一直在从事着各方面的研究，支持着我馆发展建设。孙桂华研究馆员立足我馆的藏品，先后研究发表了《天津自然博物馆馆藏马达加斯加昆虫标本名录》《珍稀昆虫资源保护与昆虫知识普及》《天津自然博物馆馆藏非洲蝴蝶标本名录》等文章。同时，与长江大学王文凯教授合作，对我馆馆藏的天牛科标本进行了鉴定和研究，发表了《天津自然博物馆天牛科昆虫名录（Ⅰ、Ⅱ、Ⅲ）》。2001 年，与我馆其他人员一起编著出版了《世界蝴蝶博览》。郭旗副研究馆员继承了李国良研究馆员的衣钵，对我馆的鱼类标本进行研究。近年来，先后发表《天津自然博物馆馆藏南海鱼类标本》《八仙山国家级自然保护区鱼类区系及多样性》《西沙群岛鱼类群落特征》等文章。早期，他还跟随李庆奎研究员对吸虫进行了很多研究，发表过《中国海鱼孔肠科吸虫》《北部湾海鱼的复殖吸虫》等文章。何森研究馆员与山东大学胡金林教授合作对我馆的部分蜘蛛标本进行了研究，先后发表了5新种。同时，还对 Fauvel（福韦尔）记述的中国北方近海多毛类进行了订正。王雪明发表了《对馆藏科兹洛夫植物标本及其著作的初步研究》《天津自然博物馆收藏的蕨类标本》等文章。茹欣完成了《贵州梵净山苔藓标本记述》《馆藏新增湖南植物标本的整理鉴定》《天津八仙山国家自然保护区苔藓植物调查》等。

二）古生物学研究

匡学文研究馆员是我馆恐龙学方面的专家。先后入选天津市"131"创新型人才和天津市宣传系统"五个一批"人才。从20世纪末期开始，先后发表了《马门溪龙的骨骼形态功能分析》《四川开江、自贡恐龙化石生物地球化学的初步分析》《川东开江地区下沙溪庙组一新蜥脚类化石》等文章。2001—

匡学文研究馆员及其研究成果

2002 年期间，匡学文与中国科学院古脊椎及古人类研究所的徐星等人进行合作研究，发现了内蒙古上白垩统二连组的镰刀龙。2003 年，他再次与徐星、赵喜进等人合作研究联合撰写的《中国的四翼恐龙》发表在 Nature 杂志。"我国发现长着四个翅膀的恐龙"这一发现入选"两院院士评选振邦杯 2003 年中国十大科技进展新闻"，这是人类在恐龙发展进化史的研究上非常重要的一环。美国著名的进化论学者、加州大学伯克利分校的帕丁教授评论说："这一发现的潜在重要性和始祖鸟一样"；英国里兹大学的进化生物学家瑞讷博士称"四翼恐龙的发现是始祖鸟之后在鸟类演化研究领域最重要的发现"。此后，研究小组对这些恐龙化石进行了进一步研究，分别于 2004、2005 年在 Nature 上发表《中国最原始的霸王龙及原始羽毛在霸王龙身上的证据》和《飞行证据——四翼恐龙能飞吗？》两篇文章，论文中论述道，首先，中国最原始的霸王龙"奇异帝龙"的发现证明了霸王龙类早期的祖先类型是小型的，随后慢慢演化为体型庞大的霸王龙。其次，帝龙覆盖着羽毛的事实再一次证明了兽脚类恐龙和鸟类有着共同的祖先。

在匡学文同志的带领下，其他同志也积极开展了各方面的研究工作，如：古哺乳类方面，郑敏同志针对我馆的馆藏标本先后发表了《野驴病态胸椎化石》《泥河湾大黑沟梅氏犀化石的发现》《天津蓟县诺氏古菱齿象化石的发现》

等论文。2005 年，她与中国科学院古脊椎所的邓涛博士合作，对泥河湾的部分化石标本进行研究，发表了《泥河湾发现的板齿犀肢骨化石》。2009—2011 年期间，她参加天津市文博系统"名师教室"，跟随李玉清研究馆员学习，对天津自然博物馆馆藏的蒙古野驴化石标本进行了系统研究并发表相关论文。高渭清对狼鳍鱼化石标本进行了研究，先后发表《辽宁义县几件狼鳍鱼化石的对比与鉴定》《辽宁义县王家沟弓鳍鱼类化石的鉴定》《贵州关岭弓鳍鱼类化石的鉴定》《天津蓟县晚更新世象化石分布与地貌特征》《馆藏山东山旺中新世蟾蜍化石的鉴定与研究》等论文。

（三）后起之秀：新鲜血液的注入和深入的科学研究

从 2005 年开始，天津自然博物馆根据自身情况和实际需要，引进招录了一批博士、硕士。同时也结合自身的情况，培养了一批博士。我馆目前共有博士 6 名，硕士 20 余名，分别在动物、植物、古生物、展览及宣教等业务部门。这些新鲜血液的注入将天津自然博物馆的科研力量推上一个新的台阶。

郝淑莲研究馆员主要从事昆虫学和博物馆学相关研究。进馆以来先后获得了"天津市百名优秀科技工作者"、天津市宣传系统"五个一批"人才资助、"天津市文广局首届优秀青年人才贡献奖"和"天津市新长征突击手"等荣誉称号。2010 年，郝淑莲同志获得了国家自然科学基金项目"中国羽蛾科分类修订及幼期形态学研究"，这是天津自然博物馆首次也是至今唯一的以依托单位获得的国家自然科学基金项目。同年，她还得到了国家自然科学基金重大项目《中国动物志》的资助，承担"昆虫纲 鳞翅目 羽蛾科"卷册，这也是我馆首次主持动物志工作。此外，她还参与了"中国宽蛾亚科分类修订及系统发育研究"等 5 项国家自然科学基金项目，"国家环保部生物多样性保护专项：生物多样性（蝴蝶）示范观测"等 10 余项省部级项目，以及"天津八仙山自然保护区生物多样性考察"等多项其他类项目。2020 年，由李后魂、郝淑莲等编著的《八仙山森林昆虫》正式出版，该书共记录了八仙山森林昆虫 107 科 716 种，这是天津市首部关于昆虫学方面的专著。此外，她还先后参与并负责了《天津八仙山国家级自然保护区生物多样性考察》《天目山动物志 鳞翅目小蛾类》《南岭昆虫志 鳞翅目小蛾类》等专著的编研，并担任副主编；同时参与了《河北动物志 小蛾类》《秦岭小蛾类》《中国小蛾类名录》（英文卷）等 10 余部生物多样性资源调查的编研工作。以第一作者（通讯作者）的身份

郝淑莲研究馆员及其研究成果

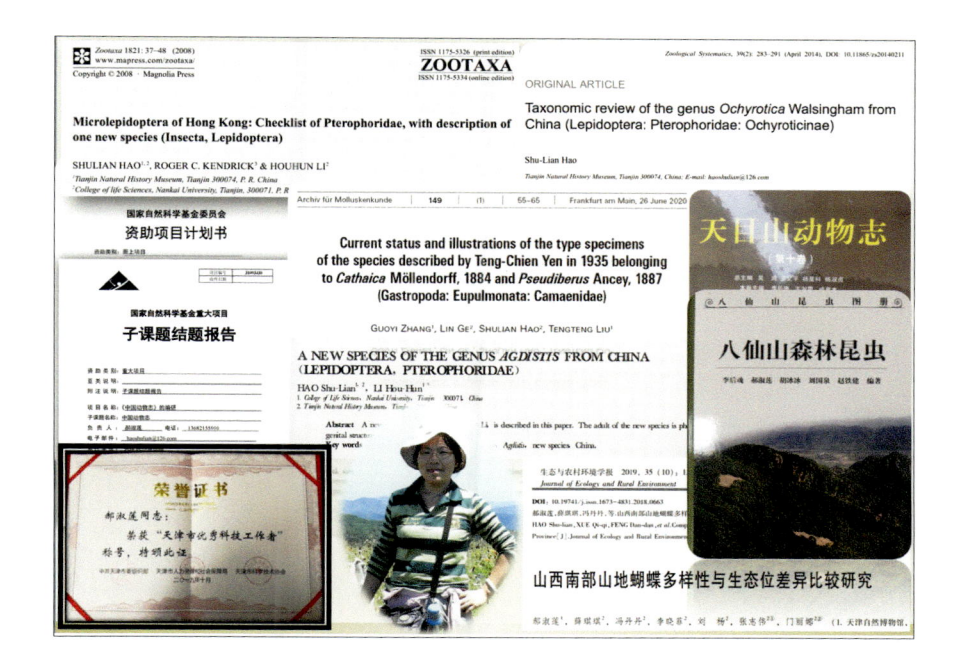

先后发表学术论文 40 余篇，其中多篇被 SCI 或中文核心期刊收录。在馆工作期间，协办了第四届"亚洲鳞翅目论坛"等多项学术会议，完成本馆学术委员会的组建并主持相关工作、参与并负责"中国科学院古脊椎动物与古人类研究所 - 北疆博物院联合研究中心"等组建工作；负责新馆蝴蝶园建设、北疆博物院相关展览的设计布展，参与"海河原生鱼""虎虎生威""世界珍稀蝴蝶展"等 20 余个展览的展览设计及布展等工作。

覃雪波研究馆员主要从事动物生态学研究、环境生物学研究、藏品保护、展览和科普等工作。入馆至今，先后获得了"文化部青年拔尖人才"、"天津市百名优秀科技工作者"、"天津市敬业奉献好人"、天津市宣传系统"五个一批"人才、"中国航海学会科技一等奖"等称号。主持了中国博士后基金、天津市文物博物馆科研项目和中央科研院所科研创新项目，参加了国家国际科技合作、科技基础性工作专项、国家自然科学基金等科研项目。参编《中国典型海湾海岸工程建设生态环境效应与风险》和《港口建设与湿地保护》两部专著。发表论文 60 余篇，多篇被 SCI 或中文核心期刊收录。受邀为 *Mammal Research*、*Marine Pollution Bulletin*、*PLoS ONE*、*Environmental Science and Pollution Research*、*Regional Studies in Marine Science*、*Journal of Freshwater Ecology*、《海洋与湖沼英文版》、*Indian Journal of Geo-*

覃雪波研究馆员及其研究成果

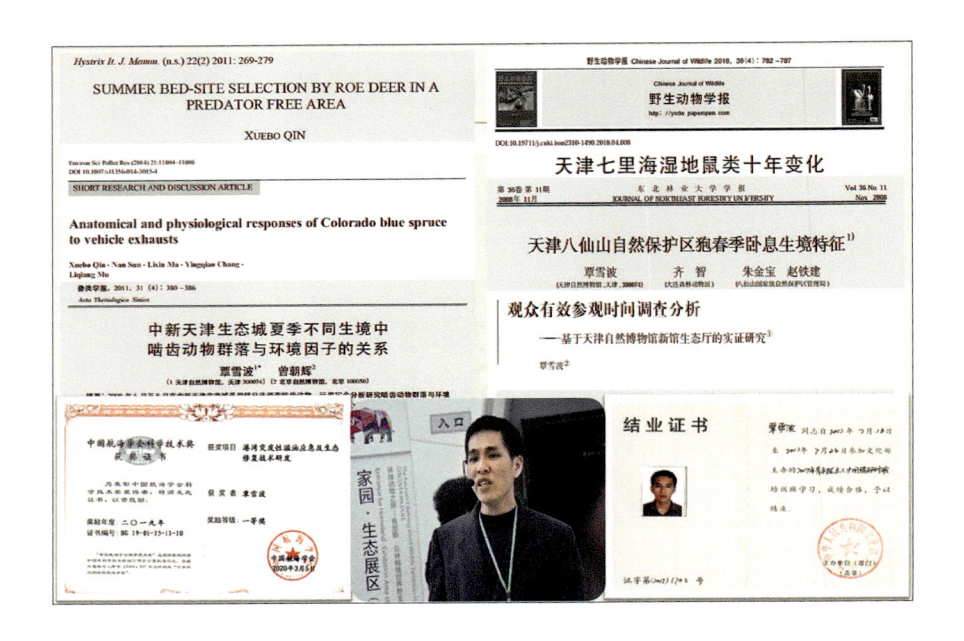

Marine Sciences、《地球科学英文版》、《环境科学》、《生态毒理学报》、《河北师范大学学报》、《大自然杂志》等期刊审稿。在专业研究的同时，覃雪波同志还注重于展览及科普工作，主持和参加了"走进野生动物王国""家园生态""家园生命""富饶的南海""生肖系列展（羊年、猴年、鸡年、狗年、猪年）"等10余项展览；受邀到中央电视台录制《鼠年说鼠》；到天津新闻广播电台参加《狗年生肖展》直播；为天津广播电台科普节目作专家解答；到中小学及幼儿园做科普讲座；为公安局鉴定野生动物。此外，他负责了我馆的国家文物局可移动文物预防性保护专项，建立了国内第一个自然博物馆文物标本预防性保护体系，将先进的远程自动监测技术、调控技术和传统的人工检测及修复技术整合，形成了对文物标本的保护管理、监测、分析、处理、预案、修复等一系列风险预控和修复技术的集成，极大提升了自然博物馆文物标本保护水平。作为我馆代表参加了国家标准《博物馆照明标准规范》的修订工作，负责自然博物馆部分照明标准的修订。

李勇研究馆员主要从事植物学相关研究，我馆首批获得天津市宣传系统"五个一批"人才资助人员。2000年以来，先后主持了"天津湿地植物多样性考察""雄安新区生物多样性考察""北疆博物院海河流域植物调查地回访与标本采集"等野外科学考察及研究项目，主编出版《天津湿地植物图集》

《天津维管植物多样性编目》等书籍，为天津植物资源生物多样性及其变化提供了基础信息，并为京津冀环境保护提供参考。先后发表《Cd胁迫对大藻保护酶活性和MDA的影响》《竹子中单宁对大熊猫采食的影响》《天津大黄堡自然保护区湿地维管植物区系研究》《天津八仙山维管植物区系研究》《园林木本植物在天津城区绿化的应用与发展探讨》《中新天津生态城植物多样性分析》等论文多篇。李勇同志对我馆的藏品数字化研究及相关工作做出了很大贡献，2013年主持了科技部"国家科技基础条件平台"项目资助的"中国数字植物标本馆CVH"的建设，他带领植物部的全体成员，通过3年的努力，依照数字化标准，对馆藏7万余件植物标本开展数字化工作并上传到国家标本平台NSII，实现与全国标本的数字化共享。2018年主持了国家科技基础标本平台"省级数字标本馆"子项目"天津数字植物标本馆"项目，完成我馆和全国标本馆收藏的1.4万件天津地区植物标本审核鉴定，建立网上可查询、检索植物标本数据库。此外，他还全面负责了我馆的"全国第一次可移动文物普查"相关工作，我馆2017年获得国家文物局颁发的"全国第一次可移动文物普查先进单位"的荣誉。先后主持策划完成国家文物局社会主义核心价值观"生态文明""丝绸之路　自然大观""生态天津""北疆博物院藏植物科学画展"等多个大型展览。

李勇研究馆员及其研究成果

除了上述几位，我馆的其他业务人员也不甘落后，积极在自己的研究领域中竞相开放。动物学方面，杨春旺副研究馆员从事昆虫学相关研究，主编了《天津自然博物馆馆藏昆虫·鞘翅目 天牛科》，发表了《尖胸扁蜉属在我国的首次记录及两新种描述》《中国新记录属粉猎蝽属其一新记录种和一新种记述》《长革扁蜉属在中国的首次记录》等文章。葛琳副研究馆员从事无脊椎相关研究，参编了《天津八仙山国家级自然保护区生物多样性考察》等书籍的编研，完成了《山西省羽蛾科昆虫初报及分析》《闫敦建 1935 年描述的 Cathaica 属和 Pseudiberus 属的模式标本现状》等文章。吕锦梅参编了《河北动物志·小蛾类》和《秦岭小蛾类》，发表了《中国豆小卷蛾属系统学研究》《小食心虫族分类研究进展》等文章多篇，其中被 SCI 收录 2 篇。刘亚洲完成了《雄安新区白洋淀鸟类》《天津冬季水鸟多样性和优先保护区域分析》等文章。李浩林同志主持了《海河习见鱼类》的编写，完成了《新疆阿勒泰地区额尔齐斯河和乌伦古河流域鱼类多样性演变和流域健康评价》一文。姚媛媛完成了《5 种新烟碱类杀虫剂对休眠期和发育期红裸须摇蚊幼虫的急性毒性研究》《中国拟中足摇蚊属一新记录种（双翅目摇蚊科）》等文章。

植物学方面，高凯先后完成了《对自然博物馆藏品的探讨》《植物标本的采集与保存》《馆藏标本害虫种类及其综合防治》等文章，李三青等完成了《天津地区高等植物统计与天津自然博物馆馆藏天津植物分析》《天津野生维管植物编目及分布数据集》等，王欢完成了《天津食用野生植物资源研究》。此外，植物部的业务人员还主持或参与了数字化平台建设项目、《天津维管植物多样性编目》的编研。

古生物方面，梁军辉副研究馆员从事古昆虫相关研究，先后发表《侏罗纪夜行捕食性蟑螂翅脉可变性和对称性研究》《中国内蒙古道虎沟地区和哈萨克斯坦卡拉套地区蛇蛉科化石研究》等论文 10 余篇，其中 7 篇被 SCI 收录，在 2012—2019 年期间三次以我馆馆藏标本为模式标本建立了 3 个新属种：美丽修长蠊、金钩纤细蠊和长腹栉状蠊；参加了《中国东北中生代昆虫化石精品》《昆虫演化的节奏——来自中国北方侏罗 - 白垩纪的证据》等 5 部专著的编研工作。张晓晓从事古哺乳动物学相关研究，参与了中国科学院战略性先导科技专项（B 类）"新近纪陆生哺乳动物分异和区系交流中隐现的现代格局"，中国科学技术部"第二次青藏高原综合科学考察研究"等项目；先后发表了《始轭齿象在欧亚大陆的首次报道》《甘肃庆阳晚中新世板齿犀类的骸骨材料及其形态学意义》等 10 余篇论文，大部分为 SCI 或中文核心。许渤松从事

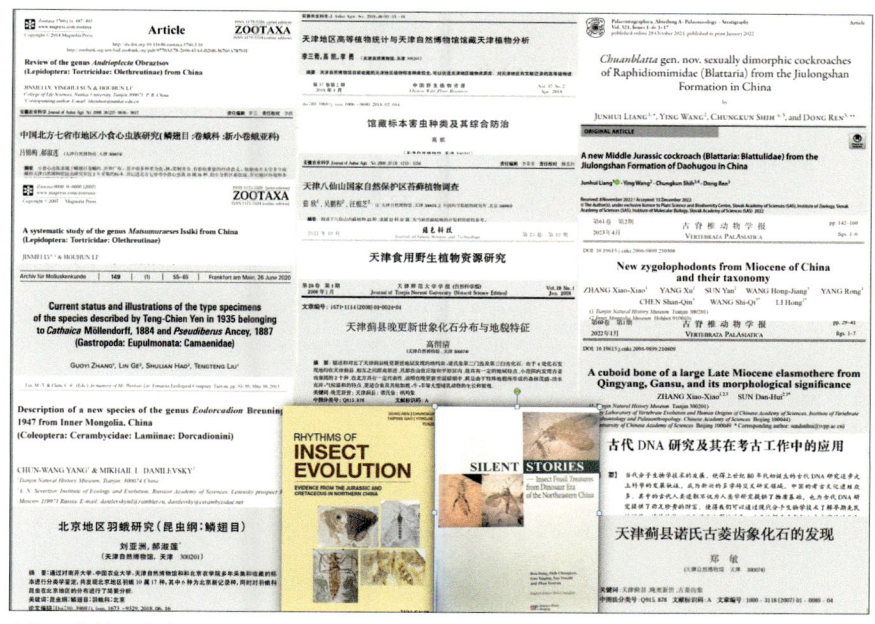

年轻一代的研究成果

古人类学、旧石器时代考古学及相关专业的研究，先后参加了云南怒族、独龙族的体质调查，四川凉山彝族体质测量及 DNA 样本采集等项目；完成了《古代 DNA 研究及其在考古工作中的应用》《黎明破晓——萨拉乌苏遗址的发现和早期研究》等文章。李峰从事恐龙等中生代爬行动物相关研究，先后赴甘肃、山东等地进行野外考察和发掘工作，通过计算机断层扫描（CT）和三维重建技术对基位暴龙类的形态学，特别是脑颅和耳区结构进行了深入研究。

在从事专业研究的同时，年轻的业务人员始终重视科研成果的转化，不断策划推出各类展览。从 1998 年的马场道馆，到 2014 年的文化中心场馆，再到 2016 年的北疆博物院旧址开放及后续各个场馆的相继改陈，从"生态天津""丝绸之路　自然大观""天外来客——陨石特展""海河原生鱼""本草健康""进击的牙齿""重新发现恐龙"等临时展览，到"会飞的花——世界珍稀蝴蝶展""贝壳物语——珍稀海洋贝类展""北疆博物院科学考察历程展""北疆博物院藏植物科学画展"等巡展，新一代的博物馆人已经成功地融入了这个大舞台，并不断地发挥和奉献着他们的青春力量。

二、博物馆学齐头并进

（一）博物馆学研究百花齐放

建馆以来，我馆的专业性科学研究取得了丰硕的成果。事实上，自然博物馆的业务范围十分广泛，除动物、植物、古生物等专业性科学研究外，还涉及北疆博物院研究、藏品管理、标本技术、陈列展览、科普宣传、信息数字化等宏观博物馆学的研究工作。

张彩欣研究馆员是博物馆学领域专家，被聘请为天津市人民政府第一届政府重大行政决策咨询论证专家、天津市宣传文化"五个一批"人才、中国自然科学博物馆学会副理事长、中国古迹遗址保护协会理事、天津科普大使。

张彩欣同志积极推进北疆博物院建筑、文物保护利用和北疆博物院历史资料整理研究工作，挖掘研究利用北疆博物院历史资料，克服困难高质量组织完成北疆博物院南楼复原陈列展、桑志华旧居展以及工商学院21号楼（神甫楼）大纲框架，积极探索历史文物保护利用新模式，预防性保护馆藏珍贵藏品，传承并推动天津自然博物馆不断发展成为研究型博物馆。

张彩欣研究馆员及其研究成果

2019年以来，积极向国家文物局争取专项经费支持，先后组织完成国家文物局专项《北疆博物院珍贵藏品数字化保护》项目、《北疆博物院珍贵藏品预防性保护》项目和《北疆博物院可移动文物预防性保护》项目，对北疆博物院时期图书资料、珍贵藏品等进行全面保护。

2019年10月，北疆博物院被国务院核定并公布为第八批全国重点文物保护单位。展陈荣获"第十六届全国博物馆十大陈列展览精品推介"优胜奖，入选"2021年天津市文物保护利用优秀案例"和2022年国家文物局《文物建筑保护利用案例解读》课题组主编的《文物建筑保护利用案例解读》，科学殿堂重现光彩。

先后主编了《北疆掠影》、《北疆植物科学画》、《走进北疆博物院》、《〈黄河流域十年实地调查记（1914—1923）〉手绘线路图研究》（第一、二册）、《〈黄河流域十一年实地调查记（1923—1933）〉手绘线路图研究》、《北疆博物院自然标本精品集萃》、《北疆博物院人文藏品集萃》、《百年辉煌》等图书，这些图书资料的编辑出版，将进一步深化中国近代博物馆史研究、中西文化交流史研究、中国近代自然科学史研究、民国初年北方社会发展变迁史研究。

藏品管理是自然博物馆人的重要研究课题。天津自然博物馆的专业人员

博物馆学及相关研究的研究成果

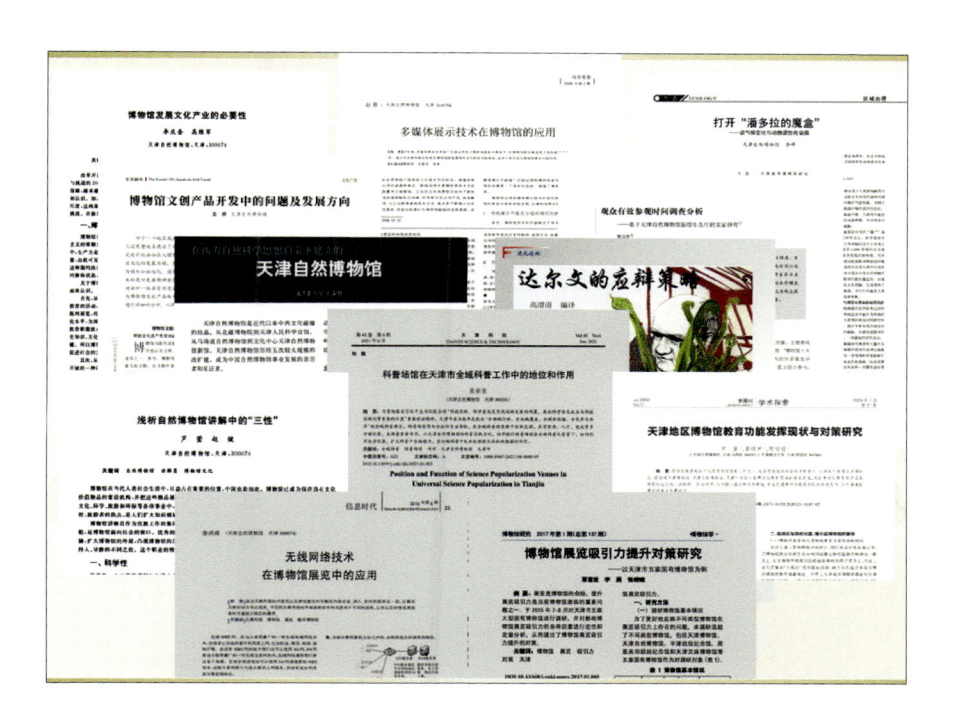

既是研究人员，也是保管人员。他们在标本保管方面做足文章，开展各种研究和实验，不断探索更好更完善的技术和方法，先后发表了《论珍稀植物标本的收藏与利用》《藏品的科学收藏与科学管理》《自然博物馆藏品鉴选标准之商榷》《天津自然博物馆馆藏标本的管理和养护》《北疆博物院馆藏古生物化石标本的预防性保护》等多篇文章。

天津自然博物馆的标本制作水平在国内首屈一指。1981年，中国自然科学博物馆协会将技术专业委员会挂靠在我馆。我馆已故的博物馆专家黑延昌馆长为第一任技术研究会的主任。至今，天津自然博物馆共组织动物标本剥制术研讨会、培训班十多次，为我国的动物标本制作事业的发展做出了积极贡献。我馆技术部的业务人员在对标本进行加工、翻模以及修复的过程中不断研究，先后发表了《采用泡沫塑料制作标本假体探索》《浅谈化石模型的着色与复旧》《动物剥制标本艺术探讨》《陈列化石模型——装架与美感》《新材料在鸟类剥制标本制作中的应用》等文章。

陈列展览设计是博物馆展览工作的基础。天津自然博物馆人半个世纪以来，一直坚持不懈地寻找和探索适合自身的展览设计理念和形式手段，始终在摸索中奋力前进，在前进中不懈探索。《场景描述在自然博物馆陈列设计中的应用》《自然博物馆陈列艺术设计要突破常规》《陈列展览中文字的设计与应用》《浅谈电脑美术给博物馆展示设计工作带来的新变革》《关于陈列设计展示空间的理解》等近百篇关于展览设计的文章相继发表，为博物馆今后的展览陈列及其设计等提供了新的见解和思路。

同时，博物馆人在博物馆的宣传教育、人才培训、图书资料和数字信息化等方面都进行了相关探索研究，发表了一系列的论文：如《科普场馆在天津市全域科普工作中的地位和作用》《中国自然博物馆现状与发展趋势》《关于自然博物馆展示定位的思考》《自然博物馆科普教育功能研究》《浅析天津自然博物馆展览与科普活动开发现状》《浅谈新时代博物馆宣教技术手段的新发展》《天津地区博物馆教育功能发挥现状与对策研究》《博物馆文创产品开发中的问题及发展方向》《博物馆中志愿者的社会功能与管理》《讲解员在现今博物馆中的作用》《无线网络技术在博物馆展览中的应用》，等等。

从专业学研究到博物馆学研究再到科普学研究，天津自然博物馆人始终秉承初心，牢记使命，在科学研究的事业中严谨务实、求索奋进，不断地将天津自然博物馆的科研事业推向新的高潮。

（二）科研科普项目相互促进

近 70 年来，天津自然博物馆先后主持（参与）了 4 项国际项目，15 项国家自然科学基金项目，50 余项国家级、省部级及其他类项目。这些项目仅有 5 项属于 20 世纪，其余 60 项均为 21 世纪以来的项目。

以科研带科普，以科普促科研，科研科普双翼齐飞。在坚持科研发展之路的同时，天津自然博物馆人开拓思路，创新思维，积极参与各项科普学研究及宣传教育活动。近些年来，先后承担了中国科协的"变暖的地球——我们如何面对""绿色环境，生态城市"，天津科协的"典藏万物　探索自然"科普微课堂、"科普互动小程序"，以及中华人民共和国教育部的"文化自然　科技强国"、"研学课程进校园"、"挖掘历史　传承精神"京津冀研学等多项科普教育项目。

天津自然博物馆科研项目

经费来源	名称	起始年限	主持或参与人	主持单位（合作单位）
国际合作项目	港湾突发性溢油应急及生态修复技术合作研发	2015—2018	覃雪波	交通运输部天津水运工程科学研究所
	中挪酸沉降综合监测	2001—2005	胡希优	中国环境科学研究院
	中国乳齿象类化石研究	1980—1986	李玉清	中国科学院古脊椎动物与古人类研究所、联邦德国美茵兹大学
	中国山西榆社地区新第三纪地层及动物群	1978—1985	李玉清	中国科学院古脊椎动物与古人类研究所、美国纽约自然历史博物馆
国家自然科学基金重大项目	《中国动物志》之昆虫纲　鳞翅目　羽蛾科	2011—2015	郝淑莲	天津自然博物馆
	《中国动物志》之无脊椎动物　扁形动物门　吸虫纲 II	2010年至今	李庆奎	南开大学
	《中国动物志》之无脊椎动物　扁形动物门　吸虫纲 III	2004—2009	李庆奎	南开大学
	《中国动物志》之无脊椎动物　扁形动物门　吸虫纲 I	1983—1985	李庆奎	南开大学
	《中国古生物志》之中国的三趾马化石	1987	黄为龙 郭志慧	中国科学院古脊椎动物与古人类研究所

续表

经费来源	名称	起始年限	主持或参与人	主持单位（合作单位）
国家自然科学基金项目	中国蔡家人、木雅人等5个族群的体质人类学研究	2015—2017	许渤松	天津师范大学
	底栖动物扰动下港口海域沉积物中石油污染物生物降解机制研究	2014—2016	覃雪波	交通运输部天津水运工程科学研究所
	光生态测试及统计分析研究——建筑夜间照明对鸟类迁徙行为影响基础数据收集与分析	2013—2015	王凤琴	天津大学
国家自然科学基金项目	贝壳对水环境中典型污染物的生物监测作用及贝壳仿生矿化被动采样器研究	2012—2015	覃雪波	南开大学
	中国羽蛾科分类修订及幼期形态学研究	2011—2013	郝淑莲	天津自然博物馆
	中国宽蛾亚科分类修订及系统发育研究	2010—2012	郝淑莲	南开大学
	国家特殊学科点自然基金昆虫分类学	2007—2011	郝淑莲 吕锦梅	南开大学
	中国狭义织蛾科系统学研究	2006—2008	郝淑莲	南开大学
	麦蛾总科系统发育和动物地理学研究	2005—2007	郝淑莲	南开大学
	中国海洋鱼类吸虫系统学研究	2000—2002	李庆奎	南开大学
国家重点科技计划项目	海岸带和海涂资源综合调查子项目：天津市海岸带和海涂资源综合调查	1982—1986	陈锡欣 李国良 刘家宜	天津市人民政府
中央科研院所科研创新项目	海岸工程作用下典型港湾生态环境退化及变迁规律研究	2016—2018	覃雪波	交通运输部天津水运工程科学研究所
科技基础性工作专项	典型海岛及邻近海域固碳生物资源调查	2012—2015	覃雪波	自然资源部第一海洋研究所
中国科学院战略性先导科技专项（B类）	新近纪陆生哺乳动物分异和区系交流中隐现的现代格局	2018年至今	张晓晓	中国科学院古脊椎动物与古人类研究所
中国科技部第二次青藏高原综合科学考察	生物与高原陇升协同演化	2019年至今	张晓晓	中国科学院古脊椎动物与古人类研究所
国家专项，科学技术部拨款	中国古近纪、新近纪区域地层标准建立	2019—2021	张晓晓	中国科学院古脊椎动物与古人类研究所
中国博士后基金	生物扰动对河口沉积物中多环芳烃生物降解影响研究	2011—2013	覃雪波	南开大学
中共天津市委宣传部	宣传文化"五个一批"人才		李勇（2014）、覃雪波（2014）、郝淑莲（2016）、匡学文（2016）、梁军辉（2018）、许渤松（2019）	天津自然博物馆
天津市自然科学基金	天津自然博物馆（北疆博物院）玛姆象科化石研究	2024—2026	张晓晓	天津自然博物馆

续表

经费来源	名称	起始年限	主持或参与人	主持单位（合作单位）
天津市文物博物馆科研项目	天津典型区域鼠类与环境相互作用研究	2016—2017	覃雪波	天津自然博物馆
	馆藏小蛾类标本研究及陈列展览中的应用	2016—2017	郝淑莲	天津自然博物馆
	馆藏蜚蠊目昆虫化石标本研究	2016—2017	梁军辉	天津自然博物馆
天津市文旅局	原北疆博物院海河流域植物调查地回访与标本采集（一期）	2022	植物部	天津自然博物馆
	雄安新区生物多样性调查—白洋淀及周边地区生物多样性调查	2019	动物部 植物部	天津自然博物馆
天津市文旅局	天津湿地生物多样性调查和标本采集	2017—2018	动物部 植物部	天津自然博物馆
天津自然博物馆	山西榆社地区新生代古哺乳动物化石及地层调查与研究	2021—至今	古生物部	中国科学院古脊椎动物与古人类研究所
	通过CT影像和三维可视技术对馆藏恐龙化石标本进行分类学和脑颅解剖学研究	2022—至今	李峰	天津自然博物馆
	天津八仙山自然保护区生物多样性考察	2006—2008	动物部 植物部	天津自然博物馆
天津市生态环境局	中欧论坛选址地武清大黄堡自然保护区生物多样性调查	2009	动物部 植物部	天津自然博物馆
	天津中新生态城生物多样性考察	2008	动物部 植物部	天津自然博物馆
安徽古生物化石博物馆	安徽古生物化石博物馆第二批馆藏化石鉴定	2007	古生物部	天津自然博物馆
天津市环境保护科学研究院	风电项目对北大港湿地自然保护区鸟类影响监测与评估	2014—2017	王凤琴	天津自然博物馆
	天津市重要生态功能区鸟类多样性调查评估	2014	王凤琴	天津自然博物馆
	北大港湿地鸟类现状评价及港清三线天然气管道工程影响研究	2012—2013	王凤琴	天津自然博物馆
交通运输部天津水运工程科学研究所	天津古海岸与湿地国家级自然保护区综合科学考察	2007	王凤琴 刘家宜	天津自然博物馆
香港海洋公园保育基金	全国沿海水鸟同步调查天津沿海调查	2006年至今	王凤琴	天津自然博物馆
天津市武清区林业局	天津武清大黄堡自然保护区本底资源调查	2005—2006	王凤琴 刘家宜	天津自然博物馆
天津市林业局	天津宝坻青龙湾固沙林保护区鸟类调查	2005	王凤琴	天津自然博物馆
天津市海洋局	古海岸与七里海湿地国家级自然保护区鸟类调查	2001—2002	王凤琴	天津自然博物馆

续表

经费来源	名称	起始年限	主持或参与人	主持单位（合作单位）
环境保护部南京环境科学研究所	生物多样性保护重大工程专项：天津滨海湿地鸟类多样性调查与评估	2019—2020	王凤琴	南开大学
	国家重点研发计划：生态环境部生物多样性调查、观测和评估项目——天津鸟类生物多样性调查与评估	2018—2021	王凤琴	南开大学
	全国生物多样性监测项目：天津鸟类生物多样性调查与评估	2016—2017	王凤琴	天津市环境保护科学研究院
环境保护部南京环境科学研究所	生态环境部生物多样性保护专项：生态环境部生物多样性（鸟类）示范观测	2011—2015	王凤琴	天津自然博物馆
其他项目	《南岭昆虫志》 鳞翅目 小蛾类	2023—至今	郝淑莲	南开大学
	《生物学大辞典》（第二版）	2023—至今	匡学文 郝淑莲	西南大学、广西科技出版社
	《全国博物馆学名词》：博物馆藏品名词	2022—至今	匡学文等	中国国家博物馆
	天津古海岸与湿地国家级自然保护区昆虫物种资源调查分析	2021	郝淑莲	南开大学
	国家标准《博物馆照明设计规范》修订	2019	覃雪波	中国建筑科学研究院
	《天目山动物志》之昆虫纲 鳞翅目 小蛾类 编研	2018—2020	郝淑莲	南开大学
	《浙江动物志》之昆虫纲 鳞翅目 小蛾类 编研	2017—2022	郝淑莲	南开大学
	全国生物多样性监测评估项目：天津蝴蝶生物多样性调查与评估	2016年至今	郝淑莲	南开大学
	四川鞍子河自然保护区生物多样性调查	2016—2017	郝淑莲	四川农业大学
	山西省历山自然保护区生物多样性调查	2012—2013	郝淑莲	河北大学
	白洋淀草型富营养化和沼泽化逐级治理技术与工程示范课题	2009—2011	郝淑莲 郭旗	天津科技大学 中国科学院微生物研究所
	京郊卷蛾科昆虫多样性研究	2009—2010	郝淑莲 吕锦梅	北京农学院
	宁夏六盘山自然保护区昆虫资源调查	2008—2010	郝淑莲	河北大学
	贵州麻阳河自然保护区生物多样性调查	2007—2008	郝淑莲	贵州大学
	牡丹江水源地生态指标评价与生态恢复体系研究	2006—2008	覃雪波	黑龙江省科技厅攻关项目
	生态省建设对我省经济发展优势研究	2006—2007	覃雪波	黑龙江省社会科学规划项目
	《河北动物志》之鳞翅目 小蛾类	2005—2010	郝淑莲 吕锦梅	南开大学

续表

经费来源	名称	起始年限	主持或参与人	主持单位（合作单位）
其他项目	秦岭小蛾类	2005—2012	郝淑莲 吕锦梅	南开大学
	天津武清大黄堡自然保护区生物资源调查：昆虫资源	2005—2006	郝淑莲	南开大学
	贵州大沙河景观昆虫	2005—2006	郝淑莲 吕锦梅	贵州大学

天津自然博物馆馆藏文物保护及数字化平台建设项目

来源	名称	起始年限	负责人
国家文物局专项	北疆博物院可移动文物预防性保护	2022—2023	覃雪波
	天津自然博物馆北疆博物院珍贵藏品数字化保护	2021—2022	张洪涛
	天津自然博物馆馆藏可移动文物预防性保护（二期）	2019—2020	覃雪波
	天津自然博物馆北疆博物院珍贵藏品预防性保护	2020—2021	张洪涛
	天津自然博物馆馆藏可移动文物预防性保护（一期）	2017—2018	覃雪波
国家科技部标本平台建设 中国数字植物标本馆	天津自然博物馆馆藏植物标本数字化与信息共享	2013—2015	李 勇
国家科技基础标本平台 上海辰山植物园	天津数字植物标本馆建设	2018年至今	李 勇
天津自然博物馆	天津自然博物馆藏品三维扫描数据采集利用	2023	郝淑莲等
	天津自然博物馆藏品数字信息管理系统建设	2017—2018	许渤松

天津自然博物馆科普项目

项目来源	名称	起始年限	负责人（部门）
天津科技局2021科技计划项目	"数字科普学习系统"	2022	杜雅星
	"科普互动小程序"	2021	张子旋
	"文脉融享"	2021	李浩林
天津科技局2020科技计划项目	"典藏万物 探索自然"科普微课堂	2020	马一平
中华人民共和国教育部	"文化自然 科技强国"研学课程进校园	2020	吕 丽
	"挖掘历史 传承精神"京津冀研学	2019	吕 丽
	"文化一体 绿色自然"京津冀研学	2018	吕 丽

续表

项目来源	名称	起始年限	负责人（部门）
中国科协 2009 年度科普项目	变暖的地球——我们如何面对	2009	李　勇
中国科协 2008 年度科普项目	绿色环境，生态城市	2008	胡希优
	健康快车	2008	高渭清、张云霞
天津科协 2008 年度科普项目	天津湿地生物多样性考察与讲座	2008	李　勇
	"恐龙拼图"互动电子游戏展品设计	2004	古生物部
	天津自然博物馆恐龙展厅多媒体演示系统	1998—1999	古生物部

70年来，一代代天津自然博物馆人砥砺奋进、传承发展，在萧采瑜、陈锡欣、李玉清、黄为龙等老一辈专家的研究基础上，突破了原北疆博物院当年囿于中国北方的地域局限性，立足天津、关注华北、辐射全国，全面展开了各类科学研究工作。在动植物学、古生物学、生态学等领域中，先后承担近百项国家级、省部级及其他类科研项目，主编或参编各类图书60余本，发表各类文章1000余篇。同时，在博物馆学理论和实践等领域也进行了积极的研究和探索，涉及藏品管理、标本技术、陈列展览、科普宣传、信息数字化等，发表相关论文百余篇，为博物馆发展提供了思路和方法，创新能力和服务意识也显著提升。

硕果累累 流传世人

中国人民共和国成立以来，天津自然博物馆人不懈努力，取得了不菲的成绩：先后发行了《天津自然博物馆丛刊》《中国标本技术通讯》；编研或参编了《〈黄河流域十年实地调查记（1914—1923）〉手绘线路图研究》（第一、二册）、《北疆博物院自然标本精品集萃》、《北疆博物院手绘植物图录》、《天津通志 鸟类志》、《天津维管植物多样性编目》、《天津湿地植物图集》、《天津八仙山国家自然保护区生物多样性考察》等图书著作 60 余本；发表了各类文章 1000 余篇，其中 SCI 收录 40 余篇，国内核心或国外同等期刊 180 余篇。

一、出版刊物

1.《天津自然博物馆丛刊 No.1-21》（1979 年，1985—2004 年）

《天津自然博物馆丛刊》于 1979 年创刊，共编辑出版 21 期（除 1—3、19、21 为内部刊物外，其他均公开发行，其中第 11 和 20 期为建馆 80 年和 90 年馆庆文集）。丛刊创立宗旨是增进馆际间交流。主要刊发动植物、古生物、古人类、地质学、博物馆学等学科的研究成果，包括新技术、新方法、国内外研究进展及专题评述等。

2.《中国标本技术通讯》

1981 年中国自然科学博物馆协会技术委员会挂靠天津自然博物馆。40 多年来，相继举办了多次剥制技术与化石模型技术的研讨会及培训班，并取得了

丰硕的成果。在此基础上，标本技术专业委员会于 2000 年创办了《中国标本技术通讯》，旨在通过该刊物加强同行之间的相互了解，切磋技艺，交流心得，并为同行搭建沟通的平台，探讨标本技术行业的发展动态。更为重要的是通过该刊物让国内同行了解世界剥制技术的发展与变化进而促进我国标本技术水平与世界先进水平接轨，并增进国际、国内标本技术的交流。

二、著书立作

1.《河北中草药》（1977 年）

该书由河北人民出版社出版。我馆刘家宜参与野外调查，并负责河北省张家口、承德、唐山等十个地区的植物标本的整理、研究与鉴定工作及研究结果的整理编写工作。

2.《中国蝽类昆虫鉴定手册》第一册、第二册（1977、1981 年）

这两本专著由南开大学生物系主任兼天津自然博物馆馆长萧采瑜等人编写，科学出版社出版。该书共记述半翅目昆虫 9 科 742 种，我国第一部鉴别半翅目昆虫的专著和工具书，具有很高的学术价值和应用价值。我馆除萧馆长外，刘胜利、熊江等人参与了编研工作。

3.《西藏昆虫·第一册》（1981 年）

该书由陈世骧主编，科学出版社出版。该书是中国科学院青藏高原综合科学考察队从 1973 年起多年采集调查的总结。我馆刘胜利参与部分编写工作。

4.《天津市海岸带和海涂资源综合调查报告》和《天津市海岸带植物资源调查报告》（1986 年）

1982—1986 年我馆陈锡欣、李国良、刘家宜、梁众、李庆奎等人参与"天津海岸线和海涂资源综合调查"的课题研究调查工作。历经四年多对天津海岸带（大港、塘沽、汉沽等地）的植物、浅海游泳生物、底栖动物、浮游植物、浮游动物、鱼类、潮间带生物等，及其与之相关的生态因子如水温、盐度、营养盐等进行了调查研究。

5.《中国新第三纪晚期和更新世早期的乳齿象》（Ⅰ、Ⅱ）（1986、1988 年）

1980 年由联邦德国美因兹大学古生物研究所长托宾教授，中国科学院古脊椎动物与人类研究所陈冠芳，天津自然博物馆李玉清三人组成团队，对中国的乳齿象化石进行了研究。先后于 1986 年和 1988 年，共同发表了《中国新第三纪晚期和更新世早期的乳齿象》（Ⅰ、Ⅱ）。该书阐述了中国乳齿象（哺乳纲、长鼻目）的进化、古生物地理及古生态等。对嵌齿象属、铲齿象、中国乳齿象、四棱齿象、互棱齿象、剑齿四扁齿象以及北美乳齿象等进行了研究，并对中国新第三纪和更新世早期的已描述过的乳齿象化石进行了重新研究和评价。

6.《河北植物志》第 1—3 卷（1986、1988、1991 年）

该书由河北科学技术出版社出版。我馆刘家宜于 1978—1986 年参与野外调查，及河北植物 21 科 211 种近 10 万余字的编写工作，并担任《河北植物志》编辑委员会委员。

7.《中国三趾马化石》（1987 年）

该书是中国科学院古脊椎动物与古人类研究所邱占祥院士和我馆黄为龙、郭志慧等人合著完成，由科学出版社出版。该书对中国三趾马化石作了全面的修订，对三趾马研究的历史、现状、研究方法，以及三趾马系统演化、分类以及地层问题的争论有详细介绍。该专著曾获得 1990 年度中国科学院自然科学二等奖。

8.《鱼类生物学》（1989 年）

该书由邦德（Bond. C. E.）著，南开大学出版社出版。该书包括了鱼类学研究的新进展，共分三部分：第一、二部分简述鱼类的形态和分类；第三部分包括鱼类的生殖生理、生活习性以及鱼类与环境的关系等内容。我馆李国良参与翻译。

9.《天津自然博物馆八十周年论文集》（馆刊 No.11）（1994 年）

1994 年天津自然博物馆创建 80 周年之际，馆丛刊编辑部编辑出版了《天津自然博物馆八十周年论文集》一书，该书由陈锡欣主编，天津科学技术出版社出版。该文集基本上反映了天津自然博物馆将近一个世纪的全部历史，并记录了天津自然博物馆八十年来的工作成果。

10.《天津植物名录》（1995 年）

该书由我馆刘家宜编著，天津教育出版社出版。40 余年采集研究的成果，天津教育出版社出版。全书以植物名录的形式，全面系统记载了天津地区迄今已知的高等植物 157 科 737 属 1477 种，其中蕨类植物 18 科 20 属 35 种、裸子植物 7 科 11 属 17 种、被子植物 132 科 706 属 1425 种。该书填补我国地方植物资源方面的空白。

11.《黄渤海鱼类吸虫研究》（1995 年）

该书由申纪伟、邱兆祉主编，科学出版社出版。该书是我国第一本系统介绍整个黄渤海海域吸虫的专业书籍，书中记载描述了黄渤海鱼类吸虫 2 目 24 科 75 属 130 种，其中包括 22 个复殖目吸虫新种描述。涉及宿主鱼类 38 科 58 种，包括了主要的经济鱼类，并从中确定了本海域吸虫的地理分布。我馆李庆奎参编。

12.《鱼类寄生虫与寄生虫病》（1999 年）

该书由张剑英主编，科学出版社出版。全书详细叙述了鱼类寄生虫的外部形态、内部结构、生活史、危害性及鱼类寄生虫的检查、诊断，还重点介绍了一些寄生虫病的病原、病理、症状、流行情况及防治方法等。我馆李庆奎参编。

13.《自然王国奥秘》（2000 年）

该书由天津自然博物馆主编，天津人民美术出版社出版。分为远古动物、陆生动物、海洋动物、昆虫四册。

14.《中国脊椎动物大全》（2000 年）

该书由辽宁大学出版社出版。该书收编了中国迄今已知脊椎动物共 5534 种（鱼类 3206 种，两栖类 268 种，爬行类 382 种，鸟类 1200 种，兽类 478 种）。

该书是中国脊椎动物较全面、系统的大型工具书，也是一本有关脊椎动物的汉、拉、英名称对照词典。我馆李国良参与编写。

15.《世界蝴蝶博览》（2001年）

该书由我馆孙桂华主编，天津人民美术出版社出版，书中收录了我馆馆藏美洲蝴蝶和非洲蝴蝶标本。

16.《河北动物志·鱼类》（2001年）

该书由王所安教授编著，河北科学技术出版社出版。该卷是根据20世纪80年代以来对河北沿海和内陆水域（含北京、天津）鱼类资源调查和历史文献编写而成。总论介绍了河北水域概况、研究简史、分类依据和地理分布。各论对26目72科225种鱼类做了详细的形态描述，简要介绍了其生态习性。我馆李国良参编。

17.《天津植物志》（2004年）

该书由我馆刘家宜编写，天津科学技术出版社出版。书中收录记载了天津市野生及习见栽培高等植物4门150余科700余属1400余种，插入1100余幅手绘植物图。

18.《哺乳动物骨骼》（2004年）

该书是由英国脊椎动物比较解剖学家、生理学家佛劳尔编写的专著，我馆李玉清翻译。本书以哺乳纲中具有代表性的动物为主，按骨骼的解剖单元，详细地进行形态描述和对比。该专著填补了国内该类书籍的空白。

19.《化石收藏》（2004年）

该书由我馆匡学文、郑敏、高渭清主编，天津人民美术出版社出版。此书的出版为普及化石知识及识别和保护化石，提供了宝贵的依据和资料。

20.《馆藏精品图集》（2004年）

该书由天津自然博物馆编，孙景云主编，天津人民美术出版社出版。本书展示了天津自然博物馆收藏的精品标本380余件。

21.《天津自然博物馆建馆九十周年文集》（馆刊No.20）（2004年）

2004年正值天津自然博物馆创建90周年，天津自然博物馆编辑出版了《天津自然博物馆建馆九十周年文集》一书，由孙景云主编，天津科学技术出版社出版。该文集包括纪念文章、学术论文、博物馆学研究、藏品与技术探讨为一体的纪念文集。

22.《鸟标本收藏》（2005年）

该书由我馆王凤琴主编，天津人民美术出版社出版。书中收录了包括八大鸟类三百多幅图片或标本。

23.《天津通志·鸟类志》（2006 年）

该书由我馆王凤琴主编，天津社会科学院出版社出版。全书设综述、大事记略、志体 6 章 21 节。该书是天津第一部也是唯一一部把自然科学和社会科学融为一体的志书，是天津有史以来的第一部鸟类专志。

24.《习水景观昆虫》（2006 年）

该书由金道超、李子忠主编，贵州科技出版社出版。该书是对贵州省习水国家级自然保护区景观昆虫资源系统调查的总结，概述了保护区昆虫区系特征、起源与演化、景观昆虫资源、物种多样性和可持续利用等，记述了保护区昆虫（含蛛形纲）15 目 161 科 693 属 1095 种昆虫。我馆郝淑莲参与调查和编写工作。

25.《梵净山景观昆虫》（2006 年）

该书由金道超、李子忠主编，贵州科技出版社出版。该书是对贵州省梵净山国家级自然保护区景观昆虫资源系统调查研究的总结，对保护区昆虫区系特征、起源与演化、景观昆虫资源、物种多样性等进行了探讨，并对保护区的规划管理和昆虫可持续利用进行了讨论。全书共记述保护区昆虫（含蛛形纲）22 目 220 科 1440 属 2105 种昆虫。我馆郝淑莲参与调查和编写工作。

26.《赤水桫椤景观昆虫》（2006 年）

该书由金道超、李子忠主编，贵州科技出版社出版。该书是对贵州省赤水桫椤国家级自然保护区景观昆虫资源系统调查的总结。书中对保护区昆虫区系特征、起源与演化、景观昆虫资源、物种多样性等进行了探讨，记述了保护区昆虫（含蛛形纲）16 目 150 科 507 属 781 种昆虫。我馆郝淑莲参与调查和编写工作。

27.《欧亚自然历史博物馆高层论坛文集》（2007 年）

该书由我馆董玉琴主编，天津人民出版社出版。2007 年 11 月在天津举办"欧亚自然历史博物馆高层博物馆论坛暨中国·天津生态城市及可持续发展研讨会"，来自全国 29 个省市以及亚欧 13 个国家和国际博物馆协会的专家学者等 100 多人参加了会议。与会代表围绕"生态城市与可持续发展"这一主题进行了广泛交流并达成共识，对充分发挥自然博物馆在加强环境保护与生态城市建设中应有的作用提出了很多有价值的意见和建议。

28.《鸟类图志·天津野鸟欣赏》（2008 年）

该书由我馆王凤琴主编，天津科学技术出版社出版。全书从天津生态环境概况、野外观鸟、观鸟基本方法、天津主要观鸟点、鸟类识别等方面进行了论述。另外附录了天津市重点保护鸟类名录，共记载天津鸟类 261 种。

29.《天津八仙山国家级自然保护区生物多样性考察》（2009 年）

该书由我馆李庆奎主编，馆内业务人员参编，天津科学技术出版社出版。该书是对天津八仙山国家级自然保护区生物资源科学考察的总结，对本地区各类生物资源做了较为深入的分析和探讨。书中共记录苔藓植物 22 科 37 属 43 种，真菌 8 科 17 属 21 种，维管植物 96 科 310 属 524 种，昆虫 11 目 132 科 1000 种，蜘蛛 19 科 46 属 61 种，鱼类 2 目 3 科 7 属 7 种，两栖爬行类 1 目 4 科 24 种，鸟类 13 目 44 科 137 种，兽类 6 目 13 科 26 种。

30.《河北动物志·鳞翅目 小蛾类》（2009 年）

该书由李后魂等主编，中国农业科学技术出版社出版。该书记录了小蛾类昆虫 14 科 208 属 377 种，包括中国 1 新记录属和 15 新记录种。书中详细描述了所涉及物种，并提供了寄主、分布等资料。我馆郝淑莲及吕锦梅分别负责羽蛾科和卷蛾科小食心族的编写工作。

31.《麻阳河景观昆虫》（2010 年）

该书由陈祥盛、李子忠、金道超主编，贵州科技出版社出版。该书是对贵州省麻阳河国家自然保护区昆虫本底资源系统调查研究的科学总结，记录了保护区昆虫区系特征、起源与演化、并对昆虫资源及物种多样性进行了探讨。全书记述麻阳河自然保护区昆虫（包括部分蛛形纲）19 目 137 科 609 属 1043 种。我馆郝淑莲参与调查和编写工作。

32.《天津水生维管束植物》（2010 年）

该书由我馆刘家宜编著，天津科学技术出版社出版。该书记录天津市迄今为止已知的水生维管束植物 28 科 45 属 75 种，并介绍其特征、产地、分布、用途等。

33.《中国东北中生代昆虫化石珍品》（2010、2012 年）

该书由任东主编，科学出版社出版，分为中英文两版。本书展示了我国东北地区距今 1.65 亿—1.2 亿年的昆虫化石珍品。全书不仅着眼于昆虫化石的分类或形态学描述，更侧重阐述这些珍贵化石标本背后所蕴含的科学意义，同时还包括了地质层位、系统演化、伴生动植物、访花与授粉、拟态等知识。我馆梁军辉负责蜚蠊目昆虫化石的编写工作。

34.《秦岭小蛾类》（2012 年）

该书由李后魂等主编，科学出版社出版。书中详细地记录了我国秦岭地区小蛾类昆虫13总科26科360属835种，同时介绍了鳞翅目昆虫的最新分类系统和研究动向。本书对增进中国生物多样性的了解和促进相关学科的发展有积极的作用。我馆郝淑莲及吕锦梅分别负责羽蛾科和卷蛾科小食心族的编写工作。

35.《港口建设与湿地保护》（2012年）

该书由张光玉主编，中国林业出版社出版。本书在对典型滨海湿地保护发展现状调研及规划建设环境因素影响识别的基础上，分析港口规划建设对湿地植物、动物、海岸地貌及景观生态格局、复合生态系统的影响，并结合国内外生态港口建设实例，提出相应的对策和保护措施，以期对港口建设与运营过程中的湿地保护进行探索，促进区域经济和谐发展。我馆覃雪波参与该书的撰写。

36.《广西大明山昆虫》（2013年）

该书由周善义主编，广西师范大学出版社出版。该书是对广西壮族自治区大明山国家级自然保护区景观科学考察工作的总结，介绍了大明山的自然地理和昆虫区系特征，记述了保护区昆虫15目116科1011种昆虫，同时记述了11科76种蛛形纲动物。我馆郝淑莲参与调查和编写工作。

37.《浙江清凉峰昆虫》（2014年）

该书由王义平、董彩亮主编，中国林业出版社出版。该书是对浙江清凉峰国家级自然保护区进行科学考察的成果，介绍了清凉峰的昆虫种类、分布规律等信息，共收录昆虫27目256科1598属2567种，同时记述了保护区内其他动物，如蛛形纲、淡水贝类、陆生贝类以及环节动物。我馆郝淑莲参与调查和编写工作。

38.《天津自然博物馆论丛（2015）》（2015年）

该书由天津自然博物馆编，黄克力主编，科学出版社出版。该论丛包括了博物馆历史、生物学及生态学研究、标本制作与藏品管理、博物馆教育与服务、博物馆建设以及博物馆散记等内容。

39.《预防性文物保护环境监测调控技术》（2015年）

该书由我馆马金香著，科学出版社出版。该书详细介绍了预防性文物保护现状及文物保护所需要的相关因子及技术手段等，是文物保护和环境监测方面的重要参考资料。

40.《化石·北疆博物院专辑》（2017年）

为纪念北疆博物院尘封70年后的重新开放，天津自然博物馆与《化石》杂志合作出版专辑，分别介绍了北疆博物院大记事、北疆博物院的建设、研究人员和研究成果、陈列展览以及现今的合作研究等内容。我馆部分人员参与编写工作。

41.《天津自然博物馆展示图录》（2017 年）

该图录由天津自然博物馆编写，天津古籍出版社出版。图录主要展示了天津自然博物馆和北疆博物院的功能定位、陈列展览以及夏令营、冬令营、科普讲座、小小讲解员、舞台剧等社会活动。

42.《北疆博物院手绘植物图录》（2018 年）

该书由天津自然博物馆编写，科学出版社出版。北疆植物科学画是我馆专业人员在整理原北疆博物院时期的植物标本过程中发现的，共计 191 张，绘画时间约为 20 世纪二三十年代。这些画包含了藻类植物、裸子植物、被子植物等 47 科 100 余种。

43.《北疆掠影》（2018 年）

该书由天津自然博物馆编写，科学出版社出版。本书展示的照片是从桑志华来华科考期间，沿途亲自拍摄、收藏的三千余张照片中精心挑选出来的。《北疆掠影》从北疆博物院的创建、开放、科考、采风和今生五方面进行了展示。

44.《历山昆虫与蛛形动物》（2018 年）

该书由石福明等主编，科学出版社出版。该书基于 2012—2013 年对山西历山国家级自然保护区昆虫与蛛形动物调查研究撰写而成，共计录入昆虫与蛛形动物 206 科 904 属 1521 种。我馆郝淑莲参与调查和编写工作。

45.《天津市馆藏古生物化石精品》（2019 年）

该书由天津市古生物化石专家委员会编写，是一本关于天津市主要化石收藏单位收藏的化石精品图册，供内部交流使用。我馆古生物业务人员参与了编写工作。

46.《中国动物志 无脊椎动物·第五十二卷 扁形动物门 吸虫纲 复殖目（三）》（2019 年）

扁形动物门吸虫纲动物是人类、经济动物及野生动物的寄生虫，对人体健康、家畜与家禽的饲养、鱼类的繁育、经济贝类的养殖都有不同程度的危害，因而直接或间接威胁着人们的生命和健康。该卷共记述了我国的复殖吸虫 31 科 53 亚科 128 属 394 种，书中给出了科属种检索表，并叙述了每种的形态特征、生活史、宿主与寄生部位、地理分布、危害性等，每种附有精确的特征图，以便对照鉴别。我馆李庆奎馆长参与了该志的编写工作。

47.《昆虫演化的旋律——来自中国北方侏罗纪和白垩纪的证据》（2019、2024 年）

该书由任东主编。英文版（2019）由 Wiley-Blackwell 出版社出版，全书概括了我国东北侏罗纪—白垩纪昆虫化石的地层分布和时代，强调了我国古昆虫学的研究对世界昆虫演化研究的重大影响，对一些在昆虫演化上有关键意义的研究成果做了总结，还阐述了昆虫取食及授粉、拟态及繁殖等行为的演化。中文版（2024）由河南科技出版社出版，在英文版的基础上，补充了2019—2020年的新发现。我馆梁军辉负责䗛䗛目昆虫化石的编写工作。

48.《四川鞍子河自然保护区昆虫》（2019 年）

该书由王海建等主编，中国农业出版社出版。本书是对四川鞍子河自然保护区昆虫资源调查结果的总结和凝练，共记录昆虫（广义）与蛛形动物22目142科580属851种。我馆郝淑莲参与调查和编写工作。

49.《金沙江流域鱼类》（2019 年）

该书由张春光主编，科学出版社出版。该书主要论述了金沙江流域的基本概况，包括自然地理概况、鱼类物种多样性及其研究历史、鱼类多样性和区系分析、鱼类分布格局和资源现状及评价，以及鱼类物种多样性保护和恢复建议，共记述了金沙江流域所产鱼类200种（包括3新种）或者亚种。我馆李浩林参与调查和编写工作。

50.《天津维管植物多样性编目》（2020 年）

该书由我馆李勇主编，植物部全体人员参编，中国林业出版社出版。该书是基于对天津八仙山国家级自然保护区、天津滨海新区的中新生态城、天津地区湿地的野外考察和研究而完成。收录天津维管植物174科828属1764种，其中野生植物128科484属964种，其余为外来植物或者栽培植物。

51.《天津湿地植物图集》（2020 年）

该书由我馆李勇主编，东北林业大学出版社出版。笔者结合十余年来的植物资源野外调查、标本采集以及2017—2018年对天津湿地调查最新数据编著而成。该书简述了天津湿地类型、分布及特点、湿地植物区系、植被类型和植物资源保护，描述了每种植物的形态特征。

52.《天目山动物志·第十卷　鳞翅目　小蛾类》（2020 年）

该书是《天目山动物志》系列丛书之一，由李后魂等主编，浙江大学出版社出版。共记载了天目山小蛾类昆虫7总科19科239属503种。我馆郝淑莲参与调查和编写工作，并担任副主编，负责部分稿件的统稿工作。

53.《八仙山森林昆虫》（2020 年）

该书由李后魂、郝淑莲等主编，科学出版社出版。《八仙山森林昆虫》

是在天津林业局、八仙山保护区管理局、南开大学和天津自然博物馆历经多年的野外调查及合作研究基础上完成的，书中共记载了 10 目 107 科 716 种昆虫（不包括蝶类）。

54.《ABC 法——一种文化遗产预防性保护的风险管理方法》（2021 年）

该书由张亦弛等翻译，文物出版社出版。本书是 ICCROM 馆藏文物风险防范培训班所使用的重要教材之一，该书是 ICCROM 和加拿大文物保护中心（CCI）十余年来对于文化遗产风险防范理念的总结，以及对风险管理方法的提炼。我馆李勇参与部分内容翻译工作。

55.《天津野鸟》（2021 年）

该书由我馆王凤琴等主编，化学工业出版社出版。作者对独流减河河岸生态带、团泊洼、北大港湿地鸟类自然保护区开展了多次鸟类调查，基于这些调查成果完成该书的编写工作，书中共记载天津野鸟 21 目 70 科 356 种。

56.《中国鸟类多样性观测》（2022 年）

该书由徐海根等编著，科学出版社出版。本书在全面介绍我国鸟类多样性状况、国内外鸟类观测现状、观测网络建设情况的基础上，基于 10 年观测数据详细阐述了全国及 7 个动物地理区中鸟类多样性的时空格局、珍稀濒危物种状况、典型生境鸟类群落特征及受威胁与保护现状。同时，结合长期野外观测实践经验，提出了进一步完善生物多样性观测网络的建议。我馆王凤琴、刘亚洲、魏巍负责天津鸟类调查并参与编写。

57.《天津市志·文物博物馆志》（2022 年）

该志是由天津市地方志编修委员会办公室和天津市文化和旅游局共同编著，由江苏人民出版社出版。本志记录了天津地区从旧石器时代晚期，到近代博物馆体系的形成，与当代文物与博物馆事业的发展历程。我馆办公室、动物、植物、古生物等多个部门的相关人员参与了编写工作。

58.《〈黄河流域十年实地调查记（1914—1923）〉手绘线路图研究》（第一、二册）（2022、2023 年）

该书由天津自然博物馆编，张彩欣主编，科学出版社出版。这两本书是对《黄河流域十年实地调查记（1914—1923）》的地图分册的最新研究成果，包含了原书法语手绘图 154 张及其对应的翻译研究版 GIS 地图。

59.《走进北疆博物院》（2022 年）

该书由天津自然博物馆编，张彩欣主编，科学出版社出版。本书以图文并茂的方式介绍北疆博物院的创建始末、建筑风格、藏品体系、展陈特色、研

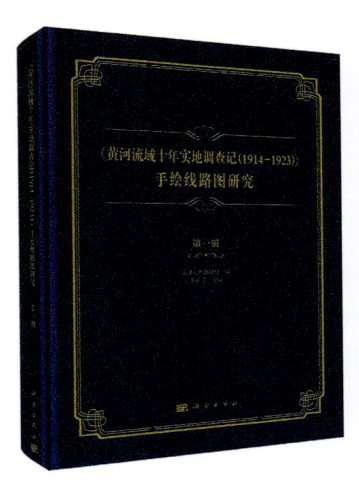

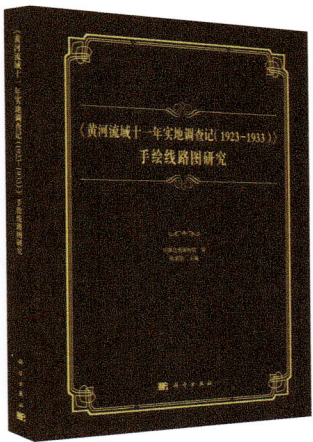

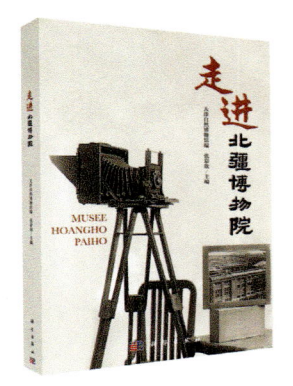

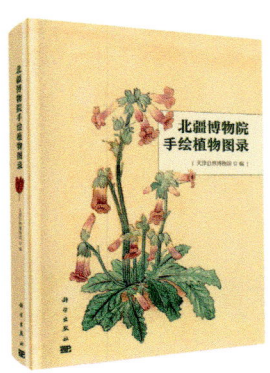

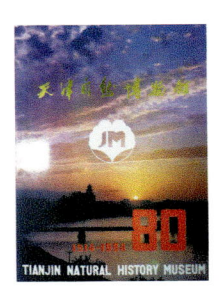

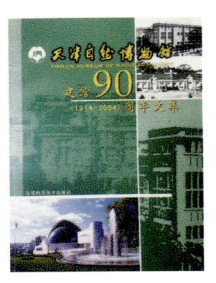

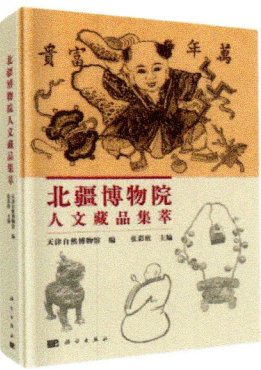

百年辉煌

究成果、北疆博物院历史沿革及发展，是首本从博物馆学角度全面介绍北疆博物院的著作。

60.《〈黄河流域十一年实地调查记(1923—1933)〉手绘线路图研究》（2023 年）

该书由天津自然博物馆编，张彩欣主编，科学出版社出版。本书是对《黄河流域十一年实地调查记（1923—1933）》的手绘地图的研究成果，包括了原书法语手绘图 77 张及其对应的翻译研究版 GIS 地图。

61.《北疆博物院自然标本精品集萃》（2024 年）

该书由天津自然博物馆编，张彩欣主编，科学出版社出版。本书向公众简要介绍了北疆博物院时期的科学考察、藏品及藏品体系、藏品研究及成果、陈列展览及藏品可持续利用等。同时向观众呈现北疆博物院各类自然标本 400 余件（套）。

62.《北疆博物院人文藏品集萃》（2024 年）

该书由天津自然博物馆编，张彩欣主编，科学出版社出版。本书向公众介绍了图书、地图、照片、版画、年画、拓片及各类器物等人文藏品266件(套)。

63.《天津自然博物馆馆藏昆虫　鞘翅目　天牛科》（2024 年）

该书由天津自然博物馆编，杨春旺、郝淑莲著，天津科学技术出版社出版。书中记述天津自然博物馆馆藏天牛 6 亚科 143 属 300 种 / 亚种，包括 6 个中国新纪录种。提供了物种的标本信息、主要特征描述、寄主植物以及国内外分布和成虫彩色图版。

64.《百年辉煌——天津自然博物馆（北疆博物院）：1914—1924》（2024 年）

即本书。由天津自然博物馆编，张彩欣主编，科学出版社出版。本书从科学考察、科学研究、馆藏荟萃、科普教育、陈列展览、对外交流等多角度向读者们叙述了天津自然博物馆百年来的发展历程和辉煌成就。

三、论文发表

SCI 收录期刊：

1. Heinz Tobien, Guanfang Chen & Yuqing Li. 1986. Mastodonts (Probascidea, Mammalia) from the late Neogene and Early Pleistocene of the People's Republic of China, Part 1: Historical Account: the genera *Gomphotherium, Choerolophodon, Synconolophus, Amebelodon, Platybelodon, Sinomastodon. Mainzer*

Geowissenschaftliche Mitteilungen, 15: 119-181.

2. Heinz Tobien, Guanfang Chen & Yuqing Li. 1988. Mastodonts (Probascidea, Mammalia) from the late Neogene and Early Pleistocene of the People's Republic of China. Part 2. *The genera Tetralophodon, Anancus, Stegotetrabelodon, Zygolophodon, Mammut, Stegolophodon*. Some generalities on the Chinese Mastodonts. *Mainzer Geowissenschaftliche Mitteilungen*, 17: 95-220.

3. Gao Wangxue. 2000. The mating system and gene dynamics of plateau pikas. *Behavioural Processes*, 51(1-3): 101-110.

4. Xu Xing, Zhou Zhonghe, Wang Xiaolin, Kuang Xuewen, Zhang Fucheng & Du Xiangke. 2003. Four-winged dinosaurs from China. *Nature*, 421: 335-340.

5. Xu Xing, Norell Mark, Kuang Xuewen, Wang Xiaolin, Zhao Qi, Jia Chengkai. 2004. Basal tyrannosauroids from China and evidence for protofeathers in tyrannosauroids. *Nature*, 431: 680-684.

6. Xu Xing, Zhou Zhonghe, Zhang Fucheng, Wang Xiaolin & Kuang Xuewen. 2004. Functional Hind-wings conform to the Hip-Structure in Dromaeosaurids. *Journal of Vertebrate Paleontology*, 24(3): 133.

7. Hao Shulian & Li Houhun. 2005. A New Genus of Plume Moths (Lepidoptera: Pterophoridae) from China. *Entomological News*, 116(1): 35-38.

8. Xu Xing, Zhou Zhonghe, Wang Xiaolin & Kuang Xuewen, Zhang, Fucheng etc. 2005. Origin of flight - Could 'four-winged' dinosaurs fly? Reply. *Nature*, 438(7066): E3-E4.

9. Bai Xiaoshuan, Yang Chunwang & Cai Wanzhi. 2006. First record of the genus *Libiocoris* Kormilev, 1957 (Heteroptera: Aradidae) from China, with the description of two new species. *Zootaxa*, 1370: 39-47.

10. Zhao Ping, Yang Chunwang & Cai Wanzhi. 2006. First record of the genus *Platerus* Distant (Heteroptera: eduviidae: Harpactorinae) from China, with the description of a third species of the genus. *Zootaxa*, 1286: 23-31.

11. Lv Jinmei & Li Houhun. 2007. A Systematic Study of the Genus *Matsumuraeses* Issiki from China (Lepidoptera: Tortricidae: Olethreutinae). *Zootaxa*, 1606: 59-68.

12. Wang Tiantian, Liang Junhui & Ren Dong. 2007. Variability of *Habroblattula drepanoides* gen. *et.* sp. nov. (Insecta: Blattaria: Blattulidae) from the

Yixian Formation in Liaoning, China. *Zootaxa*, 1443: 17-27.

13. Wang Tiantian, Ren Dong, Liang Junhui & Shih Chungkun. 2007. Mesozoic Cockroaches (Blattaria: Lattaria: Blattulidae) From Jehol Biota of Western Liaoning in China. *Annales Zoologici (Warszawa)*, 57(3): 483-495.

14. Hao Shulian & Li Houhun. 2008. The genus *Pselnophorus* Wallengren from Chinese Mainland, with description of a new species (Lepidoptera: Pterophoridae). *Zootaxa*, 1775: 61-67.

15. Hao Shulian, Kendrick Roger C. & Li Houhun. 2008. Microlepidoptera of Hong Kong: Checklist of Pterophoridae, with description of one new species (Insecta, Lepidoptera). *Zootaxa*, 1821: 37-48.

16. Liang Junhui, Vršanský Peter, Ren Dong & Shih Chungkun. 2009. A new Jurassic carnivorous cockroach(Insecta, Blattaria, Raphidiomimidae) from the Inner Mongolia in China. *Zootaxa*, 1974: 17-30.

17. Wang Meixia, Liang Junhui, Ren Dong & Shih Chungkun. 2009. New fossil Vitimotauliidae(Insecta: Trichoptera) from the Jehol Biota of Liaoning Province, China. *Cretaceous Research*, 30(3): 592-598.

18. Qin Xuebo, Sun Hongwen, Wang Cuiping, *et al*. 2010. Impacts of crab bioturbation on the fate of polycyclic aromatic hydrocarbons in sediment from the Beitang estuary of Tianjin, China. *Environmental Toxicology and Chemistry*, 29(6): 1248-1255.

19. Qin Xuebo. 2011. Summer bed-site selection by roe deer in a predator free area. *Hystrix, The Italian Journal of Mammalogy*, 22(2): 269-279.

20. Liang Junhui, Huang Weilong & Ren Dong. 2012. *Graciliblatta bella* gen. *et* sp. n.— a rare carnivorous cockroach (Insecta, Blattida, Raphidiomimidae) from the Middle Jurassic sediments of Daohugou in Inner Mongolia, China. *Zootaxa*, 3449: 62-68.

21. Liang Junhui, Vršanský Peter & Ren Dong. 2012. Variability and symmetry of a Jurassic nocturnal predatory cockroach (Blattida: Raphidiomimidae). *Revista Mexicana de Ciencias Geológicas*, 29(2): 411-421.

22. Peng Shitao, Qin Xuebo, Shi Honghua, Zhou Ran, *et al*. 2012. Distribution and controlling factors of phytoplankton assemblages in a semi-enclosed bay during spring and summer. *Marine Pollution Bulletin*, 64(5): 941-948.

23. Vršanský Peter, Liang Junhui & Ren Dong. 2012. Malformed cockroach (Blattida: Liberiblattinidae) in the Middle Jurassic sediments from China. *Oriental Insects*, 46(1): 12-18.

24. Wei Dandan, Liang Junhui & Ren Dong. 2012. A new species of Fuziidae (Insecta, Blattida) from the Inner Mongolia, China. *ZooKeys*, 217: 53-61.

25. Li Yong, Zhang Shanshan, *et al*. 2013. Cadmium accumulation, activities of antioxidant enzymes, and malondialdehyde (MDA) content in *Pistia stratiotes* L. *Envionmental Science and Pollution Research*, 20: 1117-1123.

26. Peng Shitao, Zhou Ran, Qin Xuebo, *et al*. 2013. Application of macrobenthos functional groups to estimate the ecosystem health in a semi-enclosed bay. *Marine Pollution Bulletin*, 74(1): 302-310.

27. Wei Dandan, Liang Junhui & Ren Dong. 2013. A new fossil genus of Fuziidae (Insecta, Blattida) from the Middle Jurassic of Jiulongshan Formation, China. *Geodiversitas*, 35(2): 335-343.

28. Lorenzini R, Garofalo L, Qin Xuebo, *et al*. 2014. Global phylogeography of the genus *Capreolus* (Artiodactyla: Cervidae), a Palaearctic meso-mammal. *Zoological Journal of the Linnean Society*, 170(1): 209-221.

29. Lv Jinmei, Sun Yinghui & Li Houhun. 2014. Review of the genus *Andrioplecta* Obraztsov (Lepidoptera: Tortricidae: Olethreutinae) from China. *Zootaxa*, 3760(3): 487-493.

30. Ma Lixin, Qin Xuebo, Sun Nan, *et al.* 2014. Human health risk of metals in drinking-water source areas from a forest zone after long-term excessive deforestation. *Human and Ecological Risk Assessment*, 20(5): 1200-1212.

31. Qin Xuebo, Sun Nan, Ma Lixin, *et al*. 2014. Anatomical and physiological responses of colorado blue spruce to vehicle exhausts. *Environmental Science and Pollution Research*, 21: 11094-11098.

32. Zhou Ran, Qin Xuebo, Peng Shitao, *et al*. 2014. Total petroleum hydrocarbons and heavy metals in the surface sediments of Bohai Bay, China: Long-term variations in pollution status and adverse biological risk. *Marine Pollution Bulletin*, 83: 290-297.

33. Liang Junhui, Shih Chungkun & Ren Dong. 2018. New Jurassic predatory cockroaches (Blattaria: Raphidiomimidae) from Daohugou, China and Karatau,

Kazakhstan. *Alcheringa*: 42(1): 101-109.

34. Sun Boyang, Zhang Xiaoxiao, Liu Yan & Raymond L. Bernor. 2018. *Sivalhippus Ptychodus* and *Sivalhippus Platyodus* (Perissodactyla, Mammalla) from the late Miocene of China. *Rivista Italiana di Paleontologia e Stratigrafia*, 124(1): 1-22.

35. Alberto Valenciano, Jiang Zuo, Qi Gao, Wang Shiqi, Li Chunxiao, Zhang Xiaoxiao & Ye Je. 2019. First Record of *Hoplictis* (Carnivora, Mustelidae) in East Asia from the Miocene of the Ulungur River Area, Xinjiang, Northwest China. *Acta Geologica Sinica* (English Edition), 93(2): 251-264.

36. Liang Junhui, Shih Chungkun, Wang Lixia & Ren Dong. 2019. New cockroaches (Insecta, Blattaria, Fuziidae) from the Middle Jurassic Jiulongshan Formation in northeastern China. *Alcheringa*, 43(3): 441-448.

37. Zhang Guoyi, Ge Lin, Hao Shulian & Liu Tengteng. 2020. Current status and illustrations of the type specimens of the species described by Teng-Chien Yen in 1935 belonging to *Cathaica* Möllendorff, 1884 and *Pseudiberus* Ancey, 1887 (Gastropoda: Eupulmonata: Camaenidae). *Archiv für Molluskenkunde*, 149(1): 55-65.

38. Chen Guanyu, Xiao Lifang, Liang Junhui, Shih Chungkun & Ren Dong. 2021. A new cockroach (Blattodea, Corydiidae) with pectinate antennae from mid-Cretaceous Burmese amber. *Zookeys*, 1060: 155-169.

39. Liang Junhui, Wang Ying, Shih Chungkun & Ren Dong. 2021(online). *Chuanblatta* gen. nov. sexually dimorphic cockroaches of Raphidiomimidae (Blattaria) from the Jiulongshan Formation in China. *Palaeontographica, Abteilung A,* 326 (1-6): 3-17.

40. Wang Ying, Liang Junhui, Shih Chungkun & Ren Dong. 2021. Revision of *Eoiocossus* (Insecta, Hemiptera, Palaeontinidae) from the Middle Jurassic of Northeastern China. *Alcheringa*, 45(3): 329-334.

41. Li Tingting, Zhang Zijia, Ma Yiping, Song Yuqian, Yang Guojiao, Han Xingguo & Zhang Ximei. 2022. Nitrogen deposition experiment mimicked with NH_4NO_3 overestimates the efect on soil microbial community composition and functional potential in the Eurasian steppe. *Environmental Microbiome*, 17: 49, pages1-10. https://doi.org/10.1186/s40793-022-00441-1.

42. Guo Shilong, Ma Wang, Tang Yunyu, Chen Liang, Wang Ying, Cui Yingying, Liang Junhui, *et al*. 2023. A new method for examining the co-occurrence

network of fossil assemblages. *Communications Biology*, 6(1): 1102, pages1-12. DOI: 10.1038/s42003-023-05417-6.

43. Liang Junhui, Wang Ying, Shih Chungkun & Ren Dong. 2023. A new Middle Jurassic cockroach (Blattaria: Blattulidae) from the Jiulongshan Formation of Daohugou in China. *Biologia*, 78: 1429-1432.

44. Li Yange, Jing Wenqing, Hao Shulian, Yu Haili. 2023. Descriptions of two new species of *Phaecadophora* Walsingham, 1900 (Lepidoptera, Tortricidae, Olethreutinae) from China. *ZooKeys*, 1187: 223-236.

45. Wang Shiqi, Li Chunxiao, Li Yan & Zhang Xiaoxiao. 2023. Gomphotheres from Linxia Basin, China, and their significance in biostratigraphy, biochronology, and paleozoogeography. Palaeogeography, Palaeoclimatology, Palaeoecology, 613: (111405) 1-14.

国内核心或国外同等期刊：

1. 萧采瑜. 1955. 中国盲蝽象分属检索表. 南开大学学报, I: 98-106.

2. 萧采瑜. 1961. 半翅目异翅亚目的系统分类. 昆虫知识, 7(2): 93-95.

3. 萧采瑜. 1962. 中国北部常见苜蓿盲蝽种类初记. 昆虫学报, 11(sup.): 80-89.

4. 萧采瑜. 1962. 中国同缘蝽属初记. 昆虫学报, 11(sup.): 66-79.

5. 刘宪庭，黄为龙等. 1963. 华北狼鳍鱼化石. 古脊椎动物与古人类研究所甲种专刊第 6 号.

6. 萧采瑜. 1963. 半翅目异翅亚目的分类系统. 昆虫知识, 12(3): 310-344.

7. 萧采瑜. 1963. 我国竹缘蝽族（Cloresmini）种类简记. 昆虫知识, 12(4): 506-510.

8. 萧采瑜. 1963. 云南生物考察报告（半翅目：缘蝽科）. 昆虫学报, 12(3): 310-340.

9. 萧采瑜. 1963. 中国棉田盲蝽记述. 动物学报, 15(3): 439-449.

10. 萧采瑜. 1963. 中国缘蝽新种记述（半翅目，缘蝽科）I. 动物学报, 15(4): 611-623.

11. 萧采瑜，郑乐怡. 1964. 中国棘缘蝽属记述. 动物分类学报, 1(1): 65-69.

12. 萧采瑜，经希立. 1964. 中国网蝽科名录及属检索表. 南开大学学报（自然科学），5(1): 51-67.

13. 萧采瑜. 1964. 云南生物考察报告（半翅目：红蝽科及大红蝽科）. 昆虫学报, 13(3): 401-406.

14. 萧采瑜. 1964. 云南生物考察报告（扁蝽科）. 昆虫学报, 13(4): 587-605.

15. 萧采瑜. 1964. 中国半翅目异翅亚目的新种和新记录. 动物分类学报, 1(2): 283-292.

16. 萧采瑜. 1964. 中国扁蝽属（*Aradus Fabr.*）初志. 动物分类学报, 1(1): 70-75.

17. 萧采瑜. 1964. 中国姬猎蝽新种记述. 昆虫学报, 13(1): 76-87.

18. 萧采瑜. 1964. 中国姬猎蝽属初志. 昆虫学报, 13(2): 231-239.

19. 萧采瑜. 1964. 中国缘蝽科纪要Ⅰ. 南开大学学报（自然科学版），5(1): 1-17.

20. 萧采瑜. 1964. 中国缘蝽科纪要Ⅱ. 南开大学学报（自然科学版），5(1): 19-35.

21. 萧采瑜. 1964. 中国缘蝽新种记述（半翅目，缘蝽科）Ⅱ. 动物学报, 16(1): 89-100.

22. 萧采瑜. 1964. 中国缘蝽新种记述Ⅲ. 动物学报, 16(2): 251-262.

23. 萧采瑜. 1965. 中国猎蝽科的新种和新记录Ⅰ. 动物分类学报, 2(2): 109-120.

24. 萧采瑜. 1965. 中国缘蝽科纪要Ⅲ. 南开大学学报（自然科学版），6(1): 49-64.

25. 萧采瑜. 1965. 中国缘蝽科纪要Ⅳ. 南开大学学报（自然科学版），6(1): 65-77.

26. 萧采瑜. 1965. 中国缘蝽新种记述Ⅳ. 动物学报, 17(4): 421-434.

27. 萧采瑜. 1965. 椎蝽（*TriatoMa Lixinaporte*）一新种记述. 动物分类学报, 2(3): 197-200.

28. 萧采瑜. 1973. 中国光猎蝽亚科新种记述. 昆虫学报, 16(1): 57-92.

29. 萧采瑜. 1974. 中国猎蝽科的新种和新记录Ⅱ. 昆虫学报, 17(3): 318-324.

30. 萧采瑜. 1974. 中国跷蝽科记述. 昆虫学报, 17(1): 55-65.

31. 萧采瑜. 1976. 中国猎蝽亚科简记. 昆虫学报, 19(1): 77-93.

32. 萧采瑜. 1977. 中国细足猎蝽亚科新种记述. 昆虫学报, 20(1): 68-82.

33. 李国良. 1978. 中国小公鱼属一新种. 动物学报, 24(2): 193-195.

34. 萧采瑜, 郑乐怡. 1978. 几种重要花蝽的识别. 昆虫知识, 15(2): 51-53.

35. 萧采瑜, 郑乐怡. 1978. 中国的麦蝽属记述. 昆虫学报, 21(3): 325-327.

36. 刘胜利. 1979. 鄂西神农架的同蝽（半翅目：同蝽科）. 昆虫分类学报, 1(1): 55-59.

37. 邱占祥, 黄为龙, 郭志慧. 1979. 甘肃庆阳上新世鬣狗科化石. 古脊椎动物学报, 17(3): 200-221, 269-274.

38. 萧采瑜, 经希立. 1979. 中国皮蝽科（Piesmatidae）简记. 昆虫学报, 22(4): 453-459.

39. 萧采瑜, 刘胜利. 1979. 中国瘤蝽科的新种和新记录. 昆虫学报, 22(2): 169-174.

40. 萧采瑜. 1979. 中国真猎蝽亚科新种记述 I. 动物分类学报, 4(2): 137-155.

41. 萧采瑜. 1979. 中国真猎蝽亚科新种记述 II. 动物分类学报, 4(3): 238-259.

42. 郑乐怡, 邹环光, 萧采瑜. 1979. 中国长蝽科新种记述（I）束长蝽亚科（半翅目：异翅亚科）. 动物分类学报, 4(3): 273-280.

43. 郑乐怡, 邹环光, 萧采瑜. 1979. 中国长蝽科新种记述（II）朔长蝽亚科, 尖长蝽亚科, 梭长蝽亚科（半翅目：异翅亚目）. 动物分类学报, 4(4): 362-371.

44. 刘胜利. 1980. 中国短喙扁蝽亚科新种记述（半翅目：扁蝽科）. 动物分类学报, 5(2): 175-184.

45. 刘胜利. 1980. 中国同蝽科六新种（半翅目：同蝽科）. 动物学研究, 1(2): 233-242.

46. 邱占祥, 黄为龙, 郭志慧. 1980. 贺风三趾马头骨的发现及其系统关系的讨论. 古脊椎动物学报, 18(2): 131-137, 186.

47. 刘胜利. 1981. 尖同蝽属一新种. 动物分类学报, 6(3): 322-323.

48. 刘胜利. 1981. 中国扁蝽科的新种（半翅目：异翅亚目）. 昆虫学报, 24(2): 184-187.

49. 任树芝, 萧采瑜. 1981. 中国姬蝽科的新种和新记录. 动物分类学报, 6(4): 428-432.

50. 张闰生, 邱兆祉, 李庆奎. 1981. 天津、河北鳖的吸虫. 南开大学学报（自然科学版）, 1981: 99-111.

51. 邱兆祉, 张闰生, 李庆奎. 1982. 藏马鸡体内一线体吸虫新种（吸虫纲：双腔科）. 动物分类学报, 7(2): 115-116.

52. 邱兆祉，张闰生，李庆奎. 1982. 睾柄科在我国首次发现. 动物分类学报，7(1): 31.

53. 宋大祥，刘庭秀. 1982. 我国数种蜘蛛新记录. 动物分类学报，7(4): 449.

54. 张闰生，邱兆祉，李庆奎. 1982. 棘口科顶睾属一新种. 南开大学学报（自然科学版），1982: 115-119.

55. 季楠，牛树森. 1983. 河南卢氏县发现人类化石. 人类学学报，2(4): 399.

56. 邱兆祉，张闰生，李庆奎. 1983. 湖北龟类的斜睾吸虫一新属两新种. 动物分类学报，8(3): 229-233.

57. 萧采瑜，任树芝. 1983. 齿爪盲蝽亚科的新属和新种记述（半翅目：盲蝽科）. 昆虫学报，26(1): 69-76.

58. 邱兆祉，张闰生，李庆奎. 1984. 乌梁素海的鸟类异形吸虫. 动物分类学报，9(2): 118-121.

59. 邱兆祉，张闰生，李庆奎. 1984. 中国林蛙的寄生吸虫. 南开大学学报（自然科学版），1984: 116-119.

60. 张闰生，邱兆祉，李庆奎. 1984. 侧孔吸虫属二新种（吸虫：隐孔科）. 动物学研究，5(2): 117-121.

61. 邱兆祉，李庆奎. 1985. 内蒙古哈速海鸟类的吸虫. 南开大学学报（自然科学版），1985: 64-71.

62. 张闰生，邱兆祉，李庆奎. 1985. 蝮蛇饰镯虫 *Armillifer agkistrodontis* Self, 1966 的记述. 南开大学学报（自然科学版），1985: 59-63.

63. 卫奇，孟浩，成胜泉. 1985. 泥河湾层中新发现一处旧石器地点. 人类学学报，4(3): 223-232.

64. 邱兆祉，李庆奎. 1986. 乌梁素海鸟类吸虫（复殖目）. 动物分类学报，11(2): 116-125.

65. 李庆奎，张闰生，邱兆祉. 1986. 渤海鱼类复殖吸虫Ⅰ——半尾科吸虫两新种. 动物分类学报，11(2): 126-130.

66. 李庆奎，张闰生，邱兆祉. 1986. 渤海鱼类复殖吸虫Ⅱ——半尾科吸虫两新种. 南开大学学报（自然科学版），1986(2): 133-138.

67. 张闰生，邱兆祉，李庆奎. 1986. 渤海鱼类复殖吸虫Ⅲ. 动殖科吸虫一新种. 动物分类学报，11(4): 348-350.

68. 李庆奎，张闰生，邱兆祉. 1987. 我国海鱼吸虫区系的初步研究. 四川动物，6(2): 4-7.

69. 林一璞，张镇洪，刘兴林，王尚尊，郭志慧，张丽黛. 1987. 新发现的一棵庙后山人的臼齿. 人类学学报, 6(1): 76-77.

70. 刘胜利. 1987. 我国华枝虫蟠属二新种（竹节虫目：异虫蟠科：长角枝虫蟠亚科）. 天津自然博物馆论文集, 4: 1-4.

71. 邱兆祉，张闰生，李庆奎. 1987. 渤海鱼类复殖吸虫 IV. 鳞肉科吸虫一新种. 四川动物, 6(1): 7-9.

72. 刘胜利. 1988. 云南瘤蟠二新种. 昆虫分类学报, 10(1-2): 71-74.

73. 王尚尊，郭志慧，张丽黛. 1988. 河北泥河湾早更新世骨制品的初步观察. 人类学学报, 7(4): 302-305.

74. 张闰生，邱兆祉，李庆奎. 1988. 渤海鱼类的复殖吸虫 V（复殖目：孔肠科）. 动物分类学报, 13(4): 329-336.

75. 张闰生，李庆奎，邱兆祉. 1988. 天津常见蛇类的复殖吸虫. 两栖爬行学报, 1988(1): 67-69.

76. 张闰生，邱兆祉，李庆奎. 1988. 长颈鹿的寄生线虫. 南开大学学报（自然科学版）, 1988(2): 49-52.

77. 李国良. 1989. 河北淡水鱼类地理区划粗探. 动物学杂志, 24(5): 13-16.

78. 李国良. 1989. 中国金线鲃属一新种. 动物分类学报, 14(1): 123-126.

79. 李庆奎，邱兆祉. 1989. 渤海鱼类的复殖吸虫 VI.（吸虫纲：孔肠科）. 动物分类学报, 14(1): 12-16.

80. 李庆奎，邱兆祉. 1989. 渤海鱼类的复殖吸虫 VII——星腺科一新种. 海洋通报, 8(1): 119-120.

81. 李庆奎，邱兆祉，梁众. 1990. 北部湾海鱼吸虫一新种. 海洋通报, 9(1): 98-99.

82. 刘胜利. 1990. 中国叶蟠一新种. 昆虫学报, 33(2): 227-229.

83. 梁众，陈锡欣，邱兆祉，李庆奎. 1990. 北部湾海蛇吸虫一新种. 海洋通报, 9(1): 96-97.

84. 邱兆祉，李庆奎，张闰生，陈锡欣，梁众. 1990. 前睾吸虫亚科的研究（半尾科）. 动物分类学报, 15(2): 129-132.

85. 李百温. 1991. 天津地区主要资源鸟类调查. 动物学杂志, 26(2): 17-19.

86. 戚永和，刘胜利. 1992. 金平巨树蟠的发现与雄虫描述（竹节虫目：蟠科）. 动物分类学报, 17(2): 250-252.

87. Qiu Zhaozhi & Li Qingkui. 1998. Digenetic trematodes of birds from

Guandi Mountain Shanxi Province, China. *Parasitology International*, 47(Sup.): 146.

88. 何森, 胡金林. 1999. 广西绿蟹蛛属 1 新种（蜘蛛目：蟹蛛科）. 蛛形学报, 8(1): 30-31.

89. 何森, 胡金林. 1999. 云南拟伊蛛属 1 新种（蜘蛛目：跳蛛科）. 蛛形学报, 8(1): 32-33.

90. 邱兆祉, 李庆奎, 成源达. 1999. 湖南鸣禽的滑口吸虫研究（复殖目：短咽科）. 动物分类学报, 24(1): 1-7.

91. 邱兆祉, 李庆奎. 1999. 华北地区无尾两栖类的复殖吸虫（吸虫纲：复殖目）. 南开大学学报（自然科学版）, 32(3): 195-200.

92. 王凤琴, 王学高. 1999. 中国珍稀兽类一览表. 兽类学报, 19(1): 71-75.

93. 何森, 胡金林. 2000. 海南巨蟹蛛属 1 新种（蜘蛛目：巨蟹蛛科）. 蛛形学报, 9(1): 17-19.

94. 何森, 胡金林. 2000. 海南小遁蛛属 1 新种（蜘蛛目：巨蟹蛛科）. 蛛形学报, 9(1): 14-16.

95. 李文元, 高琦, 王红会等. 2000. 昆虫复眼视觉系统的计算机模拟. 天津大学学报, 33(2): 259-261.

96. 李宇红编译. 2000. 记一位被遗忘的杰出学者理查德·奥温. 生物学通报, 35(3): 45-46.

97. 刘晓鹏, 邱兆祉, 李庆奎. 2000. 渤海湾虾蟹类的复殖吸虫. 南开大学学报（自然科学学报）, 33(3): 78-82.

98. Hua Baozheng, Sun Guihua & Li Miaolin. 2001. Sichuan Panorpidae (Mecoptera) Kept in the Tianjin Natura History Museum. *Entomotaxonomia*, 23(2): 120-123.

99. 张晓红, 徐星, 赵喜进等. 2001. 内蒙古上白垩统二连组一长颈的镰刀龙类（英文）. 古脊椎动物学报, 39(4): 282-290.

100. 刘巍, 李庆奎, 施秀惠等. 2002. 寄生于巨蜥之复殖吸虫新种前黄分杯吸虫记述（复殖目：分杯科）. 动物学研究, 41(3): 283-287.

101. 徐星, 张晓虹, 保罗·塞雷诺等. 2002. 内蒙古上白垩统二连组发现一新镰刀龙类（英文）. 古脊椎动物学报, 40(3): 228-240.

102. 邓涛, 郑敏. 2005. 河湾发现的板齿犀肢骨化石. 古脊椎动物学报, 43(2): 110-121.

103. 王凤琴. 2005. 天津七里海湿地保护区鸟类区系及生态分布. 动物学

报, 51(Sup.): 53-59.

104. 王凤琴, 赵欣如, 周俊启等. 2006. 天津大黄堡湿地自然保护区鸟类调查. 动物学杂志, 41(5): 72-81.

105. Hao Shulian & Li Houhun. 2007. A new species of *Agdistis* from China (Lepidoptera: Pterophoridae). *Acta Zootaxonomica Sinica*, 32(3): 571-573.

106. 高渭清. 2007. 全球化时期博物馆对民众引导作用的思考. 天津师范大学学报社会科学版, 1: 282-284.

107. 覃雪波, 马成学, 黄璞祎. 2007. 安邦河湿地浮游植物及营养现状评价. 农业环境科学学报, 26(Sup.): 288-296.

108. 覃雪波, 张新刚. 2007. 安邦河湿地浮游植物数量分布特征. 东北林业大学学报, 35(7): 49-51.

109. 王凤琴, 覃雪波. 2007. 天津地区鸟类组成及多样性分析. 河北大学学报（自然科学版）, 27(4): 417-422.

110. 郑敏. 2007. 天津蓟县诺氏古菱齿象化石的发现. 古脊椎动物学报, 45(1): 89-92.

111. Qin Xuebo, Wang Jianrong & Li Yong. 2008. Species composition and ecological distribution of mammals in Baxianshan Nature Reserve, Tianjin, P.R. China. *International Journal of Natural and Social Science*, 1(2): 13-17.

112. Yang Chunwang, Wang Hesheng, Bai Xiaoshuan, Cai Wanzhi. 2008. *Dolichothyreus*, the First Record Genus of Mezirinae (Hemiptera: Aradidae) from China. *Entomotaxonomia*, 30(3): 165-168.

113. 郭旗, 李庆奎, 邱兆祉. 2008. 中国海鱼孔肠科吸虫. 四川动物, 27(5): 841-842.

114. 郭旗, 王全来. 2008. 生态时代自然博物馆的作用. 安徽农业科学, 36(32): 14352-14353, 14356.

115. 郭旗, 王全来. 2008. 中新天津生态城生物资源调查. 安徽农业科学, 36(33): 14705-14706.

116. 郝淑莲, 吕锦梅, 杨春旺等. 2008. 天津蓟县八仙山自然保护区蜻蜓目昆虫初步调查. 安徽农业科学, 36(23): 10000-10001.

117. 郝淑莲. 2008. 中国羽蛾新记录（鳞翅目：羽蛾科）. 四川动物, 27(5): 815-817.

118. 李庆奎, 邱兆祉. 2008. 渤海鱼类复殖吸虫多样性分布特征. 安徽农业科学, 36(20): 8628-8629, 8635.

119. 李庆奎, 邱并祉. 2008. 渤海鱼类感染复殖吸虫分析. 安徽农业科学, 36(18): 7706-7707.

120. 吕锦梅, 郝淑莲. 2008. 中国北方七省市地区小食心虫族研究（鳞翅目：卷蛾科：新小卷蛾亚科）. 安徽农业科学, 36(22): 9616-9617.

121. 覃雪波, 李勇, 赵铁建等. 2008. 天津八仙山自然保护区兽类的区系特征与生态分布. 四川动物, 27(5): 922-923.

122. 覃雪波, 齐智, 朱金宝等. 2008. 天津八仙山自然保护区狍春季卧息生境特征. 东北林业大学学报, 36(11): 75-76, 79.

123. 覃雪波. 2008. 天津八仙山自然保护区狍春季的卧息地利用. 四川动物, 27(6): 1179-1183.

124. 覃雪波等. 2008. 安邦河湿地浮游植物数量与环境因子相关性研究. 海洋湖沼通报, 3: 43-52.

125. 覃雪波, 马戎学, 黄璞祎等. 2008. 安邦河湿地浮游植物现状分析. 安徽农业科学, 36(4): 1592-1594.

126. 覃雪波, 刘曼红, 黄璞祎等. 2008. 寒区湿地春、夏浮游植物群落划分——以三江平原安邦河湿地为例. 湖泊科学, 20(4): 529-537.

127. 王凤琴. 2008. 天津地区鸟类组成及多样性分析. 安徽农业科学, 36(20): 8623-8625.

128. 王凤琴. 2008. 天津沿海水鸟群落格局分析. 四川动物, 27(5): 899-901.

129. 王凤琴, 赵欣如, 周俊启等. 2008. 天津大黄堡湿地自然保护区的水鸟生态. 河北大学学报（自然科学版）, 28(4): 427-432.

130. 吕锦梅, 赵铁建, 孙国明, 郝淑莲, 杨春旺. 2009. 天津地区刺蛾科昆虫多样性研究及区系分析. 西北农业学报, 18(2): 299-303.

131. 茹欣, 吴鹏程, 汪楣芝. 2009. 天津八仙山国家自然保护区苔藓植物调查. 安徽农业科学, 37(3): 1253-1254.

132. 王全来, 吕锦梅, 匡登辉. 2009. 天津自然博物馆馆藏标本的管理和养护. 河北农业科学, 13(4): 171-172.

133. 杨春旺. 2009. 天津八仙山自然保护区蝶类资源调查研究. 西南大学学报（自然科学版）, 31(2): 141-145.

134. 覃雪波, 孙红文, 吴济舟等. 2010. 大型底栖动物对河口沉积物的扰动作用. 应用生态学报, 21(2): 458-463.

135. 覃雪波, 曾朝辉. 2011. 中新天津生态城夏季不同生境中啮齿动物群落与环境因子关系. 兽类学报, 31(4): 380-386.

136. 高凯. 2012. 对自然博物馆藏品的探讨. 天津师范大学学报（社会科学版）, (supp.): 131-133.

137. 赵世林, 郭建荣, 郝淑莲. 2012. 山西芦芽山自然保护区小蛾类种类调查. 安徽农业科学, 40(33): 16131-16135, 16223.

138. Hao Shulian. 2013. The family Macropiratidae Meyrick (Lepidoptera: Pterophoroidea) in mainland China. *Entomotaxonomia*, 35(2): 155-160.

139. 白晓拴, 杨春旺, 李阳梅等. 2013. 巨膜长蟾形态特征及生物学特征的初步研究. 内蒙古大学学报（自然科学版）, 44(7): 445-448.

140. 邓涛, 侯素宽, 颉光普等. 2013. 临夏盆地上中新统的年代地层划分与对比. 地层学杂志, 37(4): 417-427.

141. 马立新, 覃雪波, 孙楠等. 2013. 大小兴安岭生态资产变化格局. 生态学报, 33(24): 7838-7845.

142. 孙博阳. 2013. 云南禄丰石灰坝地点的三趾马（*Hipparion*）化石. 古脊椎动物学报, 51(2): 141-161.

143. 赵世林, 郝淑莲, 张志伟. 2013. 植物学知识在鳞翅目昆虫系统学研究中的应用. 安徽农业科学, 41(13): 5737-5739.

144. Hao Shulian. 2014. *Agdistis falkovitschi* Zagulajev, 1986, new record to China (Lepidoptera: Pterophoridae: Agdistinae). *Acta Agriculturae Boreali-occidentalis Sinica*, 23(1): 155-157.

145. Hao Shulian. 2014. Taxonomic review of the genus *Ochyrotica* Walsingham from China (Lepidoptera: Pterophoridae: Ochyroticinae). *Zoological Systematics*, 39(2): 283-291.

146. 李俐俐, 武安泉, 覃雪波. 2014. 沙蚕生物扰动对河口沉积物中菲释放的影响. 环境科学学报, 34(9): 2355-2361.

147. 彭士涛, 覃雪波, 周然等. 2014. 渤海湾港口生态风险评估. 生态学报, 34(1): 224-230.

148. 覃雪波, 孙红文, 彭士涛等. 2014. 生物扰动对沉积物中污染物环境行为的影响研究进展. 生态学报, 34(1): 59-69.

149. 覃雪波, 孙红文, 彭士涛等. 2014. 生物扰动对沉积物中污染物环境行为的影响研究进展. 生态学报, 34(1): 59-69.

150. 同号文, 王法岗, 郑敏等. 2014. 泥河湾盆地新发现的梅氏犀及裴氏板齿犀化石. 人类学学报, 33(3): 369-388.

151. 覃雪波, 韩琳琳. 2014. 渤海湾大型底栖动物调查及与环境因子的相关性. 生态学报, 34(1): 50-58.

152. 王全来. 2014. 浸制标本养护的技术和管理. 安徽农业科学, 42(34): 12117-12118, 12243.

153. 周然, 覃雪波, 彭士涛等. 2014. 渤海湾大型底栖动物调查及与环境因子的相关性. 生态学报, 34(1): 50-58.171.

154. Raymond L. Bernor & Sun Boyang. 2015. Morphology through ontogeny of Chinese Proboscidipparion and Plesiohipparion and observations on their Eurasian and African relatives. *Vertebrata Palasiatica*, 53(1): 1-6.

155. 池源, 郭振, 石洪华, 覃雪波, 王晓丽. 2015. 南长山岛草本植物多样性及影响因子. 华中师范大学学报(自然科学版), 49(6): 967-978.

156. 郝淑莲, 葛琳. 2015. 山西省羽蛾科(昆虫纲:鳞翅目)昆虫初报及分析. 天津师范大学学报(自然科学版), 35(3): 30-34.

157. 邵晓龙, 陈晨, 魏巍, 王凤琴. 2015. 夏、冬季水鸟对天津北大港万亩鱼塘栖息地的利用. 天津师范大学学报(自然科学版), 35(3): 145-148.

158. 孙博阳. 2015. 南亚三趾马向中国的扩散及其环境背景. 第四纪研究, 35(3): 520-527.

159. 武安泉, 郭宁, 覃雪波等. 2015. 寒区典型湿地浮游植物功能群季节变化及其与环境因子关系. 环境科学学报, 35(5): 1341-1349.

160. Chi Yuan, Shi Honghua, Wang Xiaoli, Qin Xuebo, Zheng Wei, Peng Shitao. 2016. Impact factors identification of spatial heterogeneity of herbaceous plant diversity on five southern islands of Miaodao Archipelago in North China. *Chinese Journal of Oceanology and Limnology*, 34(5): 937-951.

161. 门丽娜, 张志伟, 王利军, 郝淑莲, 韩有志. 2016. 人工沙棘林灯下蛾类群落结构及时间生态位. 东北林业大学学报, 44(5): 78-83.

162. Hao Shulian. 2017. A new synonymy and a new record species of genus *Gypsochares* Meyrick from China (Lepidoptera: Pterophoridae). *Journal of Inner Mongolia University* (Natural Science Edition), 48(5): 574-576.

163. 孙泽阳, 朱克强, 赵红昆, 杜慧敏, 高雯芳, 许渤松等. 2017. 羌族头面部 6 项指标与身高的相关性. 天津师范大学学报（自然科学版）, 37(6): 67-70.

164. 王凤琴, 魏巍, 邵晓龙. 2017. 天津鸟类新纪录. 内蒙古大学学报（自然科学版）, 48(3): 310-311.

165. 张磊, 郝淑莲, 张爱环. 2017. 北京松山自然保护区卷蛾科昆虫区系分析. 内蒙古大学学报（自然科学版）, 48(3): 304-309.

166. 张钰, 马金香, 冯露菲等. 2017. 天津博物馆文物保存环境调查与监测分析——以 2015 年 1 月监测数据为例. 文物保护与考古科学, 29(2): 94-99.

167. 覃雪波, 韩琳琳. 2018. 天津七里海湿地鼠类十年变化. 野生动物学报, 39(4): 782-787.

168. Wang Shiqi, Li Chunxiao, Zhang Xiaoxiao et al. 2019. A record of the early Protanancus and Stephanocemas from the north of the Junggar Basin, and its implication for the Chinese Shanwangian. *Vertebrata Palasiatica*, 57(2): 1-7.

169. 郝淑莲, 薛琪琪, 冯丹丹等. 2019. 山西南部山地蝴蝶多样性与生态位差异比较研究. 生态与农村环境学报, 35(10): 1314-1321.

170. Wang Shiqi, Zhang Xiaoxiao, Li Chunxiao. 2020. Reappraisal of *Serridentinus gobiensis* Osborn & Granger and *Miomastodon tongxinensis* Chen: the validity of Miomastodon. *Vertebrata Palasiatica*, 58(2): 134-158.

171. 李雪健, 贾佩尧, 牛诚祎, 邢迎春, 李浩林等. 2020. 新疆阿勒泰地区额尔齐斯河和乌伦古河流域鱼类多样性演变和流域健康评价. 生物多样性, 28(4): 1-12.

172. Wang Shiqi, Li Chunxiao, Zhang Xiaoxiao. 2021. On the scientific names of mastodont taxa: nomenclature, Chinese translation, and taxonomic problems. *Vertebrata Palasiatica*, 59(4): 295-332.

173. 陈冰. 2021. 百年北疆博物院的历史发展与研究价值分析. 中国博物馆, 2021(2): 46-49.

174. 李岩, 张晓晓, 李春晓等. 2021. 戈壁中新乳齿象（*Miomastodon gobiensis*）头骨的发现及生物地层学分布. 科学通报, 66(12): 1527-1538.

175. 李春晓, 吉学平, 张世涛, 罗俊, 苏艳萍, 李艳波, 甄明, 侯素宽, 江左其杲, 张晓晓等. 2021. 开远小龙潭新发现的宽齿脊棱齿象及古猿时代的讨论. 科学通报, 66(12): 1469-1481.

176. 王凤琴, 陈晨, 刘威, 刘亚洲, 卢学强, 魏巍, 古远等. 2021. 天津冬季水鸟多样性和优先保护区域分析. 生态与农村环境学报, 37(4): 509-517.

177. Zhang Xiaoxiao, Sun Danhui. 2022. A cuboid bone of a large Late Miocene elasmothere from Qingyang, Gansu, and its morphological significance, *Vertebrata Palasiatica*, 60(1): 29-41.

178. Li Xing, Yao Yuanyuan, Wang Xinhua & Lin Xiaolong. 2023. A Newly Recorded Species, *Parametriocnemus Togadigitalis* Sasa et Okazawa, 1992 (Diptera: Chironomidae) from China with DNA Barcode. *Acta Scientiarum Naturalium Universitatis Nankaiensis*, 56(4): 1-3.

179. 李勇, 李三青, 王欢. 2023. 天津野生维管植物编目及分布数据集. 生物多样性, 31(9): (23128) 1-7.

180. 刘文晖, 侯素宽, 张晓晓. 2023. 榆社盆地晚新生代骆驼化石的修订及中国化石骆驼评述。第四纪研究, 43(3): 712-751.

181. Xu Zigang, Yao Yuanyuan, *et al*. 2023. Perdiction of Potential distribution of the Genus Cricotopus (Diptera: Chironomidae) Based on MaxEnt Model. *Agricultural Ciotechnology*, 12(6): 39-44, 47.

182. Zhang Xiaoxiao, *et al*. 2023. New zygolophodonts from Miocene of China and their taxonomy. Vertebrata Palasiatica, 61(2): 142-160.

合作交流 空前活跃

天津自然博物馆正式建制以后，以其雄厚的实力和丰富的馆藏，积极开展对内、对外的合作交流，在国内乃至国际上取得了斐然的成绩。自1952年以来，先后接待了国内外近千所高校、研究所、省市级博物馆等的专家和学者来馆交流考察或合作研究。

一、国内交流

收藏是博物馆的一项基本功能，藏品则是博物馆的宝贵财富。充分利用藏品，拓宽研究视野、拓展研究队伍、强化研究力量，在科学研究、科普展示、宣传教育、数字信息化以及图书信息资料等领域进行合作，实现共享，不断地提升和巩固博物馆的地位和影响力。

（一）专业合作交流

自1952年以来，天津自然博物馆与中国科学院动物研究所、植物研究所、古脊椎动物与古人类研究所、南开大学、天津师范大学等高校院所及其相关的专家学者开展了多项学术交流及其相关合作。

一）动植物及相关研究

在老馆长，著名昆虫学家萧采瑜教授的带领下，我馆刘胜利等人与南开大学生物系共同多次赴野外考察，采集大批标本。由萧先生主编的《中国蝽类昆虫鉴定手册》（第一、第二册）分别于1977年和1981年出版，该书涵盖了中国陆生半翅目中大部分新种和新记录种，是半翅目昆虫分类专著。刘胜利承担了同蝽科、红蝽科、扁蝽科、同蝽科等类群的编研工作。我馆半翅目昆虫研究达到了高潮，刘胜利和萧先生分工合作，以我馆馆藏标本为模式共发表新种20余种。此外，还有许多昆虫学者纷纷来馆查看标本并进行研究。1976—1977年，西北农林科技大学周尧教授研究发表褶角蝉、红眼脊唇蜡蝉等3新种；2000年，中国科学院上海昆虫研究所的刘宪伟和章伟年研究发表五指山东栖螽和波缘东栖螽2新种；2002年，西北农林大学的张雅琳教授与我馆孙桂华合作研究发表弓背叶蝉属昆虫3新种……这些新种均以我馆馆藏标本为模式标本。之后，孙桂华、杨春旺与长江大学王文凯教授合作研究了我馆的天牛科标本；杨春旺与中国农业大学的彩万志教授、内蒙古师范大学的白晓拴教授保持长期的合作研究，先后研究了半翅扁蝽科、长蝽科相关属开展研究；吕锦梅与南开大学合作对中国小卷蛾科 *Andrioplecta* 属开展研究。郝淑莲在 2008 年与香港嘉道理农场的 K. C. Roger 博士合作研究了香港的羽蛾科昆虫，2010 年与南开大学李后魂教授共同承担了国家自然科学基金"中国羽蛾科分类修订及幼期形态学研究"和"中国动物志 昆虫纲 鳞翅目羽蛾科"两项国家级项目，2016—2017 年间与山西农业大学张志伟团队合作对山西南部地区的蝴蝶资源进行了监测和调查，2021 年与南开大学合作承担了"天津古海岸与湿地国家级自然保护区昆虫物种资源调查分析"项目。

无脊椎动物的合作研究也始终走在前列。我馆陈锡欣研究员与梁众等人与南开大学展开合作，先后发表了《东北虎体内的华支睾吸虫》《天津常见蛇类的复殖吸虫》等论文 20 余篇。李庆奎研究员从 20 世纪 80 年代起就与南开大学生物系邱兆祉教授进行合作，先后发表文章 60 余篇。并承担国家自然科学基金"《中国动物志》之无脊椎动物 吸虫纲（Ⅰ、Ⅱ、Ⅲ）"的编研工作。2000—2002 年期间，李庆奎研究员又与南开大学、台湾大学合作，参与国家自然科学基金项目"中国海洋鱼类吸虫系统学研究"项目。何森研究员与山东大学胡金林教授合作，对我馆馆藏的部分蜘蛛标本进行研究，先后发表了 5 新种，模式标本均保存在天津自然博物馆。2020 年，葛琳、郝淑莲与山东师范大学的刘腾腾博士合作，对我馆保存的北疆博物院时期的陆生贝类模式标本

著名鸟类学家郑光美院士及相关同行专家来我馆参加《天津通志·动物志·鸟类卷》的评审

2021 年，与南开大学一起在北大港调查采集

2015年7月，郑光美院士来我馆交流

2019年7月，与中国科学院动物研究所等单位人员共赴青海考察

进行了研究，发表了《闫敦建1935年描述的 *Cathaica* 属和 *Pseudiberus* 属的模式标本现状》。

郭旗同南开大学的李明德教授合作对天津的鱼类资源进行研究，在教授的指导下对馆藏的南海鱼类标本进行了研究鉴定，并完成名师讲堂毕业论文《天津自然博物馆馆藏南海鱼类标本》；李浩林与中国科学院动物研究合作研究，调查了金沙江水系的鱼类资源，参与编研了《金沙江鱼类》。王凤琴和北京师范大学、天津大学、国家环保部南京环境科学研究所、天津环境科学研究院、南开大学、天津林业局等单位保持长期合作，对天津地区的鸟类资源进行监测和调查，完成了多个项目和多篇论文，为天津市的鸟类资源及多样性研究提供了基础的数据资料。

二）古生物学及相关研究

1979年，我馆古生物专家黄为龙副研究员与中国古脊椎动物与古人类研究所邱占祥先生合作，对甘肃庆阳鬣狗科化石进行研究，发表了《甘肃庆阳上新世鬣狗科化石的研究》，订正了所有属种，并建立了祖鬣狗属和三个新种。1980年，他们对山西榆社等地区的三趾马化石进行了全面系统的研究修订，建立了3新亚属5新种。1987年黄为龙与邱占祥联合出版专著《中国的三趾马化石》，这是《中国古生物志》系列之一，是我国第一部系统研究三趾马化石的专著，该专著荣获1990年中国科学院自然科学二等奖。

2001—2002年间，我馆古生物专家匡学文副研究员与中国科学院古脊椎

1979 年 5 月，裴文中来馆查看化石标本

1979 年 12 月，贾兰坡来馆查看化石标本

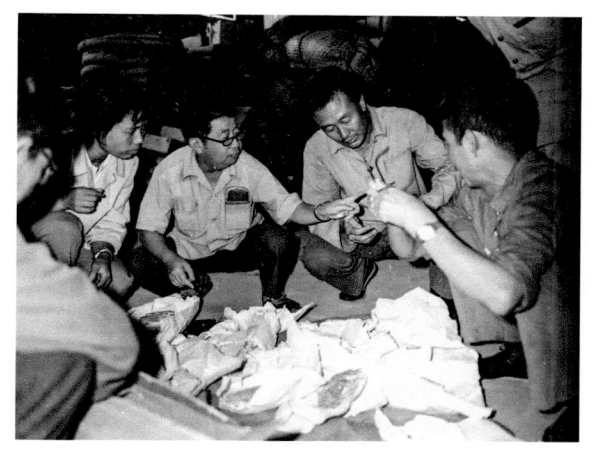

1980 年 10 月，黄为龙在海关鉴定化石标本

1983 年 9 月，荆三林来馆交流并查看标本

动物及古人类研究所徐星等人合作，发现了内蒙古上白垩统二连组的镰刀龙（2001—2002 年）。之后的几年，他们研究发现了"长着四个翅膀的恐龙"（2003 年），并在国际权威杂志 Nature 上发表《中国的四翼恐龙》，美国著名进化论学者帕丁教授对这一发现评价为"这一发现的潜在重要性和始祖鸟一样"。2004—2005 年又合作研究，完成了《中国最原始的霸王龙及原始羽毛在霸王龙身上的证据》和《飞行证据——四翼恐龙能飞吗？》两篇论文。另外，郑敏与中国科学院古脊椎所的邓涛博士合作，对泥河湾哺乳动物化石标本进行研究，发表《泥河湾发现的板齿犀肢骨化石》。

2006 年，年轻的古昆虫分类学者梁军辉加入我馆古生物部，多年来她一直与首都师范大学任东教授和斯洛伐克科学院地质研究所 Vršanský Peter 教授保持密切的合作，先后发表了《中国内蒙古中侏罗世蛇蛉科昆虫化石研究》《侏罗纪夜行捕食性螳螂翅脉可变性和对称性研究》等论文。2021年，通过对655件昆虫化石标本的统计分析，得出晚侏罗世川蠊属具有两性异型现象，合作发表了《中国九龙山组蜚蠊目蛇蛉科川蠊属昆虫化石两性异型现象的研究》一文。同时，她还联合我馆已退休的古生物专家黄为龙，以我馆的标本为模式标本，合作撰写了《中国内蒙古中侏罗世捕食性螳螂一新属的发现》。张晓晓和许渤松是我馆第二批博士培养人才，在中国古脊椎动物和古人类研究所攻读博士学位。许渤松与天津师范大学、复旦大学进行合作，先后参加了云南怒族、独龙族的体质调查、云南红河州未识别民族——莽人的体质资料、四川凉山彝族体质测量及DNA样本采集等项目，并先后发表《怒族的体质研究》等多篇论文；之后又跟随高星研究员对北疆博物院保存的新旧石器进行全面系统的研究。张晓晓跟随王世骐研究员，对中国长鼻目玛姆象科化石进行了系统全面的整理与研究，先后发表了《始轭齿象在欧亚大陆的首次报道》、《甘肃庆阳晚中新世板齿犀类的骸骨材料及其形态学意义》等多篇论文，同时参与了"新近纪陆生哺乳动物分异和区系交流中隐现的现代格局"、"中国古近纪、新近纪区域地层标准建立"等项目的研究。

三）其他方面

除了基础的分类学以及多样性调查等领域的研究，我馆业务人员在生态学、生理学及相关学科等方面，与相关单位的合作研究也开展得如火如荼。郝淑莲、郭旗于2009年同天津科技大学、中国科学院微生物研究所进行合作，参与"国家水专项项目：白洋淀草型富营养化和沼泽化逐级治理技术与工程示范课题"项目，并提交研究报告；覃雪波博士先后参与交通运输部天津水运工程科学研究所"底栖动物扰动下港口海域沉积物中石油污染物生物降解机制研究》、自然资源部第一海洋研究所"典型海岛及邻近海域固碳生物资源调查"等多个项目，发表了《汽车尾气胁迫下科罗拉云杉解剖学和生理学上的响应》、《沙蚕生物扰动对河口沉积物中菲释放的影响》等论文多篇；李勇在南开大学石福臣教授的指导下，完成了名师讲堂毕业论文《天津滨海滩涂互花米草对氮素生理群微生物影响的研究》等。

在专业合作研究的同时，我馆多次接待中国科学院植物研究所、云南林学院、河北大学、南开大学、香港嘉道理农场等单位的专家学者来馆查看标本。

专家学者在查阅标本的同时，对馆藏的部分标本进行了鉴定。此外，我馆还多次邀请藏品管理及保护方面的技术专家来我馆指导工作，如中国科学院古脊椎动物和古人类研究所的杨钟健院士、贾兰坡院士、邱占祥院士等，中国科学院动物研究所郑作新院士、乔格侠研究员、陈军研究员等，南开大学卜文俊教授，河北大学任国栋教授，等等。学术或管理会议培训是交流合作，人才培养的途径之一，我馆专业人员积极参会的同时，也努力为同行博物馆培训技术人才，如为西藏自然科学博物馆的专业技术人员进行化石标本修复和模型制作、动物标本剥制与制作、植物标本的采集与制作、动植物标本预防性保护等相关技术培训。

（二）搭建合作平台

21世纪以来，我馆为了更深入、全面地开展我馆各项工作，同相关兄弟院校和科研单位构建了多项重要的合作框架和协议，建立了三个联合研究中心，约定在组织学术会议及培训、促进人才交流共建、组织科普教育及成果展示等方面进行合作，致力于打造研究型博物馆，努力提高天津自然博物馆在国内外的影响力。

一）联合专家学者，开展生物多样性调查

2006年，天津自然博物馆与蓟州八仙山国家级自然保护区管理局开展了"八仙山国家级自然保护区生物多样性调查"项目。在2006—2008年期间的调查中，我们邀请了中国科学院动物研究所、植物研究所、微生物研究所、南开大学、北京师范大学、中国农业大学、河北大学、天津师范大学等单位的专家学者参与调查和研究，多次赴八仙山进行科学考察和野外采集，通过考察完成了《天津八仙山国家级自然保护区生物多样性考察》一书，基本摸清了八仙山自然保护区的动植物本底资源和生态环境，为其下一步的科学管理提供了依据，也为天津市生态建设提供了基础的数据资料。

八仙山自然保护区生物多样性调查

此外，我馆人员先后参与了多项野外调查和采集，如秦岭地区昆虫多样性调查和采集、浙江天目山昆虫多样性调查和采集、山西历山生物多样性调查和采集、宁夏回族自治区石炭纪昆虫化石调查采集、青海祁连山昆虫多样性调查和采集、山西榆社盆地古哺乳动物化石的调查采集等。

二）联合高等院校，参与高校教学实践

2007年，我馆与天津农学院签署共建协议，约定在科研、科普、教学等方面进行合作。天津农学院教学实习基地在我馆挂牌，同时我馆多名人员成为天津农学院特聘教师，参与天津农学院的教学及实习等工作，指导园艺系多名本科毕业生的毕业设计和毕业论文。

天津农学院教学实习基地在我馆挂牌仪式

与天津农学院签署协议

三）成立研究中心，
##　　推动业务全面发展

天津自然博物馆搬至文化中心场馆后，迎来了新的机遇和挑战。为进一步调动博物馆人的积极性，发掘博物馆人的潜能，更好地发挥博物馆的职能，我馆与国内科研院所及相关机构合作，成立多个联合研究中心。2015年11月29日，与甘肃庆阳市博物馆、内蒙古自治区乌审旗文物局、河北省泥河湾国家级自然保护区及遗址群管理区委员会、山西榆社古生物化石国家地质公园、河北大学博物馆等单位联合，成立"北疆博物院藏品发掘地联盟"并召开了第一次联盟会议；2016年2月26日，与中国科学院古脊椎动物研究所签署合作协议，成立"中国科学院古脊椎所—北疆博物院联合研究中心"并召开第一次学术指导与规划委员会会议；2016年4月8日，与南开大学生命科学学院签署合作协议，成立"南开大学生命科学学院—天津自然博物馆昆虫与植物联合研究中心"；2017年3月10日下午，与天津师范大学签署协议，成立"天津师范大学—天津自然博物馆博物馆教育联合研究中心"。

2016年2月26日，"中国科学院古脊椎所—北疆博物院联合研究中心"成立

2016年4月8日，"南开大学生命科学学院—天津自然博物馆 昆虫与植物联合研究中心"成立

2017年3月10日，"天津师范大学—天津自然博物馆 博物馆教育联合研究中心"成立

四）签署合作协议，
##　　北疆资料深入研究

随着北疆博物院南楼、北楼及桑志华旧居的全方位开放，北疆博物院的文献资料保护及深入研究已经成为重要课题。2021年1月7日，"天津市文化和旅游局与南开大学北疆资料研究合作框架协议"在南开大学正式签订，自此天津自然博物馆启动了对北疆博物院时期的文献资料的全

2021年1月7日,"天津市文化和旅游局 南开大学北疆资料研究合作框架协议"正式签订

面整理和研究。事实上,早在北疆博物院重新开放之初,我馆就开始对北疆文献资料进行整理和深度挖掘,先后与中国科学院自然史研究所韩琦研究员及其团队、天津外国语学院法语系、南开大学外国语学院进行接洽并邀请相关人员来我馆考察,合作的目的也由最初的单纯为展览服务转变为系统的、全方位的深入研究。

(三)生态科普共建

2012年11月,党的十八大从新的历史起点出发,做出"大力推进生态文明建设"的战略决策。天津自然博物馆乘着生态文明建设的春风,将生态文明建设同场馆资源特色充分结合,唱响了新时期的生态科普之歌。

一)联合院校及相关单位,举办学术及管理会议

立足实际,紧抓时机,积极联合相关院校及单位,举办各类学术管理会议,切实推进专业技术人员间的交流,提高我馆在国内外的影响力。除了定期的标本技术培训班外,天津自然博物馆先后承办了"黄渤海候鸟栖息地保护与管理高级研讨会""中国博物馆协会博物馆学专业委员会年会暨学术研讨会"

"天津市动物学会第九次会员代表大会"等会议，协办了由南开大学主办的"第四届亚洲鳞翅目保护论坛"、中国动物学会"北方七省市区动物学科研与教学研讨会"等。

2014年11月22日，"黄渤海候鸟栖息地保护与管理高级研讨会"在天津自然博物馆举行。本次会议由北京师范大学和天津市林业局主办，天津自然博物馆承办，旨在进行候鸟关键栖息地保护与管理的学术交流和成果展示。与会专家们围绕滨海湿地作为鸟类栖息地的保护管理战略、面临主要威胁、保护措施和恢复技术等问题作了相关报告，并提出了下一步工作计划。

2018年10月30日，由中国博物馆协会博物馆学专业委员会主办、天津自然博物馆和浙江省博物馆共同承办的"中国博物馆协会博物馆学专业委员会2018年'理念·实践——博物馆变迁'学术研讨会"在天津召开。本次研讨会共有来自全国23个省、自治区、直辖市的76家博物馆、纪念馆、高校

2014年11月，黄渤海候鸟栖息地保护与管理高级研讨会

2021年6月，天津市动物学会第九次会员代表大会

2018年10月，中国博物馆协会博物馆学专业委员会2018年"理念·实践——博物馆变迁"学术研讨会

2023 年 6 月 25 日，北疆博物院藏品发掘地联盟会议暨德日进来华科学考察 100 周年学术研讨会

以及文博界的知名专家学者 100 余人参加。此次学术研讨会为全国的博物馆人创造了一个广泛参与、交流共进的探讨机会，搭建了一个充分对话、深入切磋的学术平台，积极推动了各博物馆"加强文物保护利用和文化遗产保护传承"的贯彻和落实。

2023 年 6 月 25 日，天津自然博物馆（北疆博物院）成功组织北疆博物院藏品发掘地联盟会议暨德日进来华科学考察 100 周年学术研讨会。来自中科院古脊椎所、中国地质博物馆、甘肃庆阳、内蒙古萨拉乌苏、宁夏水洞沟、河北省泥河湾、山西榆社等地的近 50 名专家学者参会。联盟单位共同签署《北疆博物院藏品发掘地联盟合作框架协议》，进一步加强科学研究、展览交流、科普传播等方面的交流合作。同时，会议纪念法国著名科学家德日进对中国科学事业做出的贡献，弘扬科学精神。会上高星研究员和韩琦教授分别以"德日进与中国的古人类学研究"和"从安特生到德日进——民国初期的跨国科学合作"为题作主旨报告。

2023年12月2日，中国百年自然科学博物馆联盟筹备会在天津自然博物馆召开。来自南通博物苑、上海自然博物馆、中国地质博物馆中国科学院古脊椎动物与古人类研究所中国古动物馆、中国科学院动物研究所国家动物博物馆、重庆自然博物馆、大连自然博物馆、浙江自然博物院、四川大学博物馆、山东博物馆、黑龙江省博物馆、青岛海洋科技馆、旅顺博物馆、南开大学、郑

2023年12月2日，中国百年自然科学博物馆联盟筹备会在天津自然博物馆召开

下篇 / 天津自然博物馆

州大学等二十余名专家学者参会。十四家发起单位代表与文博专家就中国百年自然科学博物馆联盟成立的必要性、重要意义和时代价值进行了深入交流，热烈讨论、认真研究了联盟倡议与合作准则，并达成共识，为2024年联盟的正式成立打下了良好基础。

二）紧抓各类纪念日，举办宣传教育及相关活动

开展科普展览及教育活动，是博物馆的基本职责之一。天津自然博物馆坚持紧抓与自然相关的各类纪念日，如：爱鸟周、世界环境日、国际生物多样性日等，积极与相关单位合作推出各种科普宣传活动。2014年"爱鸟周"期间，我馆与天津林业局、天津动物园及各保护区等单位及社会各界人士进行合作，在我馆举办了"关爱候鸟，共建美丽天津"主题宣传活动，同时赴天津北大港湿地护鸟站进行观鸟活动。2016年"爱鸟周"期间，我馆邀请中国科学院动物研究所孙悦华研究员和北京师范大学张正旺教授分别做了《和科学家一起密林探鸟》和《中国沿海湿地迁徙候鸟及其关键栖息地保护》的科普报告。2021年3月3日"世界野生动植物日"，天津市规划和自然资源局联合市文化和旅游局在我馆举办"推动绿色发展，促进人与自然和谐共生"科普宣传活动，向观众普及野生动植物保护知识，增强公众野生动植物保护意识。2021年5月22日"国际生物多样性日"，天津市生态环境局与我馆联合举办"保护生物多样性，共建万物和谐的美丽家园"科普展览活动，向社会公众普及生物多样性相关知识，号召社会公众积极参与生物多样性保护工作。

在2018年的第二届世界智能大会上"全城科普"被首次提出。此后，天津出台了一系列相关实施意见和政策，在全国率先探索全领域行动、全地域覆盖、全媒体传播、全民参与共享的全域科普模式。为更好地推动生态自然的区域科普，践行"绿水青山就是金山银山的理念"，我馆同相关单位合作，开展了一系列宣传教育活动。2019年5月30日，天津海关携手我馆开展"保护象牙，海关在行动"大型公益宣传活动，活动中海关工作人员向观众讲述了保护濒危物种的相关知识，海关工作犬多多和棒棒向观众展示了它们高超的技艺。2020年5月12日，我馆与市应急管理局、市地震局、天津交通广播电台、市气象局、市文化和旅游局联合举办防灾减灾线上直播活动，活动中我市防灾减灾宣传形象大使魏秋月与观众一起互动体验，地震领域多名专家现场讲授防震减灾常识和自救互救技能。

2021年3月3日，天津市规划和自然资源局联合市文化和旅游局在天津自然博物馆举办以"推动绿色发展，促进人与自然和谐共生"为主题的"世界野生动植物日"宣传活动

地震知识展线上线下活动

下篇 / 天津自然博物馆

三）走出去　引进来，学习互鉴　携手未来

天津自然博物馆的历任领导们本着"平等合作、互利共赢的原则，资源共享、优势互补的目的"，不忘初心、牢记使命，带领着所有博物馆人拓宽思路、创新发展，先后与国内相关科研院校、中小学、博物馆、革命老区等单位或机构建立联系，不断地加深业务交流和合作。

为更好地将北疆博物院的原貌和科学人文等精神展示给观众，我馆业务人员多次赴中国科学院古脊椎动物和古人类研究所、河北大学、天津档案馆、河北献县等单位和地区进行考察和调研后，精心设计完成了北疆博物院复原陈列展、科考历程展和桑志华旧居展。

推动文博事业新发展，共谋协作发展新局面。2019 年 9 月，我馆党总支书记、馆长张彩欣同志应邀在山西太原参加由国家文物局举办的全国省级博物馆馆长座谈会，并针对党的十八大以来天津自然博物馆各项工作的开展情况、尤其是北疆博物院的相关工作情况进行了汇报交流。2020 年 8 月，我馆业务人员赴甘肃省庆阳华池县交流考察，探寻第一件旧石器的发现地，并与庆阳市博物馆、华池县博物馆等洽谈了共建事项，约定开展展览交流和研学活动等。2020 年 8 月，与长春博物馆签订《战略合作协议》和《交流展合作协议》，约定在陈列展览、学术研究、人才培养、社会教育、文创产品研发等领域进行广泛深入合作并探索建立长效合作机制。2023 年 8 月，我馆业务人员在张彩欣馆长的带领下，又先后参加了"水洞沟遗址发现 100 周年国际学术会议"和"河套人发现 100 周年国际论坛"，并在会议上进行发言，与相关人员进行了交流。2023 年 12 月，张彩欣馆长又参加了在中国国家博物馆举办的全国博物馆馆长论坛并在大会上作报告。此外，我馆还先后与天津市眼科医院、天津市胸科医院、崇州天演博物馆、天津是耀华中学、天津动物园等单位签署共建协议或战略合作协议，约定在科研科普和文旅商深度融合及可持续发展等多方面展开合作。

在京津冀协同发展和天津市全域科普的浪潮中，天津自然博物馆面临着新的机遇和挑战。自 2018 年联合河北博物院、首都博物馆举办了"文化一体，绿色未来"京津冀研学活动后，我们又联合相关单位举办了"挖掘历史，传承精神""文化自然，科技强国""文脉融享"等系列京津冀研学活动。

走出去，尽展魅力，互鉴学习；引进来，吸纳精华，携手未来。在新时代一馆两区的建设中，天津自然博物馆将不断地与国内各单位和机构开展广泛的合作共建交流，一起向未来。

2018 年 12 月，在天津图书馆查找北疆博物院老资料

2019 年 3 月，赴河北大学

2019 年 9 月，在山西太原参加由国家文物局举办的全国省级博物馆馆长座谈会

2020 年 8 月，赴甘肃省庆阳华池县交流考察，探寻第一件旧石器的发现地并签署共建协议

2021 年 10 月，赴中科院动物研究所交流学习

2023 年 3 月，在中科院古脊椎与古人类研究所交流学习

下篇 / 天津自然博物馆

2023年8月，参加水洞沟遗址发现100周年国际学术会议

2023年8月，参加"河套人"发现100周年国际论坛

2023年12月，参加在中国国家博物馆举办的全国博物馆馆长论坛并在大会上作报告

2020年8月，与长春博物馆签署共建协议

2021年6月，与天津市眼科医院签署共建协议

2023年3月,与天津市胸科医院急诊科签署共建协议

2023年4月,与崇州天演博物馆签署战略合作协议

2023年10月,与天津市耀华中学签署共建协议

2023年12月,与天津市动物园签署共建协议

二、国际交流

我馆在与国内专家学者开展合作的同时,还积极寻求国际合作,先后与美国、德国、挪威等国家的专家学者展开了学术合作与交流。

(一)中国乳齿象类化石

早在20世纪70年代末80年代初,我馆古生物部李玉清、北京中国科学院古脊椎动物与古人类研究所陈冠芳,以及联邦德国美茵兹大学古生物研究所所长托宾教授三人组成科研合作小组,对中国乳齿象类化石进行研究。1986年和1988年,德国慕尼黑美茵兹大学出版社出版专刊《中国乳齿象类化石研

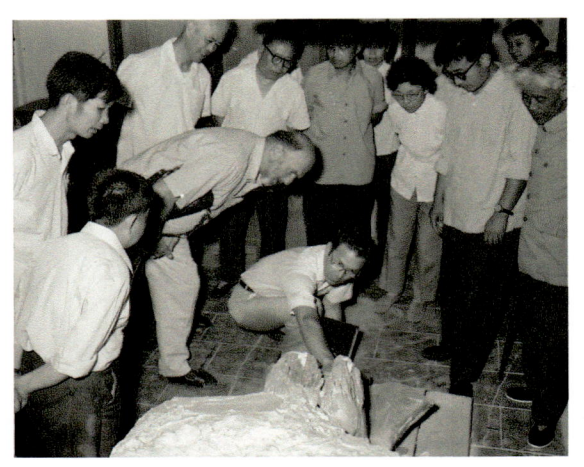

1979年7月，联邦德国美茵兹大学古生物研究所托宾教授来馆进行"中国乳齿象类化石的研究"合作项目

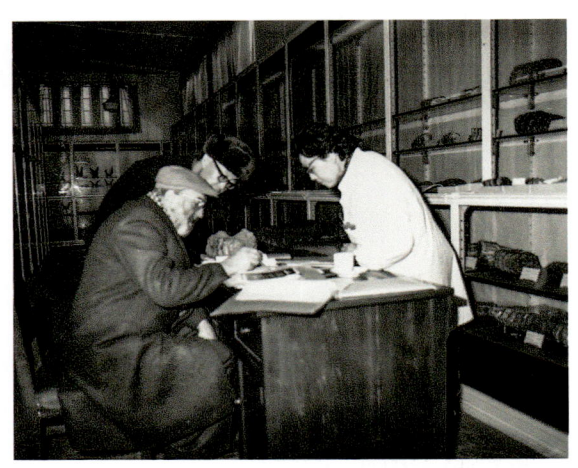

1983年1月，联邦德国美茵兹大学专家和我馆李玉清等人进行乳齿象类化石研究

究》一、二两册（英文版）。该书阐述中国乳齿象（哺乳纲：长鼻目）的进化、古生物地理及古生态等内容；对嵌齿象属、铲齿象、中国乳齿象、四棱齿象、互棱齿象、剑齿四扁齿象以及北美乳齿象等进行了对比研究，对中国新第三纪和更新世早期的已描述过的乳齿象化石重新进行了研究。这个科研成果引起了国际古生物界的注目，同时也提高了我馆的科研水平。

（二）欧亚自然博物馆高层论坛

2007年11月，由天津市政府主办，中国博物馆协会、中国自然科学博物馆协会、天津市对外文化交流公司协办，天津市文化和旅游局、天津自然博物馆、北京自然博物馆承办的"欧亚自然历史博物馆高层论坛暨中国·天津生态城市及可持续发展研讨会"在天津举行。本次论坛共有来自欧洲的法国、德国、比利时、奥地利、匈牙利、荷兰、芬兰、挪威、摩尔多瓦、俄罗斯和亚洲的韩国、日本、蒙古国、孟加拉国、越南15个国家24个博物馆和科研院所及全国近40个博物馆和科研院所的100多名专家学者出席，论坛围绕"生态城市与可持续发展"这一主题，从环境保护与生态城市建设、自然文化遗产保护、公共活动的开展与教育三个方面进行广泛交流，发表了《天津宣言》，出版《欧亚自然历史博物馆论坛论文集》。

2006年10月，欧亚自然历史博物馆高层论坛预备会在津召开，欧洲十国会议代表参观北疆博物院

2007年11月，欧亚自然历史博物馆高层论坛在天津召开

下篇 / 天津自然博物馆

（三）与法国国家自然历史博物馆缔结姊妹馆

天津自然博物馆与法国国家自然历史博物馆有着深厚的历史渊源，近年来两馆的友好交往日渐深入。2009 年，两馆在巴黎正式签署合作备忘录，双方缔结为姊妹馆。这一合作关系的建立，表明天津自然博物馆在对外文化交流、开启国际合作新领域取得新突破。我馆与法国国家自然历史博物馆立足实际，充分发挥各自优势，在科研、展览、信息交流、人员培训等方面展开了全面合作。2010 年 4 月至 2011 年 2 月双方合作在法国巴黎举办了"最后的巨人"大型恐龙展。2010 年我馆王凤琴、匡学文二人赴法进行交流学习，参加了法国国家自然历史博物馆的"自然史陈展：理论与实践"培训。

2009 年 4 月，董玉琴馆长在巴黎与法国国家自然历史博物馆馆长卡莱先生签署两馆联合举办大型恐龙展及互为姊妹馆的合作协议

2010 年 4 月，法国"最后的巨人"恐龙展览上装架中合影照

我馆动物部、古生物部两位专家在法国国家自然历史博物馆参加展示新理念的国际培训班

（四）赴法开展人文交流

2024年是中法建交60周年、中法文化旅游年，也是天津自然博物馆（北疆博物院）创建110周年。为进一步推动中法人文交流互鉴，6月2日至7日，天津自然博物馆代表团赴法国开展人文交流活动，分别访问了北疆博物院创建者桑志华的家乡——法国罗别镇、法国国家自然历史博物馆、德日进基金会，赴法国外交部档案馆巴黎中心、南特外交档案中心、德日进之友协会等地查阅并搜集到北疆博物院相关历史资料，专程拜谒了位于巴黎市的桑志华墓地。此次出访时间虽短，却收获满满：查阅搜集了北疆博物院相关历史资料，填补馆藏文献资料空白；扩大了天津自然博物馆（北疆博物院）与法国相关

代表团在外交部档案中心查阅资料

代表团与德日进基金会副主席德日进侄孙女玛丽·巴永·德拉·图尔（Marie Bayon de la Tour）女士及相关专家座谈

代表团与人类古生物研究所伦默莱（Henry de Lumley）所长在德日进曾工作过的办公室合影

代表团与法国国家自然历史博物馆专家在古生物展厅（桑志华采集的标本前）合影

代表团与法国国家自然历史博物馆欧洲及国际合作部门负责人丹尼斯·杜克洛（Denis Duclos）等人会谈

代表团与法国国家自然历史博物馆藏品、展览、科研、教育部门负责人会谈

南特自然历史博物馆馆长菲利普·吉耶（Philippe Guillet）向代表团介绍情况

代表团在桑志华故居

代表团向法国议员 Béatrice Descamps 女士和罗别镇镇长阿尼斯·荻罗（Agnès Dolet）女士及相关人员介绍天津自然博物馆（北疆博物院）情况

代表团拜谒位于巴黎蒙帕纳斯公墓的桑志华墓

罗别镇历史考古学会会长帕特里克·多南（Patrick Donnet）向天津自然博物馆赠送桑志华家庭照片

原法国罗别镇镇长、原历史考古学会会长居依·于阿尔先生（Guy Huart）会见代表团

机构合作交流领域和范围，尤其是中法两国自然科学类博物馆的交流合作；达成了多项中法人文和自然科学领域的合作意向，加深的彼此间的了解和友谊，进一步擦亮了北疆博物院这张中法情缘名片。新时代，在中法情缘的推动下，北疆博物院一定会绽放出更为绚丽的光采。

（五）其他国际交流合作

天津自然博物馆多年以来一直备受国际关注。从1975年德国的慕尼黑大学地学系主任法尔布施教授、联邦德国美茵兹大学托宾教授来馆进行古生物考察和合作研究，到1980年美国纽约自然历史博物馆夏皮诺教授来馆考察并协助查找北京猿人头盖骨化石；从1990年澳大利亚维多利亚博物馆高级标本剥制师彼得·斯维克来馆讲授动物标本制作，到2003年剥制专家吕连荣赴毛里求斯讲授鸟类标本制作；天津自然博物馆在国际上的影响力越来越大，与国际科研院所及同行单位的合作也越来越多。

2009—2014年间，环球健康与教育基金会主席肯尼斯·贝林先生先后多次为我馆无偿捐献世界野生动物标本200余件。2012年起至今，我馆与"环

2003 年　吕连荣赴毛里求斯讲授标本制作

2006 年　芬兰动物剥制专家艾瑞克演示标本剥制术

2006 年　美国古生物专家来馆交流访问

2008 年　荷兰代表团来馆交流访问

2012 年　协办"第四届亚洲鳞翅目保护论坛"国际研讨会

贝林先生捐赠标本签约仪式

贝林先生听取新馆建设规划

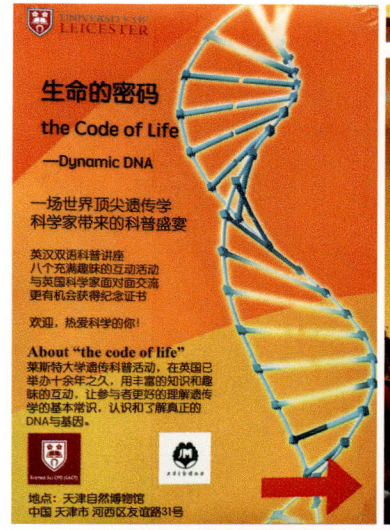

"生命的密码——遗传学常识普及宣传"活动

下篇 / 天津自然博物馆

2021年　中法环境月"拯救地球的昆虫"展览

2022年　中法环境月"水——科学的核心""畅游珊瑚礁的世界"展览

2023年　中法环境月"生物多样性""小餐盘，大乾坤"展览

球健康与教育基金会"合作，连年举办"环球自然日——青少年自然科学知识挑战赛"；2014年5月天津自然博物馆与美国加州德雷克塞尔大学签署协议，承诺在科学考察和研究、学术交流、出版物及其宣传等方面进行合作；2016年11月英国莱斯特大学和天津自然博物馆共同举办了"生命的密码——遗传学常识普及宣传"活动；2021—2023年的中法环境月期间，法国大使馆和天津自然博物馆先后举办了"拯救地球的昆虫""肥沃的土壤　隐秘的生命""水——科学的核心""畅游珊瑚礁的世界""生物多样性""小餐盘，大乾坤"主题展。在2024年这个中法建交60周年、天津自然博物馆（北疆博物院）创建110周年之际，天津自然博物馆与法国等国家的合作交流更为紧密，应邀出席"走进天津　对话中法"交流对话会、"中欧美博物馆合作倡议·第四场对话"等国家活动，接待了中法青年领导者代表团、驻京外媒代表团、法国青年精英中国行等国外人员和媒体，并派代表团赴法国开展人文交流。

在学术研究上除了上面的几次重大合作外，我馆科研人员一直与国际同行保持着密切的联系，并多次进行合作。2000年王学高与美国奥本大学F. Stephen Dobson和亚利桑那大学Andrew Smith合作，对高原鼠兔交配机制和基因动力学进行了研究，并发表在SCI收录期刊《行为过程》杂志上。梁军辉2012年与斯洛伐克科学院地质研究所的Peter Vršanský教授合作发表《侏罗纪夜行捕食性蟑螂翅脉可变性及对称性研究》一文，建立夫子蠊科，该科化石目前仅发现于中国内蒙古道虎沟组；之后又与首都师范大学任东教授、Peter Vršanský教授、华盛顿自然历史博物馆史宗冈教授等人合作对中国蟑螂科化石标本进行研究，先后完成《中国九龙山组蜚蠊目蛇蠊科川蠊属两性异型现象的研究》等论文多篇。杨春旺与俄罗斯M. L. Danilevsky合作，发表了新种文信草天牛，为我馆增加了3件副模标本。郝淑莲与奥地利国立自然历史博物馆E. Arenberger博士，俄罗斯昆虫学会Ustjuzhanin博士等人一直保持着密切的联系，2014年与Ustjuzhanin博士合作对我国鹰羽蛾属进行了研究。覃雪波与意大利的Robert G. Lorenzini和俄罗斯拉佐夫斯基自然保护区的I. Voloshina等人合作对全球的狍属动物进行了研究，发表了《狍属的谱系地理学研究》一文。

2018年5月4日,法国驻华大使馆文化教育合作处参赞一行来馆参观考察

2021年6月10日,法国来宾参观北疆博物院

2023年5月12日,马达加斯加塔那那利佛大学副校长拉菈-哈里韦奥·拉瓦曼安里沃(Ravaomananrivo Lala Hajanirina)一行来馆参观调研

2024年1月13日,法国全球事务与国际关系专家、中欧美全球倡议发起人、汉学家高大伟教授(David Gosset)第二次到北疆博物院参观调研

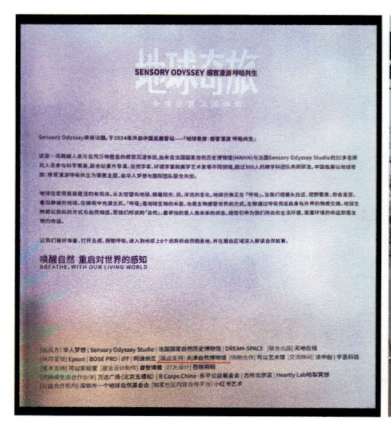

2024年5—7月,参与由法国感官奥德赛工作室与法国国家自然历史博物馆共同打造,法国政府支持项目(FRANCE2030)"地球奇旅:感官漫游 呼吸共生"沉浸式体验展中国巡展首站展览

2024年3月23日，中法青年领导者代表团一行到北疆博物院参观调研

2024年3月23日，张彩欣馆长应邀出席"走进天津 对话中法"交流对话会，并做"让北疆博物院成为中法人文交流的纽带桥梁"主旨发言

2024年5月9日，驻京外媒代表团（中法建交60周年重点项目）一行到北疆博物院参观考察

2024年5月23日，张彩欣馆长应邀出席"中欧美博物馆合作倡议·第四场对话"，并做专题发言交流

2024年5月28日，法国青年精英中国行参观北疆博物院

2024年6月1日，白俄罗斯友人参观北疆博物院

1957—2023 年国际交流及学术研讨汇总

日期	国籍及单位	姓名及其他信息	交流内容
1957 年	民主德国	卡克博士	参观考察
1959 年 12 月 18 日	苏联	珞灯朵夫	鉴定昆虫化石标本
1975 年 5 月 23 日	美国	美国古人类学家考察组一行十人	参观考察交流
1979 年 7 月 22 日	联邦德国马克斯·普朗克学会古生物代表团、慕尼黑大学	法尔布施教授、地学系主任	学术交流
	联邦德国美茵兹大学古生物学研究所	托宾教授、所长	学术交流
1979 年 9 月 11 日	瑞典斯德哥尔摩大学	贝梯尔·艾尔莫、尤拉·艾尔莫教授	考察
1979 年 10 月 3—8 日	联邦德国动物研究所、亚历山大科恩博物馆	诺比斯教授、馆长	学术交流
1980 年 8 月 14 日	美国亚利桑那大学	奥尔森教授	学术访问
	美国加州大学	施罗德博士	
1980 年 9 月 7 日	日本朝日新闻社以及国立科学博物馆等	中国恐龙展览工作团以大野出穗为团长一行 6 人	商谈借用恐龙等标本事宜
1980 年 9 月 26 日	美国纽约自然历史博物馆	人类学教授夏皮诺教授	考察并协助查找北京猿人头盖骨
	德国慕尼黑大学古生物和地史研究所	海西希博士	参观考察
1980 年 10 月 15 日—25 日	联邦德国美茵兹大学古生物研究所	托宾教授、所长 施托奇教授	合作研究象类化石
1981 年 3 月	日本朝日新闻社	中国恐龙展采访组	参观访问
1981 年 7 月 23 日	美国亚利桑那大学	奥尔森博士夫妇	学术访问
1981 年 9 月 16 日	澳大利亚博物馆协会代表团	以人类学教授巴里·雷诺兹为团长一行 5 人	学术访问
1981 年 9 月 20 日	美国波洛塞斯公司董事长兼研究所	医用高分子专家哈尔潘夫妇	学术访问
1982 年 3 月 3 日	美国华盛顿瓦德大学	侯赛因博士、解剖学教授	学术访问
1982 年 3 月 29 日	日本朝日新闻社企划部以及国立科学博物馆	中国恐龙展二次答谢团大野出穗等一行人	答谢访问
1982 年 5 月 20 日	美国纽约自然历史博物馆	戴福德教授、古脊椎动物部主任	参观考察
1982 年 8 月 9 日	美国亚利桑那大学	古人类学家奥尔森夫妇	学术交流
1982 年 8 月 21 日—8 月 26 日	澳大利亚康克大学	人类学和博物馆学家巴里·雷诺兹及夫人詹姆斯	讲学
1982 年 10 月 15	法国巴黎国立自然历史博物馆古生物研究所	勒·金斯伯格博士	学术交流
1982 年 11 月 20 日—11 月 27 日	芬兰赫尔辛基大学动物所	古生物学博士安·玛丽·福斯顿	参观考察
1983 年 1 月 17 日—1 月 21 日	联邦德国美茵兹大学、古生物研究所	托宾教授、所长	讨论象化石研究
1983 年 5 月 19 日	美国加州大学伯克利分校	萨维奇	参观考察
	美国北卡罗来纳大学	夏翰	
1983 年 9 月 22 日	美国斯坦福直线加速器中心	潘诺夫斯基教授	学术访问
1983 年 11 月 23 日	法国巴黎大学古脊椎动物和古人类实验室	古生物学家雅热教授	参观交流

续表

日期	国籍及单位	姓名及其他信息	交流内容
1984年1月23日	法国古生物研究所	塔盖博士、所长	学术访问
1984年7月	美国亚利桑那大学	古生物学家奥尔森教授	学术访问
1984年9月23日	美国内布拉斯加大学	亨特教授、沃里教授	考察
1985年3月7日—10日	联邦德国波鸿大学	施密茨—莫尔曼教授及夫人	参观访问
1985年4月8日	美国纽约自然历史博物馆	戴福德博士	学术访问
	联邦德国加特博物馆	海茨曼教授	
	法国地中海新第三纪哺乳动物研究所	皮尔曼博士	
1985年5月16日	美国约翰霍普金斯大学	人体解剖学专家K.D.罗斯教授	参观交流
1985年9月16日	美国芝加哥费尔德自然历史博物馆	威廉·D.特恩布尔博士、研究员	考察
1986年8月19日	美国堪萨斯州达拉斯市南方卫理公会大学地学系	雅各布博士	考察
1986年9月20日	美籍华人（原北疆博物院工作人员）	卞美年先生一行三人	参观访问
1987年8月3日—5日	苏联科学院古人类研究所	伊·阿·维斯洛巴卡娃高级研究员	学术交流
1987年8月	日本齿科大学	象类专家高桥先生一行四人	参观访问
1987年10月3日—5日	美国纽约自然历史博物馆	戴福德博士一行两人	参观 学术交流
1987年12月25日	日本北海道开拓博物馆	渡部真人研究员	参观、学术交流
1988年3月17日—23日	日本京都大学地质矿产系	三枝春生博士	学术交流
1988年8月30日	美国纽约自然历史博物馆	戴福德博士、弗林博士	学术交流
1988年10月24日	联邦德国美茵兹大学地史古生物所	所长施密特·凯特勒	学术交流
1990年4月27日	日本东京大学、信州大学	龟井节夫教授等三人	学术访问
1990年6月10日—18日	澳大利亚维多利亚博物馆	高级标本剥制师彼得·斯维克	讲学
1990年8月24日—26日	美国伊利诺伊大学	博士研究生黛娜	学术访问
1990年9月9日—13日	民主德国	学者卡尔克	学术交流
1991年7月8日	澳大利亚艺术展览公司、澳大利亚国家博物馆	罗伯特·爱德华	学术访问
1991年8月15日	日本香川大学地学教室	仲谷英夫教授	学术访问
	日本大阪市立自然博物馆地史研究室	樽野博幸	
1992年6月27日	奥地利Tirder博物馆	E.Heiss.E研究员	学术交流
	丹麦哥本哈根大学	N.Andersen.N.M教授	
	瑞典斯德哥尔摩博物馆	P.Lindkag.P研究员	学术交流
	加拿大阿尔伯塔大学	Spence.J教授	
	墨西哥国立大学	Bralborsky.H.A	

续表

日期	国籍及单位	姓名及其他信息	交流内容
1992年12月8日	韩国忠北大学、湖西文化研究所	文学博士车勇杰	学术访问
	韩国文化财研究所	尹根一等	
1993年8月28日	日本	高桥启一博士	学术访问
1993年9月6日	日本兵库县人和自然的博物馆	三枝春生博士	研究标本
1993年12月18日	德国驻华大使馆	驻华大使费瑞塔克及夫人一行七人	参观
1994年3月4日	日本博报堂文化事业局	高纯夫等一行人	参观
1995年7月7日	法国驻华使馆文化科学合作交流处	齐福乐	参观交流
1995年5月27日	日本四日市友好使者代表团		参观
1996年6月10日	日本神户市中日友好协会		参观交流
1996年9月4日	日本东京大学研究生院生物科学系	新井良一教授	学术交流
1996年9月26日	日本	四日市教育长小竹章一行三人	参观交流
1998年10月15日	美国纽约自然历史博物馆	特德弗教授	学术交流
	西班牙国家自然博物馆	爱陪德教授	学术交流
1999年5月5日	奥地利文化艺术基金会	基金会秘书长一行五人	参观
1999年5月10日	澳大利亚	澳大利亚青年教育专家一行三人	参观
2000年1月28日	法国驻华大使馆	文化参赞戴鹤白	参观
2001年1月22日	澳大利亚墨尔本大学亚洲联络中心 亚洲教育基金会	负责人玛格·史帝芬	参观
2003年10月18日	法国德日进研究会		参观交流
2005年4月21日	蒙古国教育文化科学部	查干部长等一行六人	参观交流
2005年9月7日—9日	法国国家自然历史博物馆	拜赫尚·皮埃尔·卡莱馆长一行四人	参观考察
2006年1月26日—27日	美国洛杉矶自然科学博物馆	古生物专家 Luis Chiappe	合作交流
2006年5月26日—29日	德国	古生物学专家 Thomas Perner	讲学
2006年6月12日	马来西亚吉隆坡中华大会堂	秘书长陈炜栋	参观考察
2006年7月25日—26日	俄罗斯布力亚特共和国乌兰乌德市自然博物馆	馆长依谢耶夫·瓦烈利一行四人	参观考察
2006年10月8日	乌克兰科学院	Svitnala Syabrayay 教授 Serge Molchanoff 博士	参观考察
	美国国家自然历史博物馆	Humaran 教授及夫人 R. Kumaran	参观考察
2006年12月6日—7日	俄罗斯	俄罗斯布力亚特共和国文化部部长及博物馆馆长一行7人	签订交流协议
2007年4月17日	德国法兰克福自然博物馆	Volker Mosbrugger 馆长	商讨欧亚论坛
	法国国家自然历史博物馆	Myriam Nechad 国际事务部部长	商讨欧亚论坛
	比利时皇家自然历史博物馆	Olivier Retout 国际交流部部长	商讨欧亚论坛
	韩国国立科学馆自然部	专家 Paek Woon-Kee、Kim Dong-Hee	商讨欧亚论坛

续表

日期	国籍及单位	姓名及其他信息	交流内容
2007年4月17日	蒙古自然历史博物馆	馆长 N. Zorigtbaatar 一行十三人	商讨欧亚论坛
2007年5月2日	荷兰 CEBB 公司	殷实	洽谈"中国恐龙展"赴荷展
2007年6月5日	美国	环球健康与教育基金会主席 肯尼斯·贝林	世界野生动物标本捐赠签约仪式
2007年9月24日	美国	环球健康与教育基金会主席 肯尼斯·贝林	"天津市荣誉市民"颁授仪式
2007年10月31日	瑞典歌德堡自然历史博物馆	脊椎动物专家 Göran Nilson	参观交流
2007年11月3日—8日	比利时皇家自然历史博物馆	Olivier Retout 国际交流部部长	参加欧亚论坛
	法国国家自然历史博物馆	Philippe Penicaut 副馆长	参加欧亚论坛
	国际博协自然史专业委员会	Gerhard Winter 主席	参加欧亚论坛
	德国森肯堡研究所与自然历史博物馆	Volker Mosbrugger 馆长	参加欧亚论坛
	德国洪堡大学自然博物馆	Reinhlod Leinfelder 馆长	参加欧亚论坛
	俄罗斯布利亚特自然博物馆	V. E. Esheyev 馆长	参加欧亚论坛
	俄罗斯恰克图博物馆	Tuguldurova Elena 馆长	参加欧亚论坛
	俄罗斯布利亚特历史博物馆	Ekaterina Sandakovna Mitypova	参加欧亚论坛
	荷兰鹿特丹自然历史博物馆	Jelle Reumer 馆长	参加欧亚论坛
	匈牙利自然历史博物馆	Istvan Matskasi	参加欧亚论坛
	奥地利维也纳自然历史博物馆	Lotsch Bernd 馆长	参加欧亚论坛
	奥地利维也纳大学古生物研究所	David kay Ferguson 馆长	参加欧亚论坛
	挪威世界遗产岩石艺术中心—阿尔塔博物馆	Gerd Jahanne Valen 馆长	参加欧亚论坛
	摩尔多瓦自然历史和民族国家博物馆	Mihail Ursu 馆长	参加欧亚论坛
	芬兰自然历史博物馆信息与通讯技术部	Hanna Koivula 部长	参加欧亚论坛
	韩国国立科学博物馆	Paek Woon-Kee Kim Dong-Hee	参加欧亚论坛
	韩国国家文化遗产研究院	Kim, Bong-Gon 院长	参加欧亚论坛
	韩国国家自然遗产中心	Lim, Jong-Deock 馆长	参加欧亚论坛
	韩国鸡龙山自然博物馆	Han-Hee Cho 馆长	参加欧亚论坛
	日本琵琶湖博物馆	Hiroya Kawanabe 馆长 Koichi Nakamura	参加欧亚论坛
	日本国家自然历史博物馆	Keiichi Matsuura	参加欧亚论坛
	蒙古自然历史博物馆	Delgermaa Jambaajamts Tsogtbayar	参加欧亚论坛
	蒙古博物馆	Jambaldorj Myandas 馆长	参加欧亚论坛
	蒙古国国立大学地质学和地理学学院	B.Badamtsetseg	参加欧亚论坛
	蒙古国北杭爱省博物馆	Altangerel Enkhtsetseg 馆长	参加欧亚论坛
	蒙古国肯特省博物馆	Terendagva Ariuntuya 馆长	参加欧亚论坛

续表

日期	国籍及单位	姓名及其他信息	交流内容
2007年11月3日—8日	孟加拉国国家博物馆	Shikha Noor Munshi	参加欧亚论坛
	越南国家自然博物馆	Pham Van Luc 馆长	参加欧亚论坛
2008年4月12日—5月13日	荷兰 HORET 公司	德布	商谈蝴蝶展赴荷兰展出事宜
2009年4月9日	法国国家自然历史博物馆		签署姊妹馆协议
2009年6月15日—17日	美国华盛顿特区霍华德大学医学院解剖系进化生物学实验室	雷蒙德·伯诺尔教授	研究对比古哺乳动物化石标本
2010年3月7日	英国驻华大使馆文化教育处		联合主办中英两国专家科普讲座
2010年4月28日	瑞典	瑞典延雪平市政府代表团及延雪平市博物馆馆长	合作交流
2010年9月21日	法国	法国桑志华研究会一行27人	座谈
2010年10月24日	朝鲜	朝鲜史迹代表团金东化团长一行7人	参观访问
2011年3月3日	美国	环球健康与教育基金会主席肯尼斯·贝林	无偿捐赠野生动物标本
2011年11月8日	美国	环球健康与教育基金会主席肯尼斯·贝林	签订《世界动物标本捐赠协议》
2012年3月6日—9日	孟加拉国国家博物馆	馆长普拉卡什·昌德拉·达斯一行5人	"孟加拉国国家博物馆恐龙展"洽谈
2012年5月24日	南非	动物标本制作专家 Cecil Corringham	合作交流
2012年6月18日	法国	驻华大使白林等一行5人	考察北疆博物院
2013年8月7日—11日	美国华盛顿特区霍华德大学医学院解剖系进化生物学实验室	雷蒙德·伯诺尔教授	研究对比哺乳动物化石标本
2014年5月27日	美国加州德雷克塞尔大学	John A. Fry 校长一行	签署合作协议
2016年3月15日	泰国	学者董家荣	查看化石标本
2016年11月	英国莱斯特大学	黄艳博士等一行人	遗传学科普活动
2017年9月	巴西学者		查看古生物化石标本
2018年4月	伊朗学者		查看化石标本
2018年5月4日	法国驻华大使馆	文化教育合作处参赞一行6人	参观北疆博物院并交流
2018年9月12日	中国科学院古脊椎动物与古人类研究所	外籍专家法国科技中心专家 Eric	查阅资料与档案,开展古生物研究
2019年9月26日	庆祝新中国成立70周年活动新闻中心组织的境外记者采访团约120人		参观北疆博物院
2020年5月14日	中欧论坛、新丝绸之路行动计划	创办人法国籍国际问题专家、汉学家高大伟先生(David Gosset)	参观北疆博物院

续表

日期	国籍及单位	姓名及其他信息	交流内容
2020年5月14日、2024年1月13日	法国	法国全球事务与国际关系专家、"中欧美全球倡议发起人、汉学家高大伟教授（David Gosset）	参观北疆博物院并调研
2021年6月10日	法国		参观北疆博物院
2021年10月15日—11月14日	法国驻华大使馆	中法环境月主题展"拯救地球的昆虫""肥沃的土壤 隐秘的生命"	合作办展
2022年11月17日—2023年1月17日	法国驻华大使馆	中法环境月"畅游珊瑚礁的世界"、"水，科学的核心"主题展	合作办展
2023年5月12日	马达加斯加塔那那利佛大学	塔那那利佛大学到访人员：副校长：拉菈-哈里韦奥·拉瓦曼安里沃（Ravaomananrivo Lala Harivelo）副校长：哈扎尼丽娜·拉科托马纳纳（Rakotomanana Hajanirina）理工学院院长：里加拉莱纳·拉科托萨纳（Rakotosaona Rijalalaina）	参观调研
2023年8月22日	法国德日进友好协会	Mercè Prats 和汪晖	参观北疆博物院
2023年10月25日—2024年3月3日	法国驻华大使馆	中法环境月"小餐盘，大乾坤"、"生物多样性，人类的财富"主题展	合作办展
2024年1月18日	法中基金会中国区	马伊容（Marion Bertagna）秘书长一行4人	参观北疆博物院
2024年3月15日	法中基金会等	谭雪梅	参观调研
2024年3月23日	中法青年领导者代表团	一行70人	参观访问
2024年4月25日	中法建交60周年调研小分队	一行4人	参观调研
2024年5月9日	驻京外媒代表团（中法建交60周年重点项目）	一行17人	参观考察
2024年5月10日	中法建交60周年重点项目外媒12家媒体团	（俄罗斯视频新闻社、乌克兰通讯社、日本广播协会、日本朝日电视台、韩国《财经新闻》、韩国《亚细亚经济新闻》、韩国《首尔经济新闻》、韩国《朝鲜经济》、黎巴嫩 迈亚丁电视台、越南通讯社、越南之声广播电台）媒体团一行25人	参观采访

续表

日期	国籍及单位	姓名及其他信息	交流内容
2024年5月23日	戈勃朗博物馆	馆长	参观北疆博物院
2024年5月28日	法国青年精英	精英中国行	参观北疆博物院
2024年5月29日	保加利亚等五国使节	保加利亚、捷克芬兰、波兰、罗马五国使节	参观北疆博物院
2024年6月1日	白俄罗斯	白俄罗斯友人一行4人	参观北疆博物院
2024年6月15日	尼加拉瓜	尼加拉瓜驻华大使迈克尔.坎贝尔一行6人	参观考察
2024年6月28日	俄罗斯	俄罗斯红十字会代表团一行20人院	参观北疆博物

　　天津自然博物馆正式成立至今的70年来，外事交流活动频繁，无不彰显了我馆悠久的历史和深厚的基础。党的十八大以来，国家高度重视博物馆事业的发展，从全面实现小康社会和促进人的全面发展的战略高度，大力推动博物馆事业发展，切实加强对博物馆事业发展的投入。新时期的天津自然博物馆人努力践行着"合理利用文物资源"、"让文物活起来"等理念，在原有基础上不断继承和发展，开拓新方向，创新新举措，在学术研究、藏品保管、人员交流、科普教育等多方面寻求着新的国内外合作。

文化服务 数措并举
——助力公共文化服务建设

2013年11月，党的十八届三中全会提出"构建现代公共文化服务体系"。2017年党的十九大报告中指出，要"完善公共文化服务体系，深入实施文化惠民工程，丰富群众性文化活动"。博物馆是大众在繁忙的学习、工作与生活之余休闲娱乐、陶冶情操、提升艺术修养的主要场所，是提供公共文化服务的重要机构。作为公共文化服务工作单位和构建现代公共文化服务体系的中坚力量，博物馆的服务功能日趋增多，在现代文化服务体系中扮演着多重角色。

为充分发挥我馆在构建现代公共文化服务体系中的重要作用，更好地践行生态文明理念，有效地服务于公众和社会，我馆从软硬件两方面着手，不断地改进管理方式、增强服务意识、拓宽宣传推广、推进多元发展，逐步提高博物馆公共文化服务水平。

一、强化基础建设

（一）完善基础设施

2014年文化中心场馆对公众开放。一层"家园·探索"，主题为功能服务区，是一个放飞梦想、探索未知自然世界的区域。"空中"飞翔的翼龙和鸟类随光线变化演示出四季和晨昏；东侧设置了服务中心、小舞台、科普剧场和蝴蝶园；西侧设置了纪念品商店、简餐区、自然探索教室、4D动感影视厅、创客空间等。除此之外，一层大厅还设立了物件寄存处、育婴室、休息室、茶室、卫生区等，人性化服务比较到位。

开馆之际，馆内领导进行了精心的组织和周密的安排，制定出完善的接待制度和应急处理预案，以应对人潮汹涌的情况和各种突发事件。根据结构布局规划设定了安检通道、设备维护、标识引导、安全保卫、志愿者岗等，保证大量观众参观时馆内依旧可以运行顺畅，秩序井然。馆外设有屏幕及语音提示，提供场馆基本信息介绍；入口处设有客流量计数系统，工作人员可依据馆内现有客量，适当限流、有序疏导。在大厅显著位置张贴有"免费参观须知"和"免费开放管理办法"，以规范参观行为。同时，充分利用现代化科技手段，增加了儿童定位导览系统、手机导览等服务设施，完善了观众投诉和意见反馈等制度。并及时关注回复。

为适应形势，我馆又结合实际需要进行了多次提升改造，尤其是2021年3月的整体提升改造。从入门大厅到服务中心、从科普教室到4D影视厅、从

家园·探索

共享大厅

开放小舞台

文创商品区

创客空间

蝴蝶园

恐龙谷

科普讲堂全景

改造后的服务中心

改造后的科普讲堂入口及恐龙挖掘活动处

恐龙餐厅到文创商店、从电梯改造到开放舞台，无一不体现着天津自然博物馆在落实现代公共服务体系建设中所采取的各项举措。

"自博商店"通过高低错落的展架、展台、展柜，将丰富精巧且琳琅满目的特色产品分布为明星文创区、精品展示区、恐龙主题区、创意体验区、科普图书区等区域。为观众营造了明亮、舒适、自然、亲切的氛围，增强了环境体验感。而以"文化、美食、亲子、娱乐"贯穿的全新概念"恐龙主题餐厅"，集主题餐饮、科教娱乐、恐龙主题衍生商品等多种形式于一体，成为全国首家自然博物馆恐龙主题沉浸式体验餐厅。"自博商店"和"恐龙主题餐厅"运营之后，得到了众多观众的好评，既提升了购物环境，也促进了文化资源转化。在推动经济收益提升的同时，更好地为观众提供着服务。

4D影视厅改造从立体眼镜到特效座椅、从环绕立体声到超宽银幕、从氛围投影灯到环境特效、再到整个放映系统和计控系统，均牢牢抓住观众眼球和心理需求。高亮度高对比度的清晰画面、全新的体感震动座椅、高效仿真的特效设备，真实立体地为观众呈现了影片中的电闪雷鸣、狂风暴雨、雪花纷飞等场景，让体验者仿佛身临其境、置身其中。我们以引进观众感兴趣的、科技感十足的、科学性正确的科普影片为目标，构建体验式科普氛围，拓展科普影片种类，引进《羽龙传奇》《童年太阳系》等十几部涉及恐龙、动物、天文等多种类型的科普影片，充分满足了不同公众的需求。

为更好地发挥宣传教育和科普传播功能，秉承"为群众办实事"的理念，天津自然博物馆对科普教育中心进行全面升级改造。改造后的科普教育中心包括公共服务区、教学实践区、海洋教室、森林教室、古生物教室、实验探究室、化石触摸区、好奇小舞台、亲子阅读区。在全面践行社会宣传教育使命的同时，向公众提供着更优质、更全面的社会服务。

下篇／天津自然博物馆

升级改造后的自博商店

升级改造后的恐龙主题餐厅

升级改造后的科普教育中心

下篇 / 天津自然博物馆

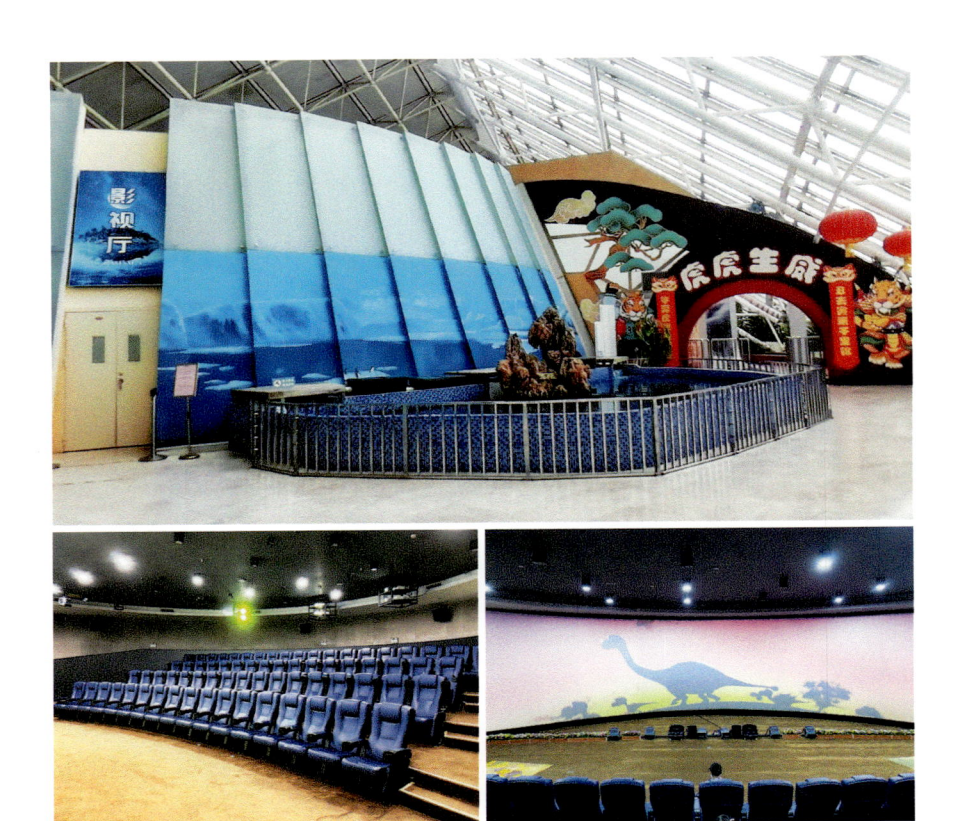

升级改造后的 4D 影视厅

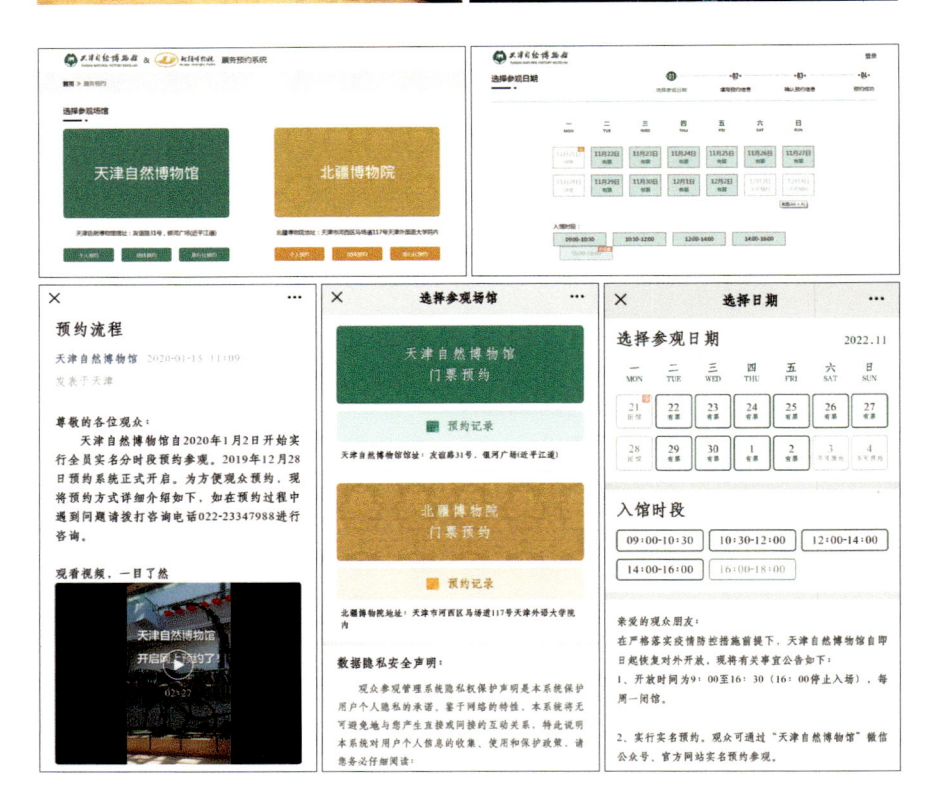

天津自然博物馆（北疆博物院）全员实名分时段预约参观系统（网站和微信）

376　　百年辉煌

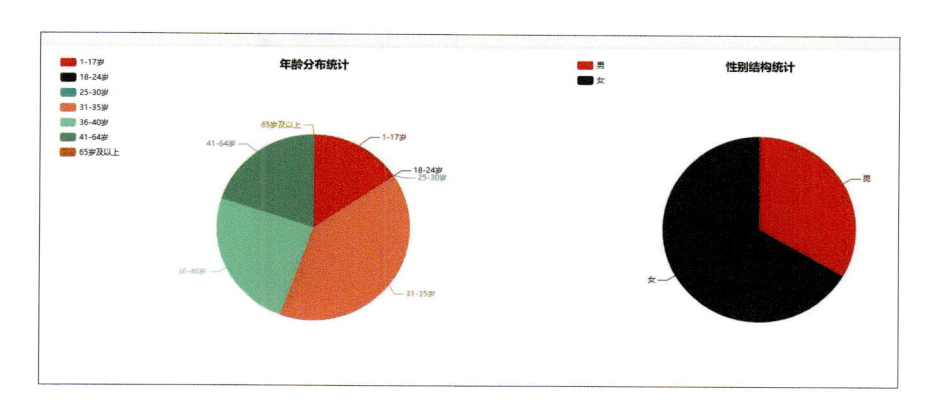

天津自然博物馆观众的年龄分布和性别结构统计分析

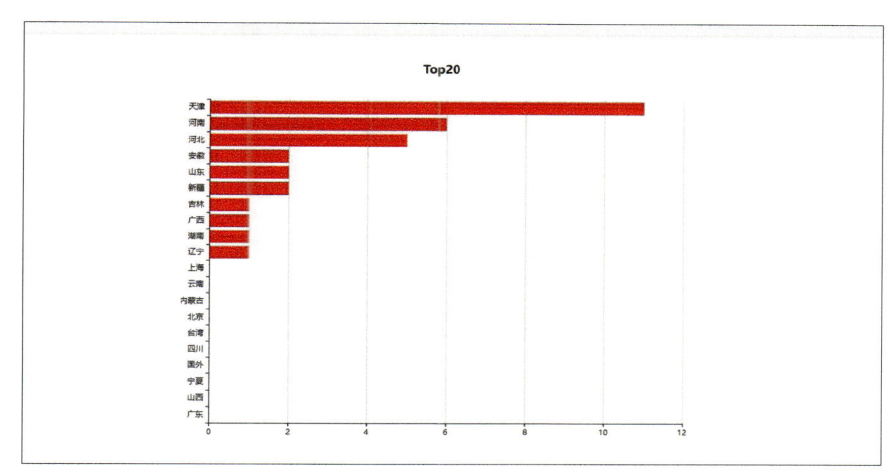

天津自然博物馆观众地域分布统计分析

（二）落实预约措施

  天津自然博物馆于 2019 年 11 月启动了"天津自然博物馆（北疆博物院）全员实名分时段预约参观"项目。此项目是为更好地保证观众安全、有序、高效参观。在减少排队等候时间及科学合理分散客流的同时，为观众提供优质的服务体验和观展体验。经过前期调研、制定方案、专家论证、预约宣传、工作实施等阶段，于 2020 年 1 月 2 日起试运行。之后又不断地对系统进行调整、更新和完善，在严格落实"预约 错峰 限流"措施的同时，切实提升了公众的参观体验和我馆的服务水平。

（三）安全保驾护航

提升服务质效，后勤保驾护航。在坚持消防安防的日常检修、人员培训、应急演练等工作的同时，按时并保质保量地完成了馆内空调、供热、变电等机组和管道的检测修理、清洗维护等。此外，我馆还坚持对工作人员进行防电信诈骗、疫情防控安全知识线上线下培训等。以人为本，服务为先，为更充分有效地发挥我馆的公共服务价值，还先后完成了我馆消防安防系统提升改造、标本库房空调维修改造、低温冷库加装备用制冷设备、展厅空调加装、玻璃幕墙安全检修及铝板更换、展厅扶梯升级改造、安检系统提升改造、馆舍外围景观灯改造、夜间延时开放照明灯具的安装等工作，在切实保证我馆安全运行的同时，培养了团队协作精神，提升了服务的质效和能力。

消防培训及应急演练

入馆安全检查 　　　　　　　　　电路检修 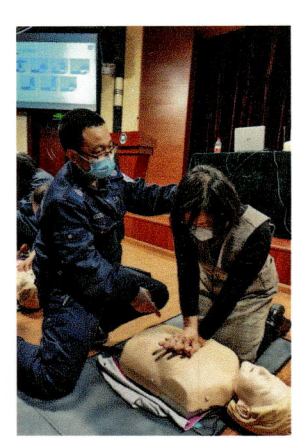　　　　　　　　　急救培训

扶梯改造

展厅安全视察

二、发挥资源优势

博物馆是公众学习科学知识、丰富业余生活的重要场所，随着《中华人民共和国公共文化服务保障法》的颁布实施，公共文化服务更是被提到了至关重要的地位。博物馆是我国公共文化服务体系中的重要组成部分，博物馆的公众教育和公众服务的社会职能更是提升公共文化服务的有力方式。随着人民精神文化需求的逐渐提高，越来越多的观众走进博物馆，博物馆的公共文化服务水平受到极大的挑战。天津自然博物馆切实践行公共文化服务宗旨，依托可看性强的展览、丰富多样的藏品资源、雄厚的科研支撑等优势，不断完善网络和自媒体服务，推出线上虚拟展览和特色活动，创新数字导览，开发文创产品，认真倾心地服务于公众、服务于社会。

（一）完善媒体服务

天津自然博物馆借助官方网站、官方微博、微信公众号等新媒体平台，大力推进线上服务建设，及时向观众发布科普快讯、新闻报道、馆内活动、招募通知等信息；积极推出线上展览及线上活动，多方位覆盖观众看展及参与活动渠道。截至2023年底，共拥有微信、微博等各类粉丝量近70万。

一）建设基础自媒

天津自然博物馆官方网站开通参观服务、展览信息、研究收藏、自博动态、科普传播、信息公开等多个版块，并结合实际情况不断地进行更新和改版；微信上除了发布一些自然科学知识、展览活动、藏品信息外，还开设了预约、参观服务、语音导览、虚拟展览、文物保护等多个版块，快速便捷地为公众提供各项服务。在长期的宣传和分享中，使公众积累、增强科学素养，在日后的参观和活动中能有针对性地观看参与，提升参观观感和体验。

（二）利用网络媒体

天津自然博物馆充分利用传统媒体及其对应的网络资源，加强宣传推广，尤其注重在春节、六一、国庆、暑期等节假日以及国际博物馆日、科技周、环境日等重要节日的宣传。馆内的展览及各类科普特色活动受到中央电视台、凤凰卫视、新华社、人民网、天津日报、今晚报等各大媒体的广泛宣传报道。

基础自媒体建设

媒体报道

三）推出线上展览

　　新的时代，新的网络和计算机技术，已经将展览推向了一个新的高度。线上虚拟展览已成为实体展览的行之有效的补充。我馆针对实际情况，在制作完成实地展览的同时，及时在官方网站开通线上虚拟展览，全景式、沉浸式的体验与实地展览遥相呼应，进一步优化了观众对展览的观感和印象，全面提升了天津自然博物馆的服务水平。

　　在完善基础展陈虚拟展览之际，我馆及时推出原创主题临展的虚拟线上展览。同时，以视频的形式推出了"虎虎生威"虎年生肖展、"海河原生鱼"展览、"自然广西"等线上展览及讲解，这些展览和服务为观众提供了"足不出户看展览"的方便快捷的在线服务和全新体验。

虚拟展览

桑志华旧居虚拟展

南楼虚拟展

各类线上临展

（四）开发线上活动

为传播科学知识，扩大科普辐射范围，我馆专业人员结合校本课程，积极开发线上活动。讲述自然知识，丰富日常活动，定期发布推送，在每个与自然相关的节日节点推送相关科普知识。录制线上科普视频，发布科普文章，打造"线上第二课堂"。通过图文结合、视频音频结合的形式，全面细致地向观众科普知识，助力全域科普。开展"微观自然"系列科普活动，组织我馆志愿者从宇宙、地球、岩石等方面进行讲解，展现自然的魅力。根据我馆观众比例儿童居多的特点，推出"小小讲解员带你逛自博""津娃带你游自博"等系列科普活动，小讲解员们通过视频方式向观众介绍珊瑚、贝类、霸王龙、古哺乳动物等相关知识以及藏品修复保护技术等博物馆背后的故事，用他们独特的视角和纯真的思维向公众解读他们心目中的大自然。同时，还根据馆藏照片先后推出"寻印章、逛自博""助力冬奥畅享雪趣 运动彰显体育魅力""自然厨神争霸赛""好奇放大镜"等线上活动。

线上活动

（二）创新数字导览

天津自然博物馆自 1998 年开馆后不久就开通了语音导览服务，在展厅使用了自动播放系统。我馆孙景云、何淼等同志研发的"HD 系列语音导览机"荣获了 2000 年度天津市科学技术进步奖。

2014 年文化中心场馆开馆时同步开通了语音导览服务并多次进行提升，在展厅设置导览点位，通过微信语音导览服务功能，输入号码即可聆听语音知识讲解，方便快捷，吸引了广大观众的关注。在北疆博物院的语音导览系统中还加入了中、英、法多语言讲解。

2019 年春节之际，天津自然博物馆公共文化服务科技水平再升级，引进了两大智能"神器"——自助语音导览驿站和小云帆导览机器人。自助语音导览驿站在传统自助语音导览的基础上，增加了展品特写以及馆内明星藏品的专业讲解视频等内容，突破了语音导览的单一化、平面化局限，兼顾了科技性、便捷性、自主性和专业性等特点；小云帆导览机器人则针对不同年龄层次观众

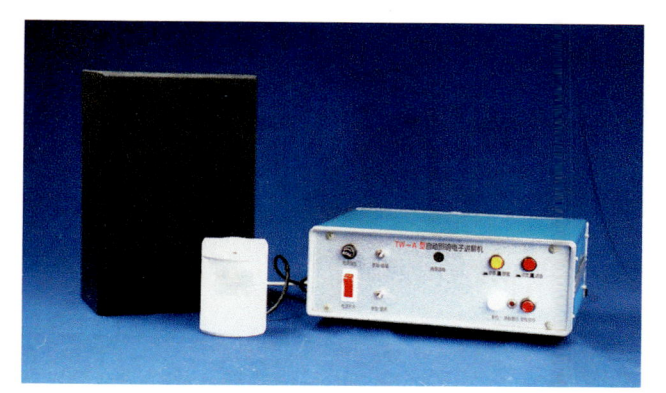

2000 年左右陈列室使用的自动播放机

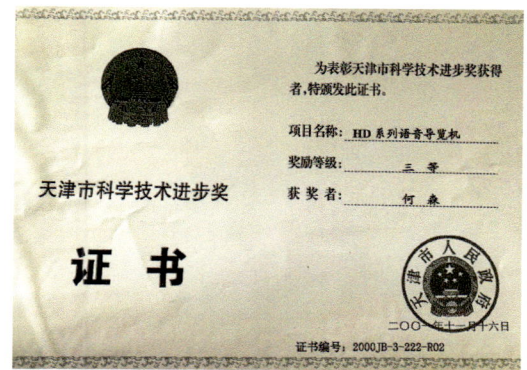

"HD 系列语音导览机"研发人获奖证书

的需求进行自定义讲解，与观众进行语音对话互动。

2020 年国庆，天津自然博物馆推出了 VR 探索镜服务系统。VR 探索镜采取实虚混合的解读方式，让静态藏品"活起来"，更生动地向公众讲述一个从远古到当代、从天津到世界的"家园"故事，给观众带来强烈视听冲击，有效地提升了讲解服务水平。

2022 年 7 月 14 日，天津自然博物馆再经过两个月的试运行，正式推出文博界最新的科技体验——AR 智能导览眼镜！戴上 AR 眼镜，观众仿佛插上穿越的翅膀，从四十六亿年前地球诞生到寒武纪生命大爆发，从珊瑚林立、鱼翔浅底的海底世界到遮天蔽日、生机盎然的大森林，从澳洲到美洲再到蔚为壮观非洲大草原。在这里看到的不再是沉睡、沉默的标本，而是触手可及的大自然。AR 智能导览眼镜"活化"了展品，提升了知识传递效率和游览趣味性，在丰富科普活动内容和形式的同时，让观众获得更丰富的参观体验，更好地开展科学知识的普及与传播。

自助语言导览驿站和小云帆导览机器人

下篇 / 天津自然博物馆

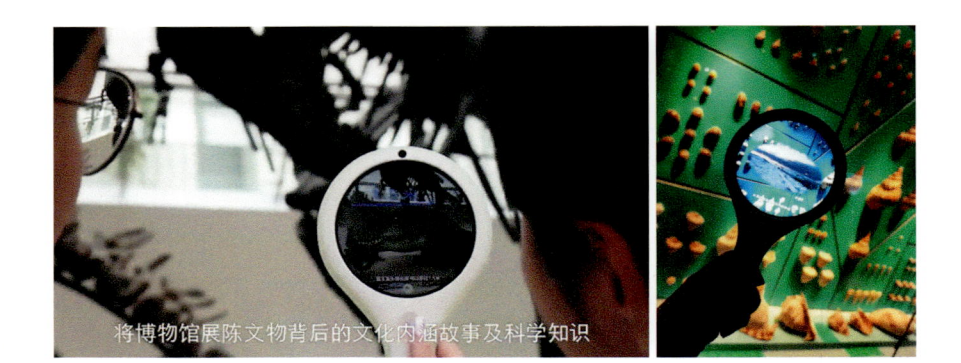

VR 探索镜

AR 智能导览眼镜

（三）开发文化产品

博物馆文化创意衍生品，是博物馆将藏品的信息价值转接、复制并传播的载体，能够有效地解决传播场地、广度受限等困难，不仅在很大程度上满足了观众的心理需求，而且扩大了博物馆文化传播的受众面，从而更有效地发挥博物馆的社会服务功能。

天津自然博物馆依托馆藏，深入挖掘馆藏资源及原创展览特色，广开渠道、跨界融合，不断地开发并为观众奉献创新与内涵并举、美观与实用并举、具有浓厚自然博物馆特色的各类文化衍生品，涉及文具、日用品、玩具、旅游纪念品等数大类，包括了植物科学画系列、恐龙系列、3D 立体纸模型、3D 木拼模型、DIY 恐龙挖掘套装、DIY 雕刻纪念章、文创雪糕、新年生肖系列文

DIY 恐龙挖掘套装 　　　　　　　　　植物唱片机车载香薰

文创雪糕 　　　　家园 LED 纸雕灯 　　　蝶舞翩跹香氛走马灯

虎年冰箱贴  　　　鳑鲏鱼徽章

虎年纪念币 　　　　　　　　　　植物科学画

下篇 / 天津自然博物馆

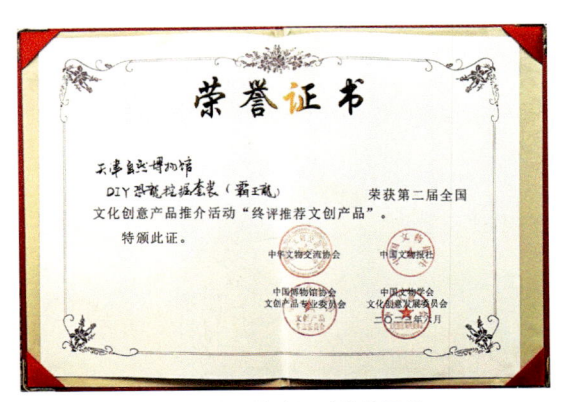

"天津礼物"旅游商品大赛颁奖　　　　　　　　　第二届全国文化创意产品推介活动获奖证书

创等多类 100 余件，充分满足了公众的文化消费需求，让文物之美在大众日常生活中"鲜活"起来。

2021 年，我馆研发的"3D 木拼动物模型"系列文创产品荣获"天津礼物"旅游商品大赛入围奖。同年"植物唱片机车载香薰""蝶舞翩跹香氛走马灯"荣获全国百佳文化创意产品称号。我馆文创不仅仅是销售产品，更是博物馆教育功能的延伸，让博物馆文化资源的价值得到更广泛的传播和认可。相应地，我馆组织了内容丰富的"文化产品"主题文创体验活动，在沉浸式娱乐活动中，打通文创产业链带动产品销售。

2023 年，天津自然博物馆把馆藏与"文化"有趣地结合起来——特隆重推出文创新品 9 大类 12 种产品，满足不同文创爱好者的文化需求。6 月 25 日，"DIY 恐龙挖掘套装（霸王龙）"在第二届全国文化创意产品推介活动终评会上荣获"终评推荐文创产品"。

三、提升团队能力

切实提升社会服务水平的核心是人才队伍的培养。打造一支吃苦耐劳、精明强干、有责任心的工作团队并不断地提升其能力是工作重中之重。天津自然博物馆历来重视人才队伍的培养，不断加强科普讲解与策划、学术研究与转化、综合管理与服务等方面的人才队伍建设。同时，我馆面向社会、着眼服务、弘扬奉献，培育了一支优秀的志愿服务团队"天津自然博物馆志愿者团队"，活跃在展厅、科普教室、社区、学校等，与我馆的工作人员一起讲解、接待、疏导、宣传……全心地为公众奉献着自己的光和热。

讲解员培训

讲解员服务队伍

讲解员讲解

讲解员考核

（一）科普服务团队

　　讲解员是博物馆与观众沟通的直接桥梁，其自身素质和业务水平直接关系到博物馆的对外形象，反映了博物馆的接待能力和服务水平。我馆一贯注重讲解队伍的建设和讲解人员的素质能力培养。招聘时严把关，入职后重培训。每年坚持对讲解员进行职业感、接待礼仪、心理素质以及各种专业相关技能的培训，在加强讲解员的责任心和使命感的同时，增加其从容自若接待的能力，提升其专业知识水平和讲解水平，培养其吃苦耐劳和无私奉献的精神。在坚持培训的同时，以业务为推手，坚持一年两考核，鼓励讲解员参加各类交流比赛，不断提升自身素质。

推出与时俱进、形式创新的科普活动和陈列展览是使博物馆常看常新的一种重要举措。我馆十分注重人才队伍的建设和培养，近年来专门引进一批硕士博士，同时还培养了数名在职硕博士。这些新鲜的血液同原来的专业人员一起活跃在科研、科普一线，时刻关注社会热点、时代焦点和公众兴趣点，不断地利用自身资源，深入挖掘博物馆的内涵，不拘泥于眼前，不墨守成规，凭借丰富的智慧和创新性思维策划推出了一系列的原创展览、科普活动，并推向社会、服务于观众。

科普活动策划团队

虎年生肖展策划团队

"我是策展人"专家团队

（二）志愿服务团队

"赠人玫瑰，手有余香"，志愿者服务让人备受感动和鼓舞。作为中国博物馆协会志愿者工作委员会副主任委员单位、天津市文物博物馆学会志愿者专业委员会委员单位，天津自然博物馆志愿者团队充分发挥其职能，积极开展志愿服务工作，弘扬奉献之风，在担任好博物馆与公众之间的桥梁的同时，更多更好地为社会公众提供着服务。

天津自然博物馆志愿者团队成立于 2014 年 7 月，团队成员来自于政府机关、大中小学、企事业单位等各行各业，主要负责展厅讲解、接待、宣传、疏导以及利用自身特长从事翻译、整理、策划、制作等工作。经过多年积累，团队中涌现出了众多优秀讲解员，多次参加各类评比竞赛活动，与全市、全国讲

"V 博士"课堂、天津自然博物馆志愿者团队及获奖证书

解员们同场竞技，屡创佳绩，充分展现了良好的精神面貌和精湛的讲解技能。"行之力则知愈进，知之深则行愈达"，志愿者团队坚持把"知行合一"的理念融入志愿服务之中，有机融合国家生态文明建设政策，倡导环境及野生动物保护，高标准完成一次又一次讲解服务，受到广大观众的一致好评。同时，将志愿者的课程编写成册是我馆一大特色，分发给社区、学校，希望让团队的成果影响更多的人。近年来，天津自然博物馆志愿者团队先后获得"牵手历史·第十届中国博物馆优秀志愿者团队"、"2020 年全国文化和旅游志愿服务项目线上大赛三等奖"、文化和旅游领域"天津市优秀志愿服务团队"、天津市学雷锋志愿服务"六个一批"先进典型推选活动"天津市优秀志愿服务团队"等荣誉。2022 年，我馆在第四届京津冀博物馆优秀志愿者讲解邀请赛中荣获最佳组织奖。2023 年，我馆"自然科普志愿讲解活动项目"成功入围国家文物局、中央文明办联合组织开展的"2022 全国博物馆志愿服务典型案例"。

> 同心共圆自博梦，服务社会你我行。天津自然博物馆在社会主义文化强国建设方针的指引下，高度重视公共文化服务，面向全社会免费开放公共文化服务设施，将中华传统文化的继承、弘扬与发展作为当代文化建设的要务，以人为本服务社会、多元提升数措并举，在践行生态文明理念、助力博物馆公共文化建设、提升博物馆公共文化服务水平的道路上不断地开拓创新、奉献自我。

百年传承　再续辉煌

悠悠百年，北疆博物院这座科学殿堂几经变更发展成为今天的天津自然博物馆。天津自然博物馆以其悠久的建馆历史、沿革有序的传承、独具特色的馆藏、驰名中外的学术影响，融自然科学、人文历史资源于一体，科学精神、博物精神和工匠精神得以一代代继承和弘扬，在中国乃至世界自然历史博物馆发展史上都占据着重要地位，发挥着重要影响。

发展到今天的天津自然博物馆是首批国家一级博物馆、全国爱国主义教育示范基地、全国科普教育基地、全国中小学环境教育基地，已荣获"全国文物系统先进集体""全国科普工作先进集体""全民科学素质工作先进集体""全国文明单位""全国节约型公共机构示范单位""天津市五一劳动奖状"等百余项荣誉称号；天津自然博物馆海贝含珠基本陈列、文化中心馆"家园·生命"基本陈列、北疆博物院北楼复原陈列和北疆博物院南楼复原陈列四次获得全国博物馆十大陈列展览精品推介精品奖和优胜奖；多名职工先后获得全国科普先进工作者、天津市劳动模范、天津市优秀科技工作者，以及天津市科普大使等荣誉称号。

天津自然博物馆从 100 多年前走来，一百余年来，在求真求实、执着探索的科学精神感召下，一代代博物馆人薪火相传，植根于底蕴深厚的历史沃土和科学传承，坚守初心使命，砥砺奋进，充分发挥馆藏资源优势和人才资源优势，在生态文明建设，促进人与自然和谐共生和加强自然科学文化研究、教育、宣传等方面不断开拓进取、创新前行。目前，天津自然博物馆共有藏品近 40 万件，其中馆藏一、二级珍品 1314 件，包括自然标本、人文收藏和图书资料等。绝大部分标本为我馆历代博物馆人亲自采集，采集信息明确、记录详尽，标本的收藏价值、科研价值、展示教育价值都独具特色。

天津自然博物馆现有两处馆区，即文化中心主馆区与北疆博物院旧址区。文化中心主馆区位于天津市河西区友谊路天津市文化中心区域内，占地面积 5 万平方米，总建筑面积 3.5 万平方米，展示面积 1.4 万平方米，基本陈列以"家园"为主题，是全国第一个主题单元化、全景式展示的集自然探索、科学体验、科学教育于一体的自然史博物馆。北疆博物院旧址区位于天津市河西区马场道 117 号外国语大学内，由主体建筑（北楼、陈列室、南楼）和附属建筑（桑志华旧居、工商学院 21 号楼）组成，展陈面积近 5000 平米，历经百年沧桑，北疆博物院原址、原建筑、原藏品、原展陈形式、原文献资料完好保存至今，是中国近代早期博物馆发展史上的一座"活化石"，是中国自然科学博物馆史上的一座丰碑。2019 年 10 月北疆博物院旧址被国务院核定并公布为第八批全

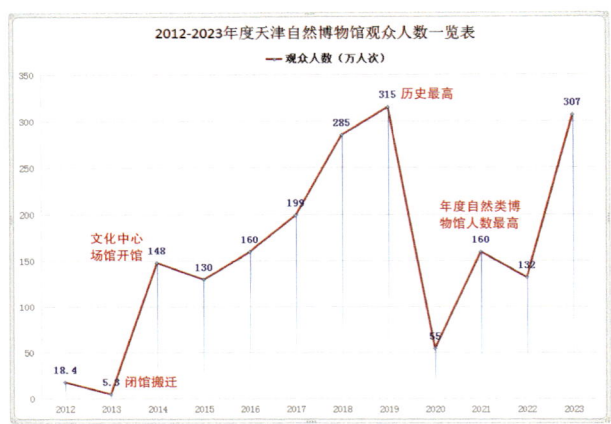

2012—2023年度天津自然博物馆观众人数一览表

国重点文物保护单位。经过百年积淀，北疆博物院旧址这座"活化石"以其令人震撼的科学精神、博物精神和工匠精神成为中国一张金色的历史文化名片，也是中西文明交流互鉴的历史见证。

党的十八大以来，我馆共接待观众2000余万人次，接待量居天津文博场馆之首，处于全国自然类博物馆前列。2014年搬迁至文化中心新场馆后，观众接待量逐年上升，2019年达到315万人次的历史最高接待人数，2020年至

2021年这三年虽因疫情等原因，接待量整体下降，但2021年全年观众量仍达160万人次，居当年自然类博物馆之首。

在新时代的一馆两区建设中，天津自然博物馆牢牢立足于自然类文化场馆的功能和定位，在场馆建设发展中，继承几代博物馆人打下的坚实基业和流传下来的精神食粮，在坚持丰富馆藏的基础上，不断加大研究型、服务型、智慧型博物馆建设，广纳人才、广开思路、鼓励创新，形成了一馆两区特色化、差异化发展之路。结合场馆自身特点，文化中心主馆区侧重于建设青少年科学普及教育基地；北疆博物院旧址区侧重于打造科学研究殿堂。

2014年，时值中法建交50周年暨桑志华先生来华科学考察100周年之际，天津自然博物馆正式启动了北疆博物院旧址修缮布展工程；2015年底，北楼及陈列室的修缮、陈列复原全部告竣；2016年1月22日北楼、陈列室对外开放，恢复其标本收藏、陈列展示、科学研究及科普教育的功能。

重新开放后的北疆博物院北楼和陈列室共展出各类生物标本及人文藏品近2万件。复原了当年的展出格局和库房格局，展出包括披毛犀、野驴骨架等珍稀标本在内的动物、植物、古生物化石标本及人文藏品等。北疆博物院恢复开放后，得到了社会各界的高度肯定，在国内外博物馆界引起重大反响。"回眸百年 致敬科学——北疆博物院复原陈列"展览荣获第十四届全国博物馆十大陈列展览推介精品奖。

2018年3月15日，天津外国语大学正式将与北疆博物院分离78年的南楼移交回天津自然博物馆。经过半年紧张的修缮工程和布展工程，南楼的设计总体秉承"尊重历史、挖掘记忆、传承精神、呈现精品"的宗旨，体现与北楼陈列的呼应和衔接。2018年10月28日，南楼对外开放。至此北疆博物院工字型主体建筑终于完整对世人开放，开启了北疆博物院历史的新篇章。北疆博物院南楼复原陈列于2019年5月荣获第十六届（2018年度）全国博物馆十大陈列展览推介优胜奖。

为进一步扩大北疆博物院旧址建筑群的展示空间和社会影响，经天津市委、市政府批准，通过置换，天津外国语大学将北疆博物院旧址附近的"桑志华旧居"和"神甫楼（又称工商学院21号楼、外国专家宿舍楼）作为北疆博物院附属建筑拨付给天津自然博物馆使用。2019年2月21日，天津外国语大学将桑志华旧居移交给天津自然博物馆使用，同年年底国家文物局拨付修缮专项资金。2020年3月启动桑志华旧居修缮工作，按照国保建筑的修缮原则，2020年12月底高质量完成了桑志华旧居修缮工程。2021年上半年国家文物局拨付桑志华旧居专项布展经费，旧居楼展陈大纲经过六轮全国顶尖级展陈专家反复和充分论证，历经几个月布展，2021年12月28日，桑志华旧居也顺利完成布展，正式对外开放；2023年5月16日，桑志华旧居陈列荣获第四届（2023年度）天津市博物馆优秀原创陈列展览优秀奖。

2023年6月10日，神甫楼（工商学院21号楼）使用权移交至我馆。天津自然博物馆将再接再厉，力争获得各方支持，争取早日完成修缮、布展和开放工作。

从2014到今天，经过9年的建设，北疆博物院旧址在各级领导、专家学者和广大观众的关心和支持下，逐渐从沉寂走向新生。经过几年建设，按照国内一流博物馆的策展标准和北疆博物院旧址的发展定位和目标，基本形成了"北楼、陈列室、南楼、桑志华旧居、工商学院21号楼"五座楼既相互呼应又有所区别的展览体系和格局，即：北楼以复原陈列为主，忠实地还原百年前北疆博物院的样貌；南楼以人文的视角展示北疆博物院的科学考察历程和重大科考成果和影响；桑志华旧居围绕着桑志华与北疆博物院和德日进与北疆博物院两条主线展开，展示了北疆博物院的创建、发展、壮大到享誉世界；神甫楼则再现科学家的工作场景，引导观众像科学家一样工作。

伴随着北疆博物院的开放，我们也陆续开展了北疆博物院馆藏资料的保护、挖掘、整理和研究工作。积极争取国家文物局专项资金支持，圆满完成"北疆博物院珍贵藏品预防性保护"、"北疆博物院珍贵藏品数字化保护"项目和"北疆博物院可移动文物预防性保护"项目，这些项目极大提升了北疆博物院文物保护水平。此外，我们还不断加强北疆博物院历史资料研究利用，出版了《〈黄河流域十年实地调查记（1914—1923）〉手绘线路图研究》（第一、第二册）、《黄河流域十一年实地调查记（1923—1933）〉手绘线路图研究》、《北疆博物院自然标本精品集萃》、《北疆博物院人文藏品集萃》、《北疆博物院手绘植物图录》、《北疆掠影》、《走进北疆博物院》等书籍，充分践行让文物活起来的理念，全面提升天津自然博物馆的科研能力和水平。同时，我馆还加强与科研院所和高校的合作，与中国科学院古脊椎动物与古人类研究所、南开大学、天津师范大学等合作，成立了北疆博物院联合研究中心；参与了中国科学院古脊椎动物研究所与古人类研究所邱占祥院士工作站联合研究项目，派出科研团队，开展榆社化石的研究。

随着北疆博物院建筑群的修缮和陆续对外开放，北疆博物院旧址不仅呈现了一座魅力恒久而四射的自然科学殿堂、中西文明交流互鉴的国际合作平

2016 年 1 月 22 日，北楼和陈列室正式对外开放

2016 年 2 月 26 日，中国科学院院士邱占祥为北疆博物院重修开放题词

2018 年 10 月 28 日，南楼开放新闻发布会

2021 年 12 月 22 日，桑志华旧居验收

台、彰显了天津的城市地位和魅力，更架起了一座中法两国自然科学研究和文化交流的友谊之桥。

  北疆博物院的开放，日益引起国家有关部委领导、专家学者和广大观众的关注和高度赞誉。2019 年 10 月，北疆博物院旧址（含北楼、陈列室、南楼和桑志华旧居）被国务院核定公布为"第八批全国重点文物保护单位"。北疆博物院正日益成为天津自然科学研究的圣地和文化旅游的网红打卡地。2019 年庆祝新中国成立 70 周年活动境外记者采访团 120 余人参观采访北疆博物院；2021 年中央电视台新闻频道对北疆博物院进行了长达 6 分钟的新闻报道；人民日报社、新华社、科技日报社、中国文物报社等多家媒体刊发多篇北疆博物院相关文章，北疆影响力不断扩大；2023 年凤凰卫视对北疆博物馆进行了专题报道；2024 年，天津市委宣传部和中央电视央视联合策划制作北疆博物院专题纪录片，并启动了相关拍摄工作；2024 年巴黎奥运会前夕，凤凰卫视又专程到北疆博物院拍摄专题片《百年博物院的中法情缘》，并进行播出，彰显了北疆博物院在中法人文交流方面的纽带和桥梁作用；2024 年 5 月 16 日，新华通讯社主办的《参考消息》刊发特稿《一座博物馆，见证中法百年文化交流史——探访中国博物馆"活化石"》……

2018年3月15日，南楼移交工作会

2019年2月21日，桑志华旧居移交工作会

2023年6月10日，神甫楼（工商学院21号楼）
移交工作会

2019年10月7日，"北疆博物院旧址"被核定
并公布为全国重点文物保护单位

  文化来自历史、面向未来，是社会发展的精神根基与灵魂支撑。世界文化是多彩、平等而包容的，共同推动了世界文明的进步。北疆博物院旧址不仅属于中国，也同样属于世界！中西文化在这里相互尊重，交流融合互鉴，科学精神跨越时空、超越国度、在这里彰显着永恒的魅力。北疆博物院的重新开放，是社会主义文化大发展、大繁荣背景下，文化场馆建设成就的一个具体体现，彰显着中国文化自信和文化软实力显著提升。北疆的重新开放，充分体现了我们的党和国家对人类文明的高度尊重、对文化文物工作的高度重视，体现了一种高度的文化自信和尊重世界文化的博大胸怀。

  在建设好北疆博物院旧址的同时，天津自然博物馆文化中心主馆区也并驾齐驱，蓬勃发展，不断向高质量发展迈进。

天津自然博物馆参加中国科学院古脊椎动物与古人类研究所邱占祥院士工作站联合研究项目

2019年 庆祝新中国成立70周年之际,新闻中心组织境外采访团到津采访。图为120余位境外记者在北疆博物院参观

下篇 / 天津自然博物馆

2021 年 央视新闻频道对我馆的报道

2022 年 5·18 国际博物馆日，新华社对天津自然博物馆进行了报道，浏览量达 129.7 万

2023 年，凤凰卫视对北疆博物院进行了专题报道

400　　　　　百年辉煌

2024年1月19日,天津市委宣传部带队赴中央广播电视总台影视剧纪录片中心沟通北疆博物院专题纪录片拍摄事宜

2024年3月4日,中央广播电视台总台影视剧纪录片中心纪录片拍摄团队一行到访北疆博物院参观调研座谈,沟通拍摄事宜

2024年5月13日,张彩欣馆长接受《上海日报》采访

2024年5月16日,《参考消息》刊发特稿《一座博物馆,见证中法百年文化交流史——探访中国博物馆"活化石"》

2024年7月27日,凤凰卫视播出《百年博物院的中法情缘》

下篇 / 天津自然博物馆

401

十八大以来，天津自然博物馆认真学习贯彻落实习近平总书记关于文化文物工作的重要论述，守初心担使命，始终以扎实务实的工作作风和讲大局谋长远的工作理念推进各项工作开展，推动实现博物馆的高质量发展。一是理顺体制机制：组织完成天津自然博物馆内设机构调整工作，依据新时代博物馆的功能和定位，重新划分了部门，使部门设置更趋合理，运行更为高效；重新修订、补充、完善、调整了馆内各项规章制度，组织梳理编纂了《天津自然博物馆制度汇编》和《廉政手册》，完善内控制度，为各项工作的开展提供了制度保障和遵循。二是推进人才强馆战略：着力强化干部管理人才和专业技术人才两支人才队伍建设，不拘一格发现人才、锻炼人才、使用人才，让人才成为事业发展的一个重要推手。近些年来，根据事业发展需要，我馆通过社会招录、引进、交流、培训等多种方式不断完善我馆人才队伍的知识结构、年龄结构，大力提升人才队伍的业务能力和水平建设；根据事业发展需要，全力加强管理干部队伍建设，近年来提拔一大批青年干部到领导班子和中层管理岗位；积极为青年专业人才成长搭建平台，组织成立馆学术委员会和青年学术沙龙，恢复图书阅览室，订购学术资源数据库，鼓励专业技术人才积极申报各级各类研究课题，努力推进研究型博物馆建设。三是夯实博物馆业务发展基础：重新划分调整了藏品库房，并组织申报完成了藏品库房的预防性保护工程，对库房环境实时进行动态监测，实现了藏品科学分区存放、动态监测到位、保存环境安全、排架科学合理、取用迅速便捷；继续沿袭我馆业务人员野外采征集标本的良好传统，如围绕雄安新区建设等国家战略，组织开展了雄安新区动植物标本采集项目。除自主采集外，还打通捐赠、划拨、交换、购买等标本入藏的多种渠道，不断丰富扩大馆藏，同时建立并完善了藏品总账，做到账物相符；连续三次组织申报完成了国家文物局"天津自然博物馆馆藏文物预防性保护项目"，这是我国第一家自然类博物馆申报实施该类项目；组织完成国家标本资源共享平台专题项目"天津数字植物标本馆"；首次组织启动了百年馆史编写工作和百年老馆馆藏行政、业务档案的数字化工作，抢救性保护馆藏历史资料。四是努力提升展览展示水平：近些年来，我馆业务人员深挖馆藏资源，努力践行习近平总书记提出的让文物活起来的讲话精神，在不断丰富、完善、调整、提升基本陈列的基础上，深耕细挖馆藏资源，广泛开展馆际交流，筹备了多个特色独具的原创临时展览，近年来，我馆每年的临时展览数量基本保持在6—8个，取得了良好的社会效益和经济效益。如已成为我馆独特品牌的《北疆博物院藏植物科学画》展览，在沉寂百年后，不仅在我馆进行了首展，而且还远赴河北、北京、黑龙江、深圳、重庆等地综合类博物馆和自然类博物馆进行了巡展，获得极大好评，也成为我馆展览走出去的一个成功案例。五是以人民为中心不断提升博物馆公共服务质量和水平：我馆紧紧抓住公共文化服务这个牛鼻子，坚持以人民为中心的发展思想，不断提升公共文化服务质量和水平。党的十八大以来共接待观众 2000 余万人次；作为全国科普教育基地，我馆积极担当作为，每年都组织丰富多彩形式多样的科普教育活动，因活动内容广受观众关注，很多活动的报名情况都处于秒杀状态。近五年来，累计组织举办各类社会教育活动万余场；近年来，围绕天津市全域科普的推进，我馆积极发挥全域科普平台作用，进行跨界合作，全力助推全域科普工作，起到了示范和引领作用；近年来，受

天津自然博物馆内设机构调整动员部署会议

天津自然博物馆第一届理事会成立大会

2021 年 6 月青年学术沙龙成立仪式

2021 年 12 月学术委员会会议

新冠疫情影响，我馆积极组织开展多种线上观展、线上科普文化活动等，满足了疫情期间广大观众的文化需求；为给观众提供更舒适安全的参观体验，我馆全面打造了现代化的科普教室、沉浸感的恐龙餐厅、提升改造了便民服务台等服务设施设备；提升改造场馆自动扶梯，保障馆内公共设施的安全运行，同时毫不松懈抓好场馆常态化疫情防控工作；加装了场馆照明灯光，实现了节假日延时闭馆；率先在天津市已开放场馆中实行实名预约参观机制；率先引进了自助语音导览智慧服务系统；依托展览展示与藏品资源，开发特色文化创意产品等。

行稳致远，惟实励新。天津自然博物馆作为有着 110 年建馆历史的国家一级博物馆，在扎扎实实按照博物馆的功能和职责做好各项工作外，还积极加入各级各类学会组织，在学会工作中努力发挥天津自然博物馆资源优势、人才优势和社会影响力。先后加入了国际博物馆协会、中国博物馆协会、中国自然科学博物馆学会、中国古迹遗址保护协会、天津文物博物馆学会、天津自然科学博物馆学会、中国和天津市动物学会、地理学会、昆虫学会等，活跃于各专业领域；2023 年，

2023年3月17日，天津市文物博物馆学会博物馆数字化专业委员会在我馆揭牌

2024年4月8日，张彩欣馆长当选为中国自然科学博物馆学会第八届理事会副理事长

  天津市文物博物馆学会博物馆数字化专业委员会挂靠天津自然博物馆，张彩欣馆长任中国自然科学博物馆学会第八届理事会副理事长、中国古迹遗址保护协会第五届理事会理事，赵晨副馆长任天津市自然科学博物馆学会副理事长，王凤琴副馆长任天津市动物学会第九届理事会副理事长，匡学文副馆长任天津市文物博物馆学会第六届理事会副理事长，多名专业人员同志也分别在天津市科学作家协会、天津市动物学会、天津市昆虫学会、天津市地理学会等社会团体中担任着重要职务。加入学会组织并担任职务，一方面扩大了天津自然博物馆的朋友圈，扩大了视野，增进了业界的沟通和交流，另一方面通过学会工作，也展现了天津自然博物馆这座百年博物馆的魅力和风采。

  "十四五"期间，天津自然博物馆编制了"十四五"发展规划，制定了"十四五"发展目标，提出要在建设服务型博物馆的基础上，着力建设研究型博物馆、智慧型博物馆、开放型博物馆和创新型博物馆，在新时代，不断推进我馆各项工作的高质量发展。

  相信在各级领导的关怀和支持下，在馆领导班子的带领下和全体干部职工的共同努力下，天津自然博物馆这艘百年科学文化航船将迎着新时代的强风，鼓云帆，破巨浪，驶向更辽阔的万里江天！

天津自然博物馆

百年辉煌

体职工合影留念

2021.04.27

下篇 / 天津自然博物馆

天津自然博物馆（北疆博物院）
创建 *110* 周年
（1914—2024）